本书的研究和出版承蒙

湖南省党校（行政学院）系统社科规划课题项目"洪江市稻作文化旅游开发研究"（批准号：2019DX170）、"洪江市稻作文化遗产保护与发展研究"（批准号：2020DX166）、"洪江市稻作传统村落文化遗产保护研究"（批准号：2021DX173）

怀化学院"湖南省民间非物质文化研究基地"重点项目"沅江流域文化遗产传承与创新性发展研究：安江稻作文化"（批准号：20XMZB06）

怀化市社会科学界联合会委托重点课题项目"高庙遗址史前农业遗存及文化遗产价值研究"（批准号：HSP2022ZDD16）

洪江市社会科学界联合会重点课题项目"安江稻作文化"

资　助

沅江流域文化遗产传承与创新性发展研究

地方文化系列　　主编 吴波

安江稻作文化

朱明霞　杨理桃　邬国盛　等 著

湖南大学出版社·长沙

内 容 简 介

　　洪江市被誉为"杂交水稻发源地"，属于典型的稻作文化区，其核心区域为安江盆地。安江稻作文化历史悠久、遗迹众多、内涵丰富、形态多样，是沅江流域的重要农耕文化遗产。《安江稻作文化》是第一部从文化学的视角，探讨安江稻作文化的历史渊源、生态环境、乡村聚落、农耕工具、民间习俗、科学研究、保护与发展等问题的学术专著，较为系统地呈现了安江稻作文化的方方面面，是研究沅江流域农耕文化的科普与乡土教材。

图书在版编目（CIP）数据

安江稻作文化/朱明霞等著. —长沙：湖南大学出版社，2023.5
ISBN 978-7-5667-2776-3

Ⅰ.①安…　Ⅱ.①朱…　Ⅲ.①水稻栽培—文化史—洪江
Ⅳ.①S511-092

中国版本图书馆 CIP 数据核字（2022）第 228624 号

安江稻作文化
ANJIANG DAOZUO WENHUA

著　　者：朱明霞　杨理桃　邬国盛　等
丛书策划：祝世英
责任编辑：祝世英
印　　装：长沙鸿和印务有限公司
开　　本：710 mm×1000 mm　1/16　　印　　张：18.75　字　　数：261 千字
版　　次：2023 年 5 月第 1 版　　　　印　　次：2023 年 5 月第 1 次印刷
书　　号：ISBN 978-7-5667-2776-3
定　　价：72.00 元

出 版 人：李文邦
出版发行：湖南大学出版社
社　　址：湖南·长沙·岳麓山　　　　邮　　编：410082
电　　话：0731-88822559（营销部），88821327（编辑室），88821006（出版部）
传　　真：0731-88822264（总编室）
网　　址：http://www.hnupress.com
电子邮箱：presszhusy@hnu.edu.cn

高庙遗址鸟瞰图　张锡文　摄

高庙遗址出土陶器　杨锡建　摄

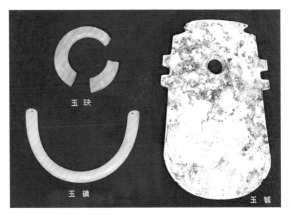

高庙遗址出土玉器　杨锡建　摄

玉玦

玉璜

玉钺

高庙遗址发掘现场　杨锡建　摄

湖南省安江农业学校　杨锡建　摄

安江农校纪念园题字石刻　杨锡建　摄

安江农校试验田　张锡文　摄

试　验　田
Experimental Field
1964年7月5日，青年教师袁隆平在这块试验田发现了水稻"天然雄性不育株"，从此开启了杂交水稻研究。

On July 5th, 1964, Yuan Longping, a young teacher, discovered male-sterile rice here and initiated the research on hybrid rice.

八面山库区熟坪乡花园村梯田　杨锡建　摄

龙船塘瑶族乡翁朗溪村梯田　张锡文　摄

大崇乡盘龙村梯田　杨锡建　摄

深渡苗族乡花洋溪团寨长势喜人的香稻　曾庆平 摄　　　　香稻熟了　曾庆平 摄

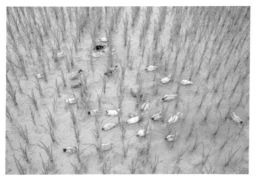

稻鸭共生模式　曾庆平 摄　　　　　　　　稻豆间作模式　曾庆平 摄

湾溪乡垭上村田园村居　杨锡建 摄

建新屋上梁习俗 粟桐 摄

用糯米制作馓饭 粟桐 摄

苗乡包粽子 曾庆平摄

雪峰断颈龙舞 杨锡建摄

常规稻谷选种、浸种、催芽　朱绍华　摄

耙田移秧、戽桶打禾、拾捡禾线　危友华　摄

杂交水稻制种母本插秧　杨锡建　摄

杂交水稻育种赶花　杨锡建　摄

安江农校杂交水稻制种基地　张锡文　摄

安江镇鸟瞰图　杨锡建 摄

洪江市治黔城新貌　张锡文 摄

丛书编委会

主　编：吴　波
编　委：张　玲　　董正宇　　罗康隆　　姜又春　　韩隆福　　曹端波
　　　　郑代良　　肖慧芬　　李柏山　　潘桂林　　姜莉芳　　刘克兵
　　　　夏子科　　方　磊　　肖新华　　雷　霖　　涂德胜　　谭忠国
　　　　魏建中　　罗运胜　　李云安　　刘本杰　　杨大智　　朱明霞
　　　　杨理桃　　邬国盛

"安江稻作文化" 课题项目

项 目 指 导 组：
组　　　　　长：向　波
副　组　　　长：粟焕新　　黄平生　　龙文霞
项 目 学 术 顾 问：贺　刚　　王文明　　廖开顺
项 目 负 责 人：朱明霞
课 题 组 成 员：杨理桃　　邬国盛　　胡继承　　梁晓云
　　　　　　　　龙志明　　向　敏　　易根稳　　陈佳钰
审　　　　　稿：易　晗　　王松平　　杨顺辉　　曾庆平
　　　　　　　　粟昌德　　肖晓光

《安江稻作文化》各章节作者

绪　论　朱明霞

第一章　安江稻作文化的史前遗址，朱明霞

第二章　安江稻作文化的生态环境，朱明霞

第三章　安江稻作文化的乡村聚落，第一、二、五、六节，朱明霞；
　　　　第三、四节，龙志明

第四章　安江稻作文化的农耕工具，杨理桃

第五章　安江稻作文化的民间习俗，第一、二节，梁晓云、杨理桃；
　　　　第三节，朱明霞；第四节，胡继承

第六章　安江稻作文化影响下的杂交水稻研究，邬国盛

第七章　安江稻作文化遗产保护与发展，朱明霞

附录一　安江稻作文化史料汇编，朱明霞、粟桐（整理）

附录二　安江农校杂交水稻科研人物名录，邬国盛（整理）

统　稿　朱明霞、杨理桃、胡继承

参与社会调查人员名单

王明友	尹　忠	刘有元	刘志国	田文进	石光叟	石祖作
向　荣	向　前	向长根	向香梅	向继文	李　哲	李平均
李虹轩	许又宾	杨永耀	杨龙怀	杨再生	杨镇华	吴　晖
张好记	陈甘乐	陈旭初	陈林燕	陈建龙	易文平	易思纲
易慧娇	周国强	周宪良	胡双辉	胡光塾	段　勇	段开松
贺大明	唐喜玲	梁云山	梁云伍	彭仲夏	蒋松青	谢　瑜
谢永仲	詹文来	蓝　天	蓝　湘	蓝华珍	蓝斌华	蓝新华

总　序

　　沅江是长江主要支流、洞庭湖四大水系之一。沅江源自贵州省都匀市云雾山鸡冠岭和麻江县平越大山，东流至湖南的洪江市托口镇与渠水汇合后，始称沅江。据道光版《辰溪县志》记载："沅江，《禹贡》九江之一，荆楚要览。出贵州黎平府（古牂牁境）生苗界，俗名清水江，东北入湖广境。"① 又《水经注》中载："沅水出牂牁且兰县，为旁沟水，又东至镡成县为沅水。"② 沅江总长1033 公里，流域总面积约 90000 平方公里，流经的范围包括湘黔鄂渝 4 省（市）9 个地区 60 个区县，其中湖南省占 57.3%，贵州省占 34.1%，湖北、重庆共占 8.6%。湖南境内的主要范围是怀化地区、湘西土家族苗族自治州，以及邵阳、常德的部分地区。流域周围均有高山环绕，东有雪峰山，南横苗岭，西抵乌蒙，北据武陵山，中有梵净山。两岸支流众多，左岸主要有舞水、辰水、武水、酉水，右岸主要有渠水、巫水、溆水。沅江自河源到黔城为上游，多高山峡谷；黔城至沅陵为中游，为丘陵地区，间有盆地；沅陵界首以下为下游，以平地和冲积平原为主。

　　沅江流域具有独特的地理区位优势，在交通不发达的古代社会，这里一直是连接中原与西南地区的重要通道，素有"滇黔门

---

① 徐会云、刘家传等：《辰溪县志：卷之五·山川志》，载《中国地方志集成：湖南府县志辑》，凤凰出版社，2010，第 270 页。

② 郦道元：《水经注》，王先谦校，巴蜀书社，1985，第 571 页。

户、黔楚咽喉"之称，南来北往流寓、迁徙人群众多，在此基础上融合形成了深厚而独特的沅江流域民间文化，拥有诸多文化遗存。

沅江流域民间文化历史悠久，底蕴深厚。与人们印象中的"蛮荒之地、偏远之所"相反，考古发现证明这块土地上 30 万年前就有人类活动，文明的星火早已点燃，沅江养育的文明屡次让世人震惊。自 1987 年以来，名列"全国十大考古（新）发现"的遗址就有 4 处，沅江流域至今已发现的旧石器与新石器遗址多达 400 处。以高庙文化遗址为代表的 7400 多年前的远古文明，有"中国史前文明的大百科全书""中国上古人类的神秘家园"之称，出土了大量工艺精美的白陶和宗教祭祀艺术品，表明当时沅江流域的生产力水平和文化发展状况，在许多方面超过黄河流域，是中华文明的发源地之一。以里耶古城遗址为代表的先秦时期 700 多处文化遗址，表明沅江流域早在先秦时期就成为中原文化与西南文化的交会地，对周边具有极强的文化辐射作用，影响了大半个中国。

沅江流域民间文化类型多样，异彩纷呈。沅江流域世居民族有 20 多个，除了汉、土家、苗、侗等人口过百万的民族外，瑶、回、布依、维吾尔、仡佬、壮、水、白等民族杂居其间，这是我国中部少数民族最多，也最为集中的地区。千百年来，形成了丰富多彩的世居少数民族传统文化。世居民族质朴的农耕文化、神奇的巫傩文化、欢乐的节日文化、精巧的建筑文化、神秘的信仰文化、奇特的歌舞文化、灿烂的服饰文化、久远的土司文化、兴盛的商贸文化、繁荣的交通文化、发达的医药文化、和谐的制度文化、突出的和平文化孕育了古朴的民风，继承了优秀的传统，促进了经济的发展，维系了社会的稳定。

沅江流域民间文化多元并存，互补交融。沅江流域既是世居少数民族的民族文化与汉文化并存交融之地，也是本地土著文化与湘楚文化、巴蜀文化、云贵文化、岭南文化、吴越文化及中原文化汇集、碰撞与融合之地，由此形成了独具一格的沅江流域民间文化。从古至今，沅江是交通的要道，过去由中原进入大西南，从洞庭湖沿沅江及其支流溯源而上是最为便捷的道路，楚国庄蹻沿沅江入云贵，解放战争时期刘邓大军进西南，走的就是这条通道；是文化交流的要道，从楚国大夫屈原行吟沅江江边到"乡下人"沈从文走到北京去讲学，这一走就走了几千年；是经济往来的要道，浦市、洪江、王村、里耶、茶峒等古镇依水而生，有大型的圩场和码头，明清到民国时期商贸达到极盛，窨子屋、寺院、镖局、钱庄、商号、洋行、作坊、店铺、客栈、青楼、报社、烟馆林立，这些小镇有"小南京""西南大都会"之称。其实，这条道路的繁荣，还可以追溯到更早：历史学家罗哲文在考察了沅江流域后，将其称为"最早的南方水上丝绸之路"；民俗学家林河把沅江称为联结中原至西南及缅甸、印度，乃至中亚、非洲、欧洲的"水陆茶马古道"。

沅江流域民间文化分布密集，数量众多。沅江流域民间文化分布集中，密集度高，价值突出。既有流域整体的历史文化价值和自然生态价值，也包括单体非物质文化遗产、物质遗产所蕴含的人文价值。截止到 2018 年 12 月，流域内有世界文化遗产 1 处，已列入世界文化遗产预备名录的遗产 1 处，中国历史文化名城 2

座、中国历史文化名镇9座、中国历史文化名村8座、中国少数民族特色村寨49个，全球重要农业文化遗产保护试点1处、中国重要农业遗产2处，有世界非遗项目1项、国家级非遗项目110项、国家级文化生态保护实验区3处、国家级非遗生产性保护示范基地5处。戏剧仅在怀化一地就有6项国家级非遗：辰河目连戏、辰河高腔、侗族傩戏、侗戏、上河阳戏、辰州傩戏，其中辰河目连戏有"戏剧活化石"之称。泸溪一县就有5项国家级非遗：盘瓠与辛女传说、踏虎凿花、辰河高腔、苗族挑花、苗族鼓舞。流域内自然生态与人文生态相互呼应，风景名胜资源丰富：有世界自然遗产1处，世界地质公园1处，国家5A景区4个、国家级重点风景名胜区11个、国家森林公园15个、国家级自然保护区13个。

沅江流域是一个罕见的文化沉积带，是座文化的富矿。然而，随着现代工业的飞速发展，昔日辉煌的水运逐渐没落。20世纪50年代以来，干支流上建有主要水利工程40处。沅江流域修建水利工程以后，大部分地区水位上升，造成很多古镇被淹没、搬迁，沿河大量民居和古建筑被拆除，取而代之的是防洪堤坝，改变了流域的原有生态环境。工业文明和多元文化的冲击使古代文化遗址及民间文化遗产飞速消失和消解，传统文化生态环境破坏严重。如传统的音乐、舞蹈、戏剧、曲艺、体育等民间文化，因现代歌舞、影视、大众体育的普及而缩小着活动范围。民间自发的年节娱乐活动，因大量村民外出务工而不得不缩小活动范围，减少活动项目，大批民俗文化遗产濒危。因此，对沅江流域的文化遗址及民间文化进行抢救性的发掘、收集整理已经迫在眉睫。

同时，沅江流域是革命老区、少数民族地区、边远地区和贫穷地区，是中国区域经济的分水岭和西部大开发的最前沿，是连接中原与西南的重要纽带。在党中央提出的文化自信、乡村振兴的背景下，如何盘活沅江流域厚重和多元民间文化资源，让古代的文化遗存在加强文化自信以及服务乡村振兴中发挥其应有的作用是我们要认真思考的问题。为此，我们专门约请了怀化学院、湖南文理学院的专家学者及地方文化知名学者编撰了这套"沅江流域文化遗产传承与创新性发展研究"丛书，由湖南大学出版社出版，目的在于回顾总结沅江流域的历史，弘扬传统文化精神，增强文化自信，促进武陵山片区的全域旅游及乡村振兴，实现武陵山区人民的整体脱贫，为建设富饶美丽幸福新湖南贡献力量。丛书第一批"地方文化系列"包括《辰溪大酉文化》《安江稻作文化》《沅陵巫傩文化》《洪江商道文化》《溆浦宗祠文化》《芷江和平文化》《常德皇城文化》《桃源擂茶文化》《常德水运文化》。虽然丛书中涉及的文化形态和种类具有一定的代表性和典型性，但并不足以涵盖发生在沅江流域的所有的文化形态和种类，我们将继续完善。沅江流域的文化博大精深、源远流长，实非九本书能够涵盖，同时，因为丛书出自不同作者，水平参差不齐，其中问题甚至错讹在所难免，衷心地期待广大读者批评指正！

吴　波

2018 年金秋十月

序

民以食为天，这是中国自古以来广为流传的一句俗语，表明食物是民生最为重要的东西。

现代人类有三大主粮，那就是水稻、小麦和玉米，它们分别源自不同的区域。据考古发现：在距今 1 万年以前，人类在西亚的"新月沃地"已开始种植小麦；于距今 7000 年以前在中美洲的墨西哥等地开始种植玉米；在距今 1.5 万—1.2 万年前，湖南道县玉蟾岩和江西万年县仙人洞遗址分别出土了人工驯化的水稻实物和水稻植硅石，证明中国南方地区是世界栽培稻的发源地。水稻从中国南方地区逐步向世界其他区域传播并广泛种植，逐步发展成为三大主粮之首，它对民生的重要性不言而喻，那么研究稻作文化的意义也就自不待言。

新近，由吴波教授主编的湖南"沅江流域文化遗产传承与创新性发展研究"丛书将陆续完稿出版。其"地方文化系列"中的《安江稻作文化》，是由项目课题组的朱明霞、杨理桃、邬国盛、胡继承和梁晓云等一批长期关注当地稻作文化的研究人员共同完成的，是该系列丛书中尤为值得关注和阅读的著作。

《安江稻作文化》是以沅江中游安江盆地这一核心区块为基础展开研究的。不同于通常所见的、以技术为主线研究稻作农业的著作，其显著特点是根据当地的生态环境、地下考古文物证据、地方志存史，以及"杂交水稻之父"袁隆平院士在安江农校发起现代稻作农业革命的辛路历程，讲述发生在安江盆地的系列故事，是从文化学的视角去阐述当地稻作农业发生与发展的历史，使读者从中认知安江盆地和沅江中上游区域在中国和世界稻作农业发展史上的重要地位。

如作者所言，安江盆地稻作农业发生的历史至少可追溯到以安江高庙遗址命名的高庙文化时期。2005年在该遗址距今约7400年的地层样本中发现了形态具有栽培特征的稻谷。由于受柱状取样面积（仅0.25平方米）所限，在此面积内更早的地层样本中虽未发现稻谷，但并不排除这里在距今近8000年前就已经种植水稻。因为除了取样面积受限的原因外，高庙文化第一期遗存（年代上限距今7800年左右）证实，它已与稻作农业很发达的洞庭湖区彭头山文化（距今9000—7800年）存在文化交流。再者，湘江上游道县玉蟾岩遗址出土世界最早的人工驯化的水稻遗存，亦是支持这一推断的重要考量。

继高庙文化以后，安江盆地和同处沅江中游分别属大溪文化和屈家岭文化的部分陶器表面，习见掺杂稻谷壳（或已碳化）的遗痕，表明此区域的稻作农业较高庙文化时期有了显著的发展。《安江稻作文化》将该区域高庙文化、大溪文化、屈家岭文化时期水稻的种植分别阐释为奠基期、发展期、成熟期，真实反映了此区域史前稻作农业发生与发展的进程。不独如此，作者还将该进程和与之相应的文化背景融会，条分缕析，让读者透物见人，从中了解蕴藏在这个历史过程中的诸多故事，了解此区域以高庙文化为代表的系列考古学文化对探索中华文明起源的重大意义。

当然，安江盆地乃至整个沅江中上游区域位于云贵高原东缘的雪峰山山区，这里重峦叠嶂、山高谷深、溪流湍急，其特定的自然环境使得适于栽培水稻的天然湿地和盆地并不多。在生产力较低下的史前社会，欲大面积栽培水稻是十分困难的，采集和渔猎在当地先民的生产方式中仍占有重要地位。只有当青铜和铁农具得以运用以后，稻田的开垦和水稻的大面积种植才成为可能，但为之而付出的艰辛固然比自然条件更优越的平原地区要多得多。

《安江稻作文化》在阐述本区域稻作文化历史渊源的基础上，系统论述了当地先民在战国以来各个历史时代发展稻作农业的方方面面，其中也包括借由楚国对黔中的开发、汉晋以来历代中央王朝对"五溪蛮"民众"羁縻"政策的优惠，以及南朝以后大量汉族移民及其种植技术的不断涌入等诸多助力。他们不畏艰辛，通过积年累月的垦殖河谷农田和山地梯田，建设水利设施，种植除水稻以外的杂粮和其他经济作物，从而加速了沅江中上游地区稻作农业的发展。作者尤其对历代外来移民在当地稻作农业发展进程中发挥的重要作用给予了充分的肯定，叙议得当，客观中肯。

正是由于稻作农业的不断发展，生活在安江盆地和沅江中上游区域的先民也随之构建了以宗族姓氏为纽带的农耕聚落和基层村落组织。那些农耕聚落依凭其各自所具的建筑风格、民俗或产业特色，形成不同类型的村落景观和生活业态，作者对此所作的撮要铺陈，溢于言表，给读者以身临其境的感触。

也正是由于稻作农业的不断发展，生活在安江盆地和沅江中上游区域的历代先民在农田垦殖、灌溉，以及收割、存储、加工等各个环节的生产活动中，逐步制作形成了具有区域特色的系列农具。作者按历史经纬，对那些传统农具作了分门别类的叙述，有益于读者深入了解当地稻作农业生产过程中的诸多细节。随着现代工业的发展，当地引入了机械或半机械的各种农机装备，原有的传统农具随之发生了划时代的变迁，传统稻作农业的人工栽培和收割模式也随之向机械化模式转变，这是与整个社会生产力的发展和进步相适应的。

安江盆地和沅江中上游地区稻作农业的发生和发展，不仅加速了当地农耕聚落的形成和演进，为生活在这里的历代先民提供了相对稳定的食粮和生活保障，同时也使那些聚落内部以及各聚落之间的民众，在积年劳作和相互交流中形成了诸多共同的生产生活习俗、思想观念、精神信仰，以及共同的文化趣旨和审美价值。《安江稻作文化》广搜博采，兼收并蓄，将反映此区域先民的民俗信仰和文学艺术类分条析，娓娓道来，使读者知宏知微，嗅得到烟火味，闻得着秧歌声；将"丁日播种"的祈福、《打铁歌》的童趣和《迎财神》的喧嚣等一幅幅充满乡土气息的画卷徐徐展开，使读者心旷神怡，目染到田园美，感怀到故土情。

安江盆地的生态环境及传统稻作农业的发展固然只是中国南方山区农耕聚落演进中的一个缩影。而它能使人们广为瞩目的是，发生在这里的、引起世界现代稻作农业巨变的一场伟大革命——杂交水稻的培育。从20世纪60年代始，以袁隆平先生为首的团队不畏艰辛，敢于创新，率先在这里从事水稻遗传育种的探索和研究，经积年努力，终获成功，使"一粒种子改变世界"。袁隆平院士长年工作的安江农校理所当然地成为杂交水稻的发源地，并被国务院公布为全国重点文物保护单位，他本人也因此而获得国家最高荣誉勋章。《安江稻作文化》专辟一章，概要录著了袁隆平院士和他的团队如何突破遗传学权威理论，另辟蹊径、勇于探索并为之长年呕心沥血潜心研究的心路历程；叙述了袁隆平院士如何从一个挨批斗的"牛鬼蛇神"练就为一个伟大科学家的陈年往事和辉煌成就，以及他对我国和世界粮食安全所作的杰出贡献；将这位中华骄子留下的精神财富做了简要的总结。

安江稻作农业的发展仍在继续。袁隆平院士矢志不渝、勇于创新、勇攀科学高峰的爱国情怀和朴实无华的崇高品格足可垂范后昆。为了保护好安江稻作文化这份宝贵遗产，并将其合理地开发利用，将文化资源转化为文化资本，促进乡村振兴，作者在书的尾章提出了很有价值的构想和对策，这对激发当地生态农业和文化旅游产业的发展是大有裨益的。通过我们的共同努力，它必将能成为《安江稻作文化》的续篇！

是为序。

贺刚于长沙德峰寓所

2022 年 12 月 18 日

目　次

绪 论

本书是一部关于安江稻作文化的专题著述，综合运用文化学理论与方法，系统考察洪江市境内以安江盆地为核心区域的稻作文化生成、发展与演变的历程，从中探讨其内在的文化传承关系和机理；进而分析稻作文化演绎的不同类型及功能价值等。本书关注的重点是，安江稻作文化是在何种环境下生成并演进的，它的构成有何鲜明特色，在新的历史时期它又将如何传承与创新发展。

一、理论视角

毋庸置疑，文化是一个复杂又丰富的议题，许多学科都把文化现象作为重要的研究内容，因而文化的概念在社会科学中的应用极为广泛，但各种社会科学对文化概念的界定众说纷纭。国内对文化一词的界定影响深远的如著名文化学者梁漱溟先生，1920 年他在《东西文化及其哲学》中提出，文化乃是"一个民族生活的种种方面"，可以分为精神生活、物质生活和社会生活三大内容。[①] 在他看来，文化的含义是非常广泛的。与他同时期的著名学者梁启超、胡适等也认可文化是一个极为广泛的概念集合。西方最早提出将文化作为一个中心概念的是英国文化人类学家泰勒，他在 1871 年出版的《原始文化》一书中论道："文化或文明就其广泛的民族意义来说，乃是包括知识、信仰、艺术、道德、法律、

---

① 梁漱溟：《东西文化及其哲学》，上海人民出版社，2015，第 20 页。

习俗和任何作为一名社会成员而获得的能力和习惯在内的复杂整体。"① 综合古今中外学者的有关论述，大体上都将广义上的文化看作一个"复合的整体"。概括来说，文化就是人类在社会生产与社会生活中创造的一切成果。它既包括物质层面的，也包括精神层面的；既包括静态的，也包括动态的。

安江稻作文化，因位于沅江之滨、洪江市境内的安江盆地而得名。它是人们在长期的稻作生产与生活中创造出来的，以安江盆地为核心区域的地域文化，是一种既体现了鲜明的地域特征又融合了中华优秀传统农耕文化精神内涵的文化形态。

（一）相关理论

1. 马克思主义文化观

文化观是文化学的元理论，是关于文化的本质及发展的理论体系。马克思主义文化观以唯物史观为基点，注重从人与自然的逻辑关系上认识和审视社会文化现象。其一，马克思主义文化观的根本属性是实践性。马克思强调"环境的改变和人的活动或自我改变的一致，只能被看作是并合理地理解为革命的实践"②。在马克思看来，"人的自然化"与"自然人化"是在实践过程中不断地创造出来的，是人类实践活动的产物。其二，人民群众的劳动是文化的源泉和基础。马克思主义认为，人民群众是文化的创造者。无论是物质形态的文化，还是观念形态的文化，社会中的丰富多彩的文化都是广大人民群众的创造成果。其三，文化的创造离不开历史传承。马克思在《路易·波拿马的雾月十八日》一文中说："人们自己创造自己的历史，但是他们并不是随心所欲地创造，并不是在他们自己选定的条件下创造，而是在直接碰到的、既定的、从过去继承下来的条件下创造。"③ 从本质上来看，文化的实践性、人民性和

---

① 庄锡昌、顾晓鸣、顾云深等：《多维视野中的文化理论》，浙江人民出版社，1987，第99页。

② 《马克思恩格斯文集》（第1卷），人民出版社，2009，第500页。

③ 《马克思恩格斯文集》（第1卷），人民出版社，2009，第164页。

传承性，是马克思主义关于文化的本质及发展的基本观点。这也是从哲学社会科学的角度认识和审视社会文化现象的根本指南。

2. 文化社会学

文化社会学在中国的传播与发展始于 20 世纪初期，到 30—40 年代已经出现了一批有名的文化社会学者与专家。1952 年以后，因为种种原因，社会学、人类学等学科被废弃，文化社会学作为一门科学的研究工作也因此中断。20 世纪 80 年代以来，文化社会学再次成为一个重要的社会科学研究领域。司马云杰认为，文化社会学"不仅研究各种社会文化现象是怎样交互影响、交互发展的，而且将在理论上说明文化是如何影响人们的思想、意识、心理、性格和行为的，是怎样与社会进程交互作用的"。[①] 文化社会学的这种现实性和应用性，对于探究文化的源流与演变具有重要价值。

根据上述理论，从文化社会学视角来阐述"安江稻作文化"可具体化为如下范围：其一，安江稻作文化作为传统农耕文化的典型文化形态，是一个独特的文化系统，首先应该研究它的起源、积累和突变的社会历史过程。其二，可以从文化生态学观点研究它产生和发展的自然环境、社会环境及其他各种因素的关系。其三，要从社会系统的角度研究本区域内原住民群体与移民群体的交互关系。其四，着重关注本区域稻作文化的变迁与创新性发展。

3. 文化地理学

我国对于文化地理学主题的研究历史久远，但是将文化地理学作为一门独立的学科分支还是在 20 世纪 80 年代，特别是随着西方国家有关文化地理学理论引入中国学术界之后，围绕着文化区、文化扩散、文化生态、文化整合、文化景观五大专题研究的成果越来越多，而且研究专题形成了从宏观走向微观、从单一走向多元、从核心扩展到边缘的发展

---

① 司马云杰：《文化社会学》（第五版），华夏出版社，2016，第 35 页。

趋向。①

　　在对"安江稻作文化"的专题研究中，我们着重借鉴了"文化区"的概念。从文化地理学角度分析，文化区是指有相似文化特质的地理区域，它是从一个范围较小、性质较一致的核心区向着过渡带渐趋减弱，在结构上一般可分为中心区、边缘区及各类等级系统。② 这里借助"文化区"理论，是想要阐明"安江稻作文化区"既是一个客观存在的自然地理实体，也是一个历史文化的范畴。这一文化区，是以洪江市安江盆地为核心区域，沿着沅江流域向上游和下游地区拓展辐射的区域。其中心地带包括安江盆地所覆盖的乡镇，如安江镇、岔头乡、茅渡乡、沙湾乡、太平乡等，其周边辐射区域包括洪江市境内其他乡镇，并漫延至周边县市的上、下游乡镇。由于文化区的划分受多种因素的影响，文化区各个层次之间不可能泾渭分明，而是经常处于渐变与模糊的状态之中。因此，这里对安江稻作文化区的划分，只能反映一个粗略的情形。

　　这里还需要说明的是"安江"作为行政建置单位隶属关系的变更情况：③ 北宋熙宁六年（1073）始设安江寨。宋元丰三年（1080），始在沅州置黔阳县，安江寨隶属黔阳县。明洪武年间（1368—1398）改为安江堡，后裁安江堡改为安江巡检司。明永乐年间（1403—1424）设子弟乡。清道光十二年（1832），裁安江巡检司，置安江驿，后改为安江塘，复置安江镇。1949 年 11 月，黔阳县政府驻安江镇。1952 年 12 月至 1975 年 2 月为黔阳地委、行署驻地。1997 年 11 月，国务院批复，怀化市原黔阳县与原洪江市合并成立新的洪江市（市治设黔城镇）。至此，安江镇归属洪江市管辖地。1999 年 6 月，原洪江市设立为洪江区，之后实行市区分离，设立怀化市洪江管理区。现洪江市实际行政管辖地为原黔阳县地域。而书中所涉及"洪江"地名及区划按时间分段即可知晓，除个别

---

① 周尚意、孔翔、朱竑等：《文化地理学》，高等教育出版社，2004，第 12 页。
② 周尚意、孔翔、朱竑等：《文化地理学》，高等教育出版社，2004，第 227 页。
③ 洪江市地名普查办公室：《洪江市标准地名志》，内部刊印，2022，第 1、206 页。

情况外，不再逐一标注。

4. 农业文化遗产学

中国农业历史发展源远流长，迄今已有上万年；而将"农业遗产"视为一种专门学问，始于 20 世纪 20 年代，仅有百余年的历史；至于将"农业文化遗产"作为专业学科的研究领域，则是近十几年的事。就此而言，农业文化遗产研究尚属于一个新兴的研究领域。一般认为，农业文化遗产是人类文化遗产不可分割的重要组成部分，是历史时期人类农业生产方式和生活方式结合的农事活动统一体。① 从遗产保护来看，农业文化遗产具有极其丰富的内涵和价值，无论是"物质"的还是"非物质"的农业文化遗产，无论以"固态"还是"活态"留存的农业文化遗产，无论作为"单个"还是"系统"形态的农业文化遗产，都包含了人类农事活动的创造过程与变迁演进，并在新时代被赋予新的意义和价值。

遵循上述定义方法，我们认为，"稻作文化"是农业文化遗产的重要组成部分，应是指人们在以水稻种植为基础的农事活动中所形成的稻作生产与生活的复合系统。它既有物质的部分，包括以稻作起源为主的农业遗址，以水利设施为主的农田灌溉工程，以农耕器具为主的农业工具，以稻米品种培育种植为主的水稻物种，以及记录农史发展与民间资料的农业文献；也有非物质遗产的部分，包括稻作农耕技术和稻作农耕民俗；还有物质与非物质遗产融合的部分，包括以稻作梯田为代表的农业景观，以传统村落为代表的稻作聚落等。

（二）文化因循

有史以来，人类的文化是递相变迁的，由初级阶段向高级阶段不断演化发展。从文化变迁视角来看，安江盆地作为沅江流域重要的稻作起源地、优质稻米产区和著名的杂交水稻发源地，其稻作文化的发展变迁具有内在的逻辑和关联。

史前新石器时代，安江盆地已经进入原始稻作农业的萌芽与发展阶

① 李明、王思明：《农业文化遗产学》，南京大学出版社，2015，第 48 页。

段。从安江盆地的高庙遗址出土遗存来看，在高庙距今7400年前的文化层中，发现了碳化稻谷粒；还在先民使用的石器上，发现了薏米和稻谷的淀粉粒。这是迄今为止发现的沅江流域五溪地域最早的稻作文化遗存。① 安江盆地高庙遗址的考古发现表明，早在7000多年前，稻作农业文明的曙光已经照亮了五溪大地，这里是沅江流域稻作农业的重要发源地。

古代历史时期，安江盆地的稻作农业不断演进发展，成为沅江流域重要的优质稻米产区。春秋战国时期安江盆地隶属于楚国的军事边郡黔中郡，安江附近沙湾发现有战国中晚期的聚落遗址，出土了大量铁锸类农耕工具，以及供驻军官署用的大型米量器。② 自秦汉时期到宋代，安江盆地作为历代王朝的边郡区域，长期施行地方自治的"羁縻"政策，当地百姓以农耕、渔猎和山伐为业。北宋年间，安江一带为中央王朝收复后，隶属黔阳县，史志记载这里适宜种植的稻谷品类有数十种。至明清时期，由于当地"稻米香白异常"，谷、米已被视为重要的物产输出品。

近现代以来，安江作为重要的"粮仓"和稻作文化区，其农业现代化的转型过程折射出稻作农业文化的变迁历程。民国时期，安江设置有简易粮库和田赋征收处。1944年，抗日战争雪峰山会战前夕，安江屯有军米1200大包（每包大米200斤）。③ 1953—1957年，黔阳县县治设在安江，又是黔阳专员公署所在地，同时依托湘黔公路和沅江水运，成为全区粮油等物资的集散中心。地方政府贯彻"以粮为纲、全面发展"的方针，致力于发展农业，加大农田基本建设投入，粮食种植与生产有了较快发展。20世纪50年代以前，当地种植的水稻以本地品种为主，之后引进外地水稻品种以高秆为主，60年代进行了高秆改矮秆的品种改

---

① 李怀荪：《五溪漫话》，湖南大学出版社，2020，第2页。
② 莫林恒、湖南省文物考古研究所、怀化市博物馆、洪江市文物管理所：《湖南洪江老屋背遗址发掘报告》，《湖南考古辑刊》2015年第1期。
③ 洪江市粮食局：《黔阳县粮食志》，内部刊印，2005，第14页。

良，70 年代中期推广安江农校袁隆平科研团队的"三系配套"杂交水稻，90 年代以后试种、推广"两系"杂交水稻。至 20 世纪末，该区域杂交水稻占水稻种植面积达 80% 以上。①

安江盆地这片土地经历了稻作农业从起源到传统农耕再走向现代化的演进历程。每一个阶段都有文化的起源、积累和革新，而每一阶段的文化积累和技术进步又为进入下一阶段的文化革新创造了条件。例如，杂交水稻育种虽然属于农业自然科学研究的范畴，但也受到了当地历史悠久的稻作文化的深远影响。1940 年，湖南省国立第十一中学职业部选址迁往安江镇溪边村办学，并于 1952 年定名为"湖南省安江农业学校"。袁隆平在安江农校从事遗传育种科研的早期，首先是考虑研究小麦和红薯，之后发现水稻才是受当地人们重视的主要粮食作物，于是转向水稻育种研究。② 他去安江农村考察，看到一些农民从雪峰山上的八面山农场兑了种子回来种。老农告诉他，那里是高坡敞阳田，稻种不耐受肥，但谷粒更加饱满，施肥不如勤换种。③ 老农的一番话让袁隆平深受启发，他领悟到水稻良种对农业生产的重要价值，从而更加坚定了从事水稻遗传育种研究的决心。由此可见，杂交水稻的科学研究立足传统农耕文化的历史背景，受其熏染和陶冶，并传承了其中精髓。而要领会其精髓思想，便要知其"来龙"和"去脉"，借助专业理论视角对安江稻作文化进行系统分析和梳理，并从中获得有益的借鉴与启示。

（三）研究对象

本书是以"杂交水稻发源地"安江盆地为核心区域的稻作文化作为研究对象。在具体的研究主题上，我们会针对研究对象的自身特点来作适当安排。重点研究专题包括安江稻作文化的史前遗址、生态环境、乡村聚落、农耕工具、民间习俗、保护与发展以及稻作文化影响下的杂交水稻研究等内容。研究范围则涵盖了该文化区内的农业遗址、农业文献、

① 洪江市粮食局：《黔阳县粮食志》，内部刊印，2005，第 36 页。
② 袁隆平：《袁隆平口述自传》，湖南教育出版社，2010，第 43—45 页。
③ 彭仲夏：《国魂——大地之子袁隆平》，湖南文艺出版社，2014，第 48—49 页。

农业工程、稻作物种、农耕技术、农耕工具、梯田景观、聚落文化、稻作民俗、科学研究等方面，以便对安江稻作文化进行一次"全景式"的综合梳理。

二、研究进展

目前，关于安江稻作文化的研究尚缺乏系统性，但已有为数不少的研究和论著直接或间接地涉及安江稻作文化的内容，主题较多集中在高庙遗址研究、文献整理研究、稻作聚落研究、农耕民俗研究、农旅发展研究以及安江农校文化遗产研究等方面。

（一）高庙遗址研究

位于安江盆地的高庙遗址是沅江流域最早的稻作农业文化遗存。自1991年高庙遗址被发掘以来，之后又进行过两次考古发掘，关于高庙遗址的考古研究成果日益丰富。2000年，湖南省文物考古研究所首次公开发布《湖南黔阳高庙遗址发掘简报》（由高庙遗址发掘领队贺刚领衔执笔），第一次揭示了高庙遗址的史前文化遗存及考古学命名。[1] 2006年，湖南省文物考古研究所根据新的考古发掘成果，发表研究报告《湖南洪江市高庙新石器时代遗址》，提出高庙遗址为新石器时期区域性的祭祀文化中心。[2] 2007年，贺刚在《高庙文化及其对外传播与影响》一文中，着重论述了高庙文化向洞庭湖区、岭南地区的传播影响。[3] 此后，贺刚又汇聚多年研究成果撰写专著《湘西史前遗存与中国古史传说》，系统论述高庙文化在湘西及周边地区的传播和影响，并提出高庙遗址中的遗存系中国人文始祖伏羲族团和炎帝族团的文化遗存等创见。[4] 持类似观点的本土文化学者阳国胜提出了"会同炎帝故里"新说，他依据考古、

---

[1] 贺刚、向开旺：《湖南黔阳高庙遗址发掘简报》，《文物》2000年第4期。
[2] 湖南省文物考古研究所：《湖南洪江市高庙新石器时代遗址》，《考古》2006年第7期。
[3] 贺刚：《高庙文化及其对外传播与影响》，《南方文物》2007年第2期。
[4] 贺刚：《湘西史前遗存与中国古史传说》，岳麓出版社，2013。

文献、农学等研究，在安江盆地上游的会同寻找到与此相关的多项实证。[①] 该研究成果也得到了李学勤、王震中等学者的支持和推介。[②] 可见，高庙遗址的考古发现，对于研究沅江流域原始农业文明的起源与对外文化传播至关重要。

在高庙遗址的农业考古研究上，最令人瞩目的是对史前原始农业文明时期的艺术白陶和生业方式的研究。高庙艺术白陶所蕴含的史前宗教信仰和审美艺术思维对周邻及后世文化影响深远。[③] 而且，从沅江流域的多个高庙文化类型遗址发掘中也能获得大量相关信息，形成高庙文化时期相对完整的发展链条。[④] 此外，关于高庙文化时期先民的生业方式的研究，主要有湖南大学陈利文的硕士论文《高庙遗址2005年出土动物骨骼遗留痕迹研究》（2008）[⑤]、莫林恒的硕士论文《高庙遗址出土鱼类遗存研究》（2011）[⑥]，综合运用动物考古学的方法，分别从高庙遗址出土的哺乳动物骨骼、鱼类骨骼进行系统分析研究，揭示了高庙先民以渔猎经济为主、辅以畜养的生业方式特征，以及高庙文化晚期聚落受到来自洞庭湖区以农耕文化为特征的大溪文化的剧烈影响。而更为系统和全面的研究是新近出版的大型考古报告《洪江高庙》（全4册）。这些研究成果集中反映了安江盆地在新石器时代晚期原始农业文明的发展与进步程度。

进入大溪文化时期的高庙上层遗存显示，这一时期已经有更为明显

---

① 阳国胜：《华夏共连山——炎帝故里与神农文化源流考》，湖南人民出版社，2010年。

② 王震中、赵婉玉、杨陵俐：《华夏同始祖，天下共连山——全国首届会同炎帝故里文化研讨会论文集暨会同民间炎帝神农文化资料汇编》，大象出版社，2010。

③ 贺刚：《高庙遗址出土白陶概论》，《湖南考古辑刊》2009年第1期。

④ 例如，考古工作者根据征溪口遗址和松溪口遗址分析，认为征溪口二期与松溪口上层文化遗存与高庙下层文化之间存在着盛衰兴替关系。详见湖南省文物考古研究所：《湖南辰溪县征溪口贝丘遗址发掘简报》《湖南辰溪县松溪口贝丘遗址发掘简报》，《文物》2001年第6期。

⑤ 陈利文：《高庙遗址2005年出土动物骨骼遗留痕迹研究》，湖南大学硕士论文（指导老师袁家荣），2008。

⑥ 莫林恒：《高庙遗址出土鱼类遗存研究》，湖南大学硕士论文（指导老师袁家荣），2011。

的稻作农业迹象。① 之后的屈家岭文化时期，距高庙遗址二十多公里的
高坎垄遗址（中方县境内）则是当时大型稻作聚落的代表。② 高庙遗址
也发掘清理了屈家岭文化时期的墓葬，总体情况与高坎垄遗址大致相
同。③ 由于这一时期出土遗存较少，发掘整理和相关研究还存在不足。

史前稻作历史分期的系统研究来自吕烈丹的《稻作与史前文化演
变》，对原始稻作社会的萌芽期、早期、发展期和成熟期四个阶段有详
尽分析。④ 这种历史分期和阶段划分，尽管并不完全吻合于高庙遗址农
业考古分析，但不同时期的特征基本适用于高庙遗址史前农业的发展
脉络。

（二）文献整理研究

地方性的历史文献整理是研究地域特色农耕文化的一项基础性工作，
有着较高的史料价值。近几年，洪江市在地方历史文献的整理上着力较
多、成效斐然。2016 年 9 月，洪江市史志部门整理出版清代光绪年间的
《黔阳县乡土志（校注本）》；2017 年 6 月，整理出版《雍正版黔阳县
志（校注本）》；2020 年 1 月，完成乾隆版《黔阳县志》的初步校订工
作。这些史志文献资料的整理和出版，为研究地方农耕文化的发展变迁
提供了有益帮助。

现代地方史志也是研究农业文化遗产的重要资料。2005 年 10 月，
洪江市粮食局编撰完成《黔阳县粮食志》（上、下）两卷，记述了自清
代以来黔阳县粮食生产、流通和消费的历史和现状。2022 年，新版《洪
江市标准地名志》补充完善了大量地名信息，较完整地呈现了洪江市全
境自农耕时代遗留下来的地名文化。《洪江市黔阳姓氏溯源》（待出版）
对境内 40 余个主要姓氏源流进行发掘整理，为历史时期大量移民提供了
丰富佐证。此外，20 世纪八九十年代整理出版的《黔阳县志》《中国民

---

① 湖南省文物考古研究所：《湖南洪江市高庙新石器时代遗址》，《考古》2006 年第 7 期。
② 裴安平：《长江流域的稻作文化》上编《史前稻作》，湖北教育出版社，2004，第 145 页。
③ 贺刚：《湘西史前遗存与中国古史传说》，岳麓书社，2013，第 488 页。
④ 吕烈丹：《稻作与史前文化演变》，科学出版社，2013。

间故事集（黔阳县资料本）》《中国民间歌谣·谚语集成（黔阳县资料本）》等资料文献，对于研究传统稻作文化亦有重要参考价值。

安江作为沅江中上游典型的河谷盆地型稻作区域，历史时期的经济开发给当地稻作文化的形成以重要影响，对此研究着墨较多的有罗运胜的《明清时期沅江流域经济开发与社会变迁》，书中有丰富翔实的资料论述明清时期沅江中上游农业开发的状况，以及民族移民与融合发展情况。通过大量的历史文献资料分析，可以探知沅江流域原住民族与汉人移民的垦殖开发是当地农耕社会变迁发展的重要动因。

（三）稻作聚落研究

洪江市目前共有 24 个村入选中国传统村落名录，这些传统村落均属于稻作农业聚落，而且集中在以安江盆地为中心的雪峰山片区，其形成和发展与稻作农业息息相关。对其进行专题的调查研究，主要有当地政府部门组织开展的传统村落调查，重点为传统村落基本情况的调查；怀化学院方磊博士领衔的课题"洪江市古村落调查与农耕文化旅游开发"，侧重于对古村落资源的地理分布、特色评价和旅游开发情况的调查；中共洪江市委党校课题组的"洪江市稻作传统村落文化遗产保护研究"课题，侧重于稻作村落的类型划分、典型特征和保护对策分析等。

（四）农耕民俗研究

高庙遗址出土了大量具有原始宗教色彩和鲜明艺术特质的陶器，引起了民俗学家的研究兴趣。以研究民间巫傩文化著称的林河较早关注到高庙遗址考古发现，他在关于"中华文明基因探索系列"文章中，从民俗文化的角度论述高庙文化与农耕文明的内在联系，并提出了"上下七千年，古今两神农"的构想和系列"假说"。[①] 怀化本土籍民俗学家刘芝凤撰写的《中国稻作文化概论》是我国首部系统论述稻作民族民俗文化的专著，书中收录了大量沅江中上游一带的稻作民俗，并提出安江盆地

---

① 参见北京《中国民族》杂志专访：《上下七千年　古今两神农：中国是世界古代农业文明的发源地——访文化人类学家、民俗学家林河》，2003 年第 12 期。

高庙文化遗址是"我国最早的农耕祭礼遗址"，出土的凤鸟、兽面和八角星象等神像体现了"中国最早的农耕祭祀文化"。① 根据林河、刘芝凤等学者的研究分析，高庙遗址的祭祀文化是原始农耕祭祀的雏形，也是目前已知中国巫傩文化最早的源头。

（五）农旅发展研究

林河是较早论述安江稻作文化旅游开发的学者，他提出安江高庙遗址与安江农校纪念园仅有一水之隔，是一个展示"上下七千年，古今两神农"于咫尺的旅游亮点。

当地政府部门在修编的《洪江市旅游发展总体规划（2008—2020）》中，将安江规划为"稻作文化和农业旅游区"，并提出以"世界稻都，古今神农"作为旅游主题形象。2018 年 4 月修编完成《洪江市全域旅游发展总体规划（2018—2025）》，提出了"安江古镇""国际稻作文化产业园""高庙国家考古遗址公园"等多个重点项目的建设投资。2021 年修编的《洪江市国民经济和社会发展第十四个五年规划纲要》，提出了培育发展"安江稻作文化小镇"的发展方向，明确加快安江农校纪念园旅游景区建设，结合高庙文化遗址等旅游资源，将安江打造成特色旅游小镇。

（六）安江农校文化遗产研究

安江农校纪念园是我国杂交水稻发源地，也是全国重点文物保护单位。2008 年，袁隆平院士将安江农校命名为"安江农校纪念园"，并亲笔题名。2009 年 8 月，安江农校纪念园被国务院核定并公布为第六批全国重点文物保护单位。2010 年 8 月 12 日，安江农校正式挂牌成为全国重点文物保护单位，时任国家文物局局长单霁翔出席仪式并与袁隆平院士一起为之揭牌。单霁翔认为，"安江农校纪念园是一处重要的农业文化遗产"，而且是"一种活态的农业文化遗产保护类型"，其真实性和完整性保护要遵循更高的保护要求，并对安江农校纪念园的保护规划提出了

---

① 刘芝凤：《中国稻作文化概论》，人民出版社，2014，第 94、223 页。

明确指导意见。① 2017 年出版的《湖南农业文化遗产》一书中，在"农业景观"专题中对"安江农校"做了重点介绍，提出"安江农校纪念园见证了袁隆平及其团队从事杂交水稻研究、掀起世界'绿色革命'的奋斗足迹，也是人类稻作文明阶段性历史发展的物证"。② 毫无疑问，安江农校纪念园是一处珍贵的稻作农业文化遗产，其中所蕴含的深刻文化内涵与丰富科学价值，还有待我们进一步深入研究。

三、研究方法

研究方法是实现研究任务的必要途径。研究方法的采用可依据学科性质而定，必须适应于研究对象的特点，满足研究任务的需要。文化学学科性质的归属性决定了其研究方法的一般性，文化学研究对象和范围的丰富性决定了其研究方法的多样性和具体性，因此，研究安江稻作文化，既需要运用人文社会科学的基本研究方法，又需要借鉴相关学科的具体研究方法。

（一）**基本方法**

人文社会科学的基本研究方法是以马克思主义哲学的实践观点、历史唯物主义观点、辩证法观点为基本指导原则的方法。

1. 分析与综合

任何人文社会学科的研究，都离不开对研究对象具体而深入的分析，以及在分析基础上的全面而精辟的综合。就分析而言，具体情况具体分析，通过解剖麻雀而认识麻雀，是历史唯物主义和辩证唯物主义认识论的精髓。对于地域特色鲜明的稻作文化研究，每个环节、每一类型都伴随着分析与综合，而且是分析中有综合，综合中有分析。又可以根据具

---

① 孙波：《以安江农校纪念园为起点全力做好农业文化遗产保护》，《中国文物报》2010 年 8 月 27 日第 3 版。

② 湖南省政协文史学习委员会：《湖南农业文化遗产》，中国文史出版社，2017，第 61—62 页。

体的研究目的，采用不同的分析方法，如历史分析法、比较分析法、系统分析法等。稻作文化具有系统性、综合性特征，它包括稻作文化的生产系统和生活系统组成的大综合系统，必须借助多重分析方法才能把握，并坚持以分析为手段、综合为目的，融会于一体。

2. 归纳与演绎

在科学研究中，归纳是对经验事实的概括，演绎则是对一般性原理的应用，它们的运用又如分析和综合，是辩证统一的过程。要突出稻作农业文化的整体性和系统性等特征，必须运用归纳法来体现，并在归纳中找到共性特点；要探索其应用性和开放性等特征，则要充分运用演绎法来实现。

3. 调查研究

收集研究对象的原始资料和了解研究对象的现实状况是科学研究的基础。在稻作文化的研究中，对各种类型文化遗产的存续、保护与利用状况的了解，都离不开田野调查或社会调查。由于稻作文化的整体性、系统性和综合性等特点，调查研究涉及的范围比较广泛，因而还要不断优化调查方式，丰富调查手段，增强调查实效。

（二）**具体方法**

中国特色的文化学具有多学科综合交叉的特点，它以马克思主义文化观为基础，融汇了考古学、文献学、民俗学、社会学、生态学等多个学科，因而它的具体研究方法也呈现多元化的特点。

1. 考古学的研究方法

通过考古发现的史前遗址来研究稻作的早期历史，是一种卓有成效的"实证方法"。如通过高庙遗址考古分析，可以了解史前安江高庙先民的生活状态和生计模式，以及安江稻作农业的起源情况。

2. 文献学的研究方法

借助对不同时期的历史文献比较来分析稻作文化的变迁与发展，也是一种科学的"实证方法"。如对不同时期地方史志关于农业记载的比

14

较分析，可以推断当时稻作农业的发展状况与进步程度等。

　　3. 民俗学的研究方法

　　民俗学擅长用现存的民俗"活材料"，去探究文化的发展演变脉络。对于民俗研究而言，安江盆地是一块"宝地"，这里不仅农业物产丰富，自然地理环境复杂多变，而且在地理上正处于沅江流域多元文化交汇的地区，且一些民俗文化至今仍以活态的形式存留，对研究当地稻作农业文化有着重要的价值。

　　4. 社会学的研究方法

　　社会学特别重视通过直接观察收集第一手资料，其资料来自现实生活的广阔田野，这种方法也称为田野考察和参与观察法。实地参与稻作文化的田野生活，可以更好地帮助我们认识稻作农业在当下的现实处境，并带着问题意识来思考稻作文化的动态保护策略。

　　以上介绍的几种有代表性的具体研究方法，提供的只是一种思考的角度，并不能囊括所有稻作文化研究的具体方法。在对安江稻作文化的研究分析中，需要整合多学科的研究成果，方能提出令人信服的观点。比如，考古学关于稻作起源的研究，文献学关于稻作历史演变的研究，民俗学关于稻作民俗的研究，社会学关于稻作传统变迁的研究，农业学关于稻作技术和品种的研究，生态学关于稻作生态环境的研究，旅游学关于稻作文化旅游开发的研究等。有鉴于此，我们对安江稻作文化的研究必须充分汲取多学科的研究成果与研究方法，树立多学科交叉研究的意识，拓宽研究思路和视野。

四、研究价值

　　中国以农立国，而水稻又是中华民族的主要粮食作物，当杂交水稻从安江走向世界，这便形塑了湖湘大地及沅江流域的重要文化资源。以安江盆地为核心的稻作文化区作为沅江流域最具典型性的代表，其稻作文化从资源特色和价值效用上都具有独特性，是有待深入发掘的"文化瑰宝"，也是重要的农业文化遗产。

（一）历史价值

从历史价值来看，透过安江稻作文化的历史变迁，可以了解此区域农耕社会的发展演进历程，探寻杂交水稻之所以诞生于安江的历史渊源，有助于更好地传承历史文脉，丰富历史文化滋养，守护好这项重要的历史文化遗产。

（二）理论价值

从理论价值来看，安江稻作文化是沅江流域稻作农业最具有代表性的样本；借助文化学理论的分析视角，可以探究沅江流域中河谷盆地型稻作农业发展演进的基本概貌、稻作文化的基本类型和价值功能，以及实施动态保护的有效策略等，这对于科学认识沅江流域稻作文化的形成与演变具有重要意义。

（三）实践价值

从实践价值来看，重视安江稻作文化资源发掘，坚持保护与利用并重并用，可以将"文化资源"转化为"文化资本"，助力当地经济社会发展，也为沅江流域共同开展稻作农业文化保护与利用提供有益参考。稻作农业的多功能价值对于持续推进乡村振兴亦具有重要意义。

有鉴于此，研究安江稻作文化，既是为了弘扬安江悠久的稻作文化传统，科学认识稻作文化的多功能价值，也是为进一步推动文化遗产保护和利用提供理论支撑。在此，我们综合运用文化学的理论与方法，对安江稻作文化做系统考察，揭示其基于独特的生态环境之下的演进规律，既希望在整合前人研究成果的基础上，对安江稻作文化有一个重新的认识，又希望弥补至今尚未有一部系统考察安江稻作文化的著作的缺憾。

第一章　安江稻作文化的史前遗址

高庙遗址是沅江流域新石器时代最具代表性的考古遗址，也是呈现安江盆地史前农业文明的重要文化遗产。高庙遗址的考古发现和史前农业社会研究，为探析安江盆地原始稻作农业的起源提供了科学依据，也为农业文化遗产保护传承创造了新的价值。

第一节　高庙遗址史前农业遗存

安江盆地高庙遗址的发掘，拨开了沅江流域史前历史的迷雾。考古发现表明，早在距今 7800—5000 年，高庙的先民们便在这片土地上留下辛勤劳作的印记，并创造了灿烂辉煌的史前农业文明。

一、遗址发现的社会背景

中国史前考古始于 20 世纪初期。早期的史前考古研究重心主要在黄河流域，以仰韶文化为最早的发轫，之后才延展到长江流域。长江流域中开展考古较早的区域为湖北、四川和长江下游的一些省市。其中，湖北和四川分别从 20 世纪 50 年代起陆续发掘了京山屈家岭、天门石家河、巫山大溪等一大批新石器时代的文化遗址。

比较而言，湖南的史前文明考古属于后来居上者。湖南史前考古在初期阶段远远滞后，直到 20 世纪 70 年代中后期，湖南省考古工作者倾力对洞庭湖地区多处遗址进行了大规模发掘，并取得了丰硕成果，由此揭示了洞庭湖区大溪文化、屈家岭文化和石家河文化三大发展阶段。① 1980 年以后，洞庭湖平原又相继发现了更早的皂市下层文化和彭头山文化，成为长江中游最先建立起整个新石器时代考古文化发展序列的区域。② 从考古发现来看，新石器时代对于农业文明的起源有着极端重要的意义，这一发展序列的建立使得湖南史前农业文明的演进历程有了相对清晰的脉络。

1988 年发掘的彭头山遗址对于农业考古具有划时代的意义。从遗址中出土的距今约 9000 年的陶片中，发现了大量作为陶土掺和料的稻谷和茎叶，而且这些稻谷具有明显集中收获的特点，属于原始栽培稻，因而把当时中国稻作起源的时间在河姆渡遗址的基础上提前了 2000 余年。③ 同时，这一考古发现也让稻作起源"长江中下游说"成为学界的主流话语。④ 之后，考古工作者又在洞庭湖平原发现了距今 9000 年的八十垱古稻田遗址和距今 6000 年以上的城头山古城遗址，再次验证了湖南洞庭湖地区是一个史前文明和稻作农业的区域中心。

沅江流域处于洞庭湖平原的上游地带和边缘交界地区，与洞庭湖区澧水流域一水相连，由于经济文化交流较为便利，在文化地理上同属"沅澧区"。⑤ 同澧水流域相比，沅江流域的考古发掘起步较晚，研究也较为薄弱。1973 年，湖南省文物部门专家首次进入沅江流域的湘西和怀化两个地区开展古遗址调查，发现了少数新石器时代遗址和商代遗址，但保存状况欠佳，这让考古工作者大失所望，因而暂时搁置了对这一区域的考古发掘。

第二次全国文物普查中，湖南省考古队于 1984 年在沅江中游的中方

① 贺刚：《湘西史前遗存与中国古史传说》，岳麓出版社，2013，第 87—88 页。

② 郭伟民：《城头山遗址与洞庭湖区新石器时代文化》，岳麓出版社，2012，第 28 页。

③ 裴安平：《长江流域的稻作文化》上编《史前稻作》，湖北教育出版社，2004，第 26 页。

④ 安志敏：《中国的史前农业》，《考古学报》1988 年第 4 期；严文明、安田喜宪：《稻作、陶器和都市的起源》，文物出版社，2000，第 3 页。

⑤ 张伟然：《湖南历史文化地理研究》，复旦大学出版社，1994，第 198 页。

县高坎垅（部分文献记载为"高坎垄"）发掘了一处新石器时代遗址。该遗址距今约 5000 年，出土的器物与洞庭湖区屈家岭文化遗存明显差别，因而被确定为屈家岭文化的一个新的地方类型。[①] 考古专家分析，高坎垅遗址面积约 1 万平方米，是山间盆地中不多见的大型遗址（可耕面积近两千亩），该遗址属于一处典型的山间盆地型稻作聚落。[②] 高坎垅遗址发掘的意义，不仅说明这一时期稻作农业在沅江流域中上游地区得以正式确立，而且反映了沅江流域与澧水流域两地文化在史前时期的交流碰撞与相互融合。然而，高坎垅遗址的成功发掘还只是一个起点，当时在沅江流域中还未能找到与之相关联的遗址点。

1987 年 4 月，湖南省考古研究所袁家荣率队在沅江上游新晃大桥溪遗址点普查，从沅江河岸边遗址老土（考古学上称"网纹红土"）中发现了两件旧石器时代的打制石器，这不仅填补了湖南旧石器考古的空白，也颠覆了传统的考古认知（过去认为旧石器时代的人类多以天然洞穴栖身）。[③] 此一发现和经验立马得到推广，考古队随后在沅江支流舞水两岸阶地的网纹红土中又陆续发现十余处旧石器地点，采集了 155 件石制品，其中 80% 为单面打制的砍砸器。考古学家吕遵谔在现场根据出土石器的土层地质年代分析，鉴定这批石器是距今 5 万—1 万年的遗存，属于旧石器时代晚期。[④] 毫无疑问，这一系列新的考古发现为沅江流域田野考古工作增添了新的动能。

1988—1990 年，湖南省考古研究所贺刚领队走进沅江中上游的遗址点，发掘了沅江渠水支流的靖州斗篷坡遗址。该遗址发掘了墓葬 475 座、房基 54 座、陶窑 7 座，出土了石器、玉器和陶器数千件，是一处较为完整的远古聚落，属于新石器时代末期至商代的遗存；但从陶器的特征判断，在当时湖南和相邻省区均找不出可资对比的材料，因而作为一种全

---

① 贺刚：《怀化高坎垅新石器时代遗址》，《考古学报》1992 年第 3 期。
② 裴安平：《长江流域的稻作文化》上编《史前稻作》，湖北教育出版社，2004，第 145 页。
③ 袁家荣：《冰冷的石头会唱歌：复原湖南远古人类历史》，《湖南日报》2019 年 4 月 16 日。
④ 舒向今：《湖南新晃石器时代文化遗存调查》，《考古》1992 年第 3 期。

新的考古学文化被命名为"斗篷坡文化"。①

20世纪80—90年代是沅江流域考古的重大发现时期。第二次全国文物普查工作进行到1987年底结束时，沅江流域发现的史前遗址点达到了70余处，但各个遗址点之间文化差异性过大、时序相隔也很远，彼此就像断节的链条般散落无序。直至1990年上半年，考古专家在安江盆地高庙遗址点发现了重要的史前遗存，沅江流域遗址考古迎来了新的发现机遇，一项突破性的考古工作就此正式拉开帷幕。

二、遗址调查与考古发掘

高庙遗址于1985年9月在怀化地区组织的文物普查中被发现，初步发现有石器、陶器和螺壳等遗存。1986年2月，黔阳县人民政府将此遗址公布为"黔阳县县级文物保护单位"，并命名为"高庙新石器—商周遗址"。遗址所在地名高庙的来由，与遗址北面一处名曰"高庙"的寺庙旧址有关。

从地貌环境来看，高庙遗址位于沅江中上游洪江市安江盆地的西北缘：

该盆地总面积在15平方公里左右，是依沅水自然河曲而形成的半圆形洼地，海拔160—175米。盆地周围皆为200—500米的山地，属于山地与河谷（盆地）相间的地貌特征。遗址地处沅水北岸的一级阶地。遗址中心地理坐标为北纬27°21′30″，东经110°7′30″。②

整个遗址的地貌表现为一处顶部较平、周边呈坡状的台地，高出河床10多米，东西两侧分别有一条小溪和一条自然冲积沟向南流入沅江，东北端有一狭长地带与山坡相连。长期在沅江流域主持发掘工作的考古

---

① 贺刚：《靖州斗篷坡新石器时代至商代遗址》，载《中国考古学年鉴1991》，文物出版社，1992。

② 贺刚：《湘西史前遗存与中国古史传说》，岳麓出版社，2013，第100页。

专家贺刚认为，在沅江干流或支流凡具有这种地貌特征的地点，几乎都能找到史前遗址；正是这样的地理环境，使当时的人类既能有效利用丰富的水生与陆生资源，又可及时地躲避洪涝等自然灾害，从而吸引他们在此地定居。[①] 笔者也曾多次随专家到高庙遗址实地考察，发现高庙遗址附近的溪沟宽敞而平坦，在涨水的季节可以形成水生类动物洄游的一处天然良港，对捕捞十分有利。

高庙遗址所在地现为洪江市岔头乡岩里村，南面与杂交水稻发源地安江农校、原黔阳专员行政公署所在地隔河相望，西南距安江镇5公里。不远处有岔头乡政府驻地，从岔头乡政府办公楼上，正好可以远眺高庙遗址的景观。遗址地现今主要为杨姓族人的聚居地，大多是普通的乡村民居，房屋结构以排架式木构瓦房为主，房前屋后为橘园和菜地。

据主持高庙遗址发掘工作的贺刚回忆：[②] 1988年3月，正值油菜花开的时节，他第一次来到安江盆地高庙遗址点考察，遗址所处的依山傍水河谷盆地地貌给他很深刻的印象。1990年6月，他又实地考察高庙遗址点，在寻找地层断面的过程中，凑巧在一位杨姓村民的屋后发现了一个高约1.5米的土坎，在刨去表层浮土后，一个现成的考古地层剖面露了出来，其中有少量的陶片和烧土。而后在原地钻探，探查结果是下面竟然还有近2米厚的文化堆积层，且有大量的螺壳和陶器碎片。面对这个突如其来的惊喜，贺刚用了一句唐诗来表达当时的心境："千淘万漉虽辛苦，吹尽狂沙始到金。"鉴于这次重要的调查发现，1991年春，湖南省文物考古研究所正式向国家文物局申报，将高庙遗址点列为当年的主动发掘项目。

1991年冬，经国家文物局批准，湖南省文物考古研究所会同怀化市县的考古工作人员对高庙遗址进行发掘。共开出5米×5米探方18个，5米×10米探沟1条，揭露面积416平方米，出土了数量较多的灰坑、火

---

① 贺刚：《高庙遗址的发掘与相关问题的初步研究》，《湖南省博物馆馆刊》2005年第2期。
② 贺刚：《湘西史前遗存与中国古史传说》，岳麓出版社，2013，第98—99页。

膛、房基、墓葬、"人祭遗存"等遗迹,以及类型丰富的陶器、石器、骨器、蚌器等生产生活用具。① 这些出土的文化遗物包括各种原始农业生产工具遗存,如斧、锛、刀、凿、球、锤、铲、饼、网坠、砍砸器等,也包括各类生活用具遗存,如磨盘、磨棒及各种陶器、骨牙器等。

高庙遗址第一次发掘的资料公布后,引起了学术界对探究沅江流域新石器时代史前文明的极大关注。为了更全面地了解高庙遗址的整体情况及其文化内涵,也为了抢救性发掘该遗址(下游将修建铜湾水电站),湖南省文物考古研究所分别于 2004 年和 2005 年对遗址进行了两次考古发掘。

2004 年春,高庙遗址第二次考古发掘,出土了纹饰精美、做工精湛的凤鸟图案的白陶"艺术神器",包括有禽兽动物纹形的各种陶器和象牙、石头等各种雕刻。这些文物具有浓厚的宗教色彩,在全国同时期的文化遗址中独树一帜。遗址中还出土了 7400 年前的女性人体骨架,其下还有一个竹篾垫子,竹篾制作工艺十分考究精湛。经测定,篾垫比浙江良渚文化遗址发现的竹席、竹篓、竹篮等,要"年长"2000 多岁,是当时全国已知最早的竹工艺品。② 发掘活动出于多种考虑,只在遗址中的110 多平方米区域范围内进行。

2005 年 3—9 月,高庙遗址经历第三次考古发掘,这是迄今为止在高庙遗址发掘规模最大、范围最广的一次,前后发掘揭露面积 1100 多平方米,再次获得诸多重大发现:③ 揭示了一处高庙文化晚期的大型祭祀场所;出土了距今约 7800 年的凤鸟、兽面和八角星象图案的陶器,以及目前所见年代最早的白陶制品;发现了高庙上层遗存中的部落首领夫妻并穴墓等一大批重要遗迹。

高庙遗址迄今为止共进行了三次考古发掘,共揭露面积近 1700 平方

① 贺刚、向开旺:《湖南黔阳高庙遗址发掘简报》,《文物》2000 年第 4 期。
② 新浪新闻网:《湖南高庙文化遗址出土中国最早的竹工艺品》,2004 年 3 月 22 日。
③ 贺刚:湖南洪江高庙遗址考古发掘获重大发现,中国考古网,2006 年 1 月 11 日。http://kaogu.cn/cn/xianchangchuanzhenlaoshuju/2013/1025/36599.html.

米，出土各类遗存数万件，取得了许多惊人的考古发现。鉴于高庙遗址的重要价值，2006 年 5 月 25 日该遗址被正式公布为全国重点文物保护单位。高庙遗址还先后被评为 2005 年度中国"七大考古成果""十大考古新发现"和 2021 年度"庆祝中国考古百年湖南省十大考古发现"。

三、高庙遗址农业遗存概况

高庙遗址是已经退出农业生产领域的早期人类农业遗址，其农业遗存包括遗址本身，以及遗址中发掘出的各种农业生产工具遗存、生活用具遗存、农作物遗存和家畜遗存等，都或多或少地映现出史前农业生产与生活的状貌。

根据考古发现，安江盆地高庙遗址的新石器时代文化堆积层分为下、上两大部分：

其下部地层所处的年代为距今 7800—6800 年，文化特征明显有别于周邻地区的考古学文化，鉴于下部地层相同文化特征的遗存在本区域的辰溪、中方和麻阳县等多个地点均有出土，区域特征鲜明，但又以高庙遗址所出最具典型，且属最先发现，故以本遗址为名将其命名为"高庙文化"。高庙遗址上部地层堆积现暂称为高庙上层遗存，亦在此区域多个县市的遗址中发现有相同特征的遗存，其年代为距今 6300—5300 年。[1]

要认识高庙文化，首先要了解什么是考古学文化。用文化理论的视角来看，"考古学文化"作为考古学家最常用的基本概念，其本质上是用来建构古史叙述的重要分析工具。[2] 所谓考古学文化，主要指存在于一定的时期、一定的地域和具有一定特征的实物遗存的总和。[3] 根据命名标准，一种考古学文化包含着数个或者一群考古遗址，但它往往以最

---

① 贺刚：《湖南洪江高庙遗址发掘》，见国家文物局主编《2005 中国重要考古发现》，文物出版社，2006，第 14 页。

② 徐良高：《文化理论视野下的考古学文化及其阐释》，《南方文物》2009 年第 2、3 期。

③ 严文明：《关于考古学文化的理论》，载《走向 21 世纪的考古学》，三秦出版社，1997。

早发现或者最具有代表性的遗址来命名。"高庙文化"则是以高庙遗址作为代表命名的一种考古学文化类型。近年来,考古学家对高庙遗址发掘资料全面整理,并将其与高庙文化同类遗址资料进行整合研究,发现高庙文化特征的遗存分布是以沅江中上游为原点,向洞庭湖及周边地区扩展蔓延,这对于研究沅江流域史前农业文明的发展及对外传播与影响提供了重要参考依据。

高庙遗址在 1991 年第一次发掘以后,湖南省文物考古研究所的发掘简报于 2000 年正式公布。[①] 报告中阐述,高庙遗址的新石器时代文化遗存可分为下层和上层两大部分,分属于不同的考古学文化。2004 年、2005 年连续两次发掘之后,相关发掘简报于 2006 年正式刊发。[②] 2006 年,由国家文化局主编的《2005 中国重要考古发现》,刊录了《湖南洪江高庙遗址发掘》的专题报告。该专题报告更加明确了高庙遗址的考古学文化分层,为建立沅江流域新石器时代考古学文化谱系奠定了坚实的基础。

从遗址的下部地层遗存特征来看,属于高庙文化时期遗存。这一时期的高庙先民从事农业生产的方式以渔猎和采集为主,辅以蓄养和种植。凭借安江盆地有利的自然生态条件,可渔猎食用的水生动物和陆生动物多达数十种,已经有家猪的饲养;还有薏苡、高粱、橡子、栗子、莲藕及稻属作物作为食物资源,对禾本科作物的种植已经进入探索阶段。这一时期的生产工具以打制石器为主,主要有捕捞用的石网坠、狩猎用的石球、制作食物用的石磨盘和石磨棒等,磨制石器的斧、锛、凿等数量还很少。当时先民居住的房屋主要为两开间和三开间的木构结构,有些设有厨房和窖穴。火已经被普遍使用,遗址中发现了多座灰坑、火膛,在房基居住面存在有烧土面、用火痕迹和灰烬等。善于手工制作形状多样的陶器皿,用来盛装食物或煮食。刻画精美的白陶盘、罐则是重要的

---

① 贺刚、向开旺:《湖南黔阳高庙遗址发掘简报》,《文物》2000 年第 4 期。
② 湖南省文物考古研究所:《湖南洪江市高庙新石器时代遗址》,《考古》2006 年第 7 期。

祭祀礼器，为我国目前所知年代最早的精美白陶制品。① 为了向自然神灵顶礼膜拜，以获取更多的食物与生产资源，这里兴起了规模较大的神灵祭祀活动，并成为一个区域性的祭祀中心。

从遗址的上部地层遗存特征来看，属于大溪文化时期和屈家岭文化时期遗存。高庙遗址上部地层出土的捕捞用石器工具在减少，而新出现了双肩石斧、圭形石凿和薄体石铲等农耕生产工具。房屋大多坐北朝南，依然为排架式木构结构，已采用木骨泥墙的建筑工艺。石器制作工艺更加高超，可以对石器进行切割、穿孔和抛光。陶器的器型较早期而言已有很大变化，器物表面多经过打磨或绘有彩色纹饰，主要为手制轮修，并出现了陶纺轮，意味着一种新的工艺技术的兴替。从遗址发掘的大溪文化时期原始部落首领夫妻的并穴墓葬中，发现有玉钺、玉璜、玉玦、象牙和石斧等陪葬品，这预示着伴随原始农业生产方式的进步，社会群体的贫富分化进一步加剧。

高庙遗址所揭示的下部和上部两个不同地层文化遗存，对考察新石器时代安江盆地原始农业的起源与发展至关重要，其丰富多样的文化遗存折射出该区域史前文明的变迁过程。贺刚是高庙遗址三次考古发掘的领队，他曾重点分析高庙遗存显示的高庙史前文明的源流和走向问题：

高庙遗址发掘所揭示的下、上两个不同考古学文化的遗存，对建立沅江中上游地区新石器时代考古学文化的谱系和年代序列特别关键。其下部地层最早一期遗存的文化特征代表了高庙文化发生时期的基本面貌，且其生产工具的制作完全继承了本区域旧石器时代中晚期文化的技术传统，表明其文化来源于本地而不是其他区域。而上部地层遗存的文化特征一方面反映了对本地区传统文化的部分继承，另一方面又日益朝着背离本地区文化且逐步与洞庭湖区大溪文化合流的趋势发展，特别是它中

① 贺刚：《湖南洪江高庙遗址发掘》，见国家文物局主编《2005 中国重要考古发现》，文物出版社，2006，第 15 页。

晚期的遗存已完全与后者融为一体，它充分反映了洞庭湖区大溪文化向本区域的强力扩张，以及本地区传统文化的崩溃和被外来文化更替的过程。①

特别值得注意的是，贺刚对包括安江盆地在内的整个大湘西地区的史前文明及神农古史传说有非常深透的分析。他依据大量遗存资料的整合研究发现，从分布地域上看，高庙文化特征的遗存遍及湖湘，延伸至岭南和桂江流域。从历史分期来看，高庙文化的年代在距今 7800—6300 年，以距今约 7000 年为界，可分为早、晚两大期，为高庙文化前、后发展的两大阶段：距今 7800—7000 年为高庙文化早期，距今 7000—6300 年为高庙文化晚期。在此类遗址上部与之相继的大溪文化遗存的年代为距今 6300—5500 年。从时间坐标上来看，高庙文化早期遗存、晚期遗存和大溪文化遗存所处年代，与伏羲、炎黄时代的年代范围相当。② 而且，贺刚尤其重视将高庙文化研究与古史传说相结合，把考古学资料的研究提升到史学和人类学研究的层面，并着力论证高庙文化与古史传说之间的强大关联性：

据地下遗存与古史传说材料的综合考察，早期高庙文化与晚期高庙文化和大溪文化可能就是远古人文始祖伏羲和炎帝族团的遗存，由此推断伏羲与炎帝均是生活在南方地区以沅湘流域和洞庭湖区为中心，包括鄂西南，黔东清水江流域，广西桂江流域，广东北江、西江流域至环珠口地区广大地域范围内势力强大的远古族团，在南中国独领风骚。③

以上对高庙遗址及史前农业遗存的考古发现和研究，恰可以作为我们认识沅江中上游流域远古文化的新起点和新窗口，以此探析该区域史前农业文明的发展概貌。

---

① 贺刚：《湖南洪江高庙遗址发掘》，见国家文物局主编《2005 中国重要考古发现》，文物出版社，2006，第 16—18 页。
② 贺刚：《湘西史前遗存与中国古史传说》，岳麓出版社，2013，第 559 页。
③ 贺刚：《湘西史前遗存与中国古史传说》，岳麓出版社，2013，第 5 页。

四、高庙遗址农业遗存价值分析

考古专家认为，高庙遗址"再现了史前宗教祭祀场景，是研究古代先民的食物结构、畜牧业起源以及当时生态环境不可多得的珍贵资料"。[①] 系统认识高庙遗址史前农业遗存具有的历史价值、艺术价值、科学价值、社会价值和文化价值，是科学规划建设遗址考古公园和开展大遗址保护、遗产旅游的重要前提和基础。

其一，历史价值。细致考察以高庙遗址为中心的沅江中上游地区原始农业发展的轮廓，可以深入了解这一地区史前农业文明的最早起源与发展脉络。旧石器时代的先民以采集渔猎为生，进入新石器时代后先民逐步从渔猎文明向农耕文明过渡，经历了若干个发展阶段，最终与周邻洞庭湖地区在文化冲突与融合、交流与碰撞的过程中走向多元一体的农耕社会。

其二，艺术价值。高庙遗址陶器具有特殊的艺术形象与功能用途，它是沅江中上游地区新石器时代史前农业社会发展的产物。高庙祭祀仪器盛行对太阳、凤鸟、神兽（龙）、山、水等各类神灵的崇拜。那些装饰着神灵图饰的陶器，无论是质地还是制作都相当精良，非一般生活用具，而是用于陈设的礼神祭器。陶器上的各类装饰图案和题材，无论构图方式、装饰技法还是色彩搭配，在新石器时代同期遗存中均达到了前所未有的高度。

其三，科学价值。高庙遗址出土的大量生产工具、动物及植物遗存等对了解当时的生产、生活、生态环境，以及湖南山区渔猎经济向农耕经济模式转变等具有重要价值。相关研究表明，高庙遗址的渔猎经济发达，捕鱼技术高超，当时人们已经利用鱼类的洄游特性来进行季节性捕捞。高庙遗址出土的460余件不同规格的石网坠，表明早期的高庙人是

①　李舫：《七大考古成果闪耀文明之光》，人民网，2006年1月11日。

大量使用渔网的族群。而且，高庙遗址两类遗存的迭代累积，为考证该区域史前农业发展演进提供了科学例证。

其四，社会价值。高庙遗址是展示沅江流域史前农业文化遗产的重要场所，也是呈现史前农业文明发展演进的重要载体。此遗址是古代人类依存于沅江中上游地区独特的地理环境，逐步地适应和能动地利用自然规律谋生存、求发展，并获得巨大成就的实际例证，充分表明了古代劳动人民的勤劳智慧和史前农业文明的强大而独特的影响力。

其五，文化价值。考古学证据表明，"高庙文化"与"高庙上部遗存"在与其所处自然地理环境的互动过程中，在物质领域和精神领域都产生了诸多独特而重要的成果，其中都承载了我国远古农业文明中"敬天礼神"文化基因，对早期中国传统农耕文化及价值观的形成有重要影响，体现出我国地区文化多样而统一的特征。

第二节　高庙史前稻作农业社会探源

沅江流域农业文明历史悠久，旧石器时代的先民以采集渔猎为生，进入新石器时代后先民逐步从渔猎文明向农耕文明过渡。近半个世纪以来，在沅江中上游以高庙遗址为中心的田野考古中取得的成果，已经使我们能够大略探知该区域史前原始稻作农业社会的粗略面貌。其发展大致经历了萌芽期、奠基期、发展期、成熟期四个阶段。[①]

一、萌芽期稻作社会

从 20 世纪 80 年代以来，沅江流域发现的旧石器地点多达 150 余处，

---

① 史前稻作农业的历史分期大体参照吕烈丹在《稻作与史前文化演变》一书中的分期阶段，即萌芽期、早期、发展期和成熟期，科学出版社，2013。

约占湖南全省发现旧石器地点总数的一半。这些石器地点大都位于沅江及支流舞水、渠水、巫水、辰水和酉水等河谷两岸的慢坡或阶地上。其中，年代最久远的是位于靖州的渠水右岸阶地，所处年代在距今 40 万年左右；考古发掘时间最早且旧石器点分布最为密集的是位于新晃的舞水两岸阶地，被考古学专家命名为"舞水文化类群"。[①]

在沅江支流酉水的花垣县茶峒旧石器时期遗址上，考古工作者还发现有人工挖掘的土坑和用火的痕迹，在暗棕色烧焦泥土中夹杂着稀疏炭沫，专家鉴定此为旧石器时代晚期遗存。[②] 这表明最迟在旧石器晚期沅江流域的先民们已经懂得了使用火种，其意义不言而喻。恩格斯就曾指出，火的发现和利用第一次使人支配了一种自然力，从而最终把人同动物界分开。

沅江流域原始农业的萌芽大约在 1 万年前的旧石器时代末期或新石器时代早期。1987 年，湖南省考古队在沅江上游支流舞水河两岸阶地中，发现了多处旧石器时代及新石器时代早期遗址。这些遗址中出土了石刀、石斧、石锄等采集野生植物的工具，其年代距今 4 万—1 万年，[③] 在地质年代上属于更新世晚期，处于冰期和间冰期交替之中。冰期气候干冷，狩猎不易，植物减少。人们的食物匮乏，迫使人们努力去采集野生植物充饥。距今约 1.2 万年的间冰期，那是一段乍暖还寒的时期，冷暖的波动较为频繁，但气候逐渐转为温暖湿润，草本作物生长较为茂盛，禾本植物增多，人们更易于采集到野生植物。在长期采集野生植物的劳作中，人们逐渐掌握了一些可食用植物的生长规律，并且尝试将它们栽培、驯化为农作物，这便是原始农业的开端。

原始的农业生产基本模仿野生植物的生长过程，即将采集到的野生

---

① 舞水是沅江最长支流，又名潕水、沅水、潕水，一水多名，使用中也曾混用，因而也有"潕水文化类群"和"沅水文化类群"的命名方式。贺刚：《湘西史前遗存与中国古史传说》，岳麓出版社，2013，第 454—456 页；湖南省文物考古研究所：《洪江高庙》（第 2 册），科学出版社，2022，第 1229 页。

② 刘庆海：《论湘西文化的根与源》，《吉首大学学报（社会科学版）》2010 年第 6 期。

③ 舒向今：《湖南新晃石器时代文化遗存调查》，《考古》1992 年第 3 期。

植物的种子撒在地上，让它自然生长，待到成熟时摘取，这是最原始的农业生产方式。农业和采猎虽然都是以自然界的动植物为劳动对象，但后者依赖于自然界的现成产品，是"攫取经济"；前者则通过人类的劳动增殖天然产品，是"生产经济"。① 只有农业生产发展了，长久的定居和稳定的剩余产品才能成为可能，从而为文明时代的诞生奠定基础。

原始农耕时期的稻作是于何时何地起源的，很久以来一直都是个难以定论的问题。最初一些外国学者认为栽培稻起源于印度，后来又提出印度阿萨姆到中国云南的山地起源说。② 到 20 世纪 70 年代末和 80 年代初，由于浙江河姆渡发现了距今 7000—6500 年的大量稻谷遗存，学术界提出长江下游是稻作农业起源的中心之一。不久，在长江中游的彭头山文化和城背溪文化中，发现了距今 9000—7000 年的稻谷遗存，长江中游说也引起高度关注。③ 20 世纪 90 年代中期，湖南道县玉蟾岩与江西万年仙人洞、吊桶环三处洞穴遗址相继发现了距今 1.2 万年以上的稻作遗存，至此，长江中下游作为稻作农业的重要起源地获得了学术界的普遍认同。④

洞庭湖西北岸的澧阳平原堪称是长江流域原始稻作农业的发展中心。位于澧阳平原中部的十里岗遗址，发现了距今 1.8 万—1.6 万年的稻叶植硅石，应属于野生稻，考古学家推测其用途为燃料或草垫。⑤ 距离十里岗仅 10 公里的彭头山遗址，发现了距今 9000 年的陶器中掺和有大量的稻壳、草叶等。无独有偶，彭头山文化时期的八十垱遗址发现了数以万粒计的稻谷和稻米。据此，主持彭头山文化遗址发掘的裴安平对彭头山文化的稻作起源做了深刻的分析。他认为，彭头山文化"稻作遗存的存在，不仅证实了长江中游也是世界上最早栽培禾谷类作物的地区之一，

---

① 李根蟠：《中国古代农业》，商务印书馆，1998，第 6 页。
② 管彦波：《云南稻作源流史》，中国社会科学出版社，2015，第 46 页。
③ 向安强：《论长江中游新石器时代早期遗存的农业》，《农业考古》1991 年第 1 期。
④ 严文明：《稻作、陶器和都市的起源》，文物出版社，2000，第 3、4 页。
⑤ 裴安平、熊建华：《长江流域的稻作文化》，湖北教育出版社，2004，第 51 页。

更在于说明了类似水稻栽培这类人类历史上重大事变的发生与兴起应有广泛而深刻的基础。以当时的生产力水平、活动能量、人口的数量，任何考验人类能力的巨大进步，只可能是在一个较大的范围内，经过较长的时间，不断摸索、交流、总结，而在自然条件允许的区域内共同促成的"。[①]

从目前已知的考古发现来看，沅江流域在新旧石器交替时期尚未发现有稻谷遗存，而且这里新石器时代的稻作遗存也并不似澧水流域那样点多面广，因而这里并不是原始稻作农业的原生区域，但属于重要的次生区域。考古学者发现，高庙文化的许多器物形态与彭头山文化晚期器物风格相似。[②] 既然高庙文化早期阶段能找到彭头山文化影响的余韵，那么彭头山时期较发达的农业经济模式也自然会影响高庙文化早期的沅江流域。如前所述，彭头山文化时期是澧阳平原原始稻作农业的兴盛期，[③] 距今约8000年的澧县八十垱遗址2万余粒稻谷稻米就发现在古河道30平方米左右的黑色淤土中，如此巨大的数量与密度无疑显示出这一时期水稻种植的规模化程度。而这一时期，史前文化交流的触角已经延伸到洞庭湖西部平原的沅江下游流域，并逐渐向中上游漫延。

在距今7800—7000年的高庙文化早期阶段，安江盆地周围有着茂密的森林、开阔的林间草地和灌木竹林，还有相当宽阔的水域，因而有着丰富的水陆野生动植物资源。渔猎是高庙先民最为倚重的生业方式，高庙遗存中有大量熊、鹿、麂、象、獏、犀牛、獾、猴、猪、牛等陆生动物骨骼，还有堆积如山的螺壳、蚌壳，以及大量的龟壳、鳖壳和鱼类骨骼，均为食用后的废弃物。采集也是高庙先民重要的生业方式，从高庙遗址早期出土石磨盘和石磨棒上残留的淀粉粒分析，可以得知薏苡是当时先民最主要的食物资源之一，此外还有高粱、橡子、栗子和莲藕，以

---

① 裴安平、熊建华：《长江流域的稻作文化》，湖北教育出版社，2004，第3页。
② 郭伟民：《新石器时代澧阳平原与汉东地区的文化与社会》，文物出版社，2010。
③ 裴安平、熊建华：《长江流域的稻作文化》，湖北教育出版社，2004，第106页。

及少量的稻属作物。① 而根据考古最新研究，在高庙下层遗存中发现距今 7400 年左右的稻壳遗存，并可确认为栽培稻，说明当地先民已种植水稻。② 由此推知，在 7000 多年前的高庙文化早期，先民已经开始有意识地大量采集薏苡、高粱、稻谷等禾本科植物作为食物，逐步积累了对这类禾本科植物特性的认识，并尝试水稻作物的种植，为农耕时代的到来提供了认知和实践基础。

在生产生活工具的制造上，高庙文化早期的石器加工较为粗糙，多是用沅江河卵石单面打击制成的石器，器类主要有斧、锛、刀、凿、球、锤、网坠、磨盘、磨棒、砍砸器等，供渔猎和加工食物时使用。还有少量的骨牙器，以骨锥、牙锥为主，以动物的骨骼和犬齿磨锐而成。高庙遗存中极富特色的工具是陶器，主要类型有釜（分 5 型）、罐（分 14 型）、钵（分 4 型）、盘（分 6 型）、簋、碗，③ 可炊煮和盛装食物，主要制品为夹砂陶器，多呈红褐色和灰褐色。用作祭仪的白陶数量不多，却最有代表性，是中国目前已知最早的白陶祭仪器皿。高庙早期遗存中丰富多样的陶器的涌现，标志着高庙先民在农业文明初现曙光时用创造性劳动开启了一个敬天礼神的新时代。

在高庙早期的陶器上已经出现了最原始的八角星纹、太阳纹、凤鸟纹、獠牙兽面纹等图像的信仰崇拜。④ 这些对自然神灵的信仰，都带着最原始的自然经济的印痕。高庙先民这种对自然神灵的敬仰与当时的农业生产方式密切相关。沅江中上游流域位于山高谷深的山区，林木茂密，群峰叠嶂，以渔猎和采集为主的生业方式令他们在物资资源上对自然界充满依赖，一方面要祈求收获更多的食物和资源，另一方面要避开自然界诸多不可预料的威胁，所以他们根据自然物象模拟创造出庇佑的神灵，并对这些神灵顶礼膜拜。因此，围绕自然神灵开展的敬神与礼神的祭祀

---

① 贺刚：《湘西史前遗存与中国古史传说》，岳麓出版社，2013，第 106 页。
② 湖南省文物考古研究所：《洪江高庙》，科学出版社，2022，第 1281—1282 页。
③ 贺刚、向开旺：《湖南黔阳高庙遗址发掘简报》，《文物》2000 年第 4 期。
④ 贺刚：《湘西史前遗存与中国古史传说》，岳麓出版社，2013，第 164 页。

仪式，是高庙先民信仰的法则，也是高庙时期原始农业发展不可或缺的重要元素，并成为这个时期极富特色的标志。

从考古发掘来看，高庙文化是以沅江流域为中心的一种原生性很强的新石器时代文化，其本源为本区域旧石器时代的舞水文化类群，因而它与毗邻的澧水流域彭头山文化有明显差异。在高庙文化早期，这里尚无彭头山文化中明显的稻作农业勃兴的迹象，但它在与相邻区域的交互影响中正处于萌芽待发的状态。

二、奠基期稻作社会

距今约 7000 年，高庙文化时期的沅江流域原始农业进入新的发展阶段。这一时期沅江流域原始农业已经具有较为鲜明的特征，突出标志是出现了更为丰富的生产方式，更趋稳定的定居生活方式，更加高超的艺术构思，更加普遍的礼神信仰，并由此成为区域性的大型祭祀中心。

高庙文化晚期，高庙先民的生产方式较前期更为丰富。这一时期，攫取式的渔猎和采集仍是高庙先民主要的生业方式，并辅以驯养家畜和种植作物。从高庙遗址出土的大量水陆生动物遗存看，其中鱼类骨骼遗存众多、种类广泛，在国内新石器时代遗址中十分少见，可见当时捕鱼经济之发达。[1] 晚期出土的野生动物骨骼较早期明显减少，说明可利用的野生动物资源逐渐匮乏，而动物畜养成为必要的替代，畜养动物主要是家猪，畜养经济开始兴起。此外，采集或种植的薏苡、高粱、橡子、栗子、莲藕都是当时先民的重要食物资源。尽管高庙文化晚期水稻还不是主要的食物资源，但根据这一时期土壤的孢子花粉和水稻硅酸体分析，水稻种植已经进入起步阶段。[2] 或许这里山高林密，并不是适宜水稻生长的最初原生环境。这一时期的生产工具仍然以打制石器为主，器类有

---

① 莫林恒：《高庙遗址出土鱼类遗存研究》，湖南大学硕士学位论文（指导老师袁家荣），2011。

② 贺刚：《湘西史前遗存与中国古史传说》，岳麓出版社，2013，第 473 页。

砍砸器、切刮器、尖掘器和盘状器等，有用于捕鱼的亚腰形网坠，用于狩猎的石球，以及用于加工石器的石砧、石锤等器具。磨制石器的比例较少，器类主要有石斧、石锛、石凿和石刀等。高庙先民用石斧砍树辟地，用石锛挖土，用石刀收割作物，种植和驯化薏苡、高粱及稻属作物。

高庙文化晚期先民的生活方式已经达到一个新的文明程度。从居住习俗来看，聚族而居，选址为依山傍水之地，房屋多是两开间和三开间的排架式木构建筑，有的甚至设有厨房，厨房的外侧或挖有可储存水生螺类和鱼类的窖穴。废弃螺壳和生活垃圾集中倒放在离房屋二三十米以外的缓坡上，以避腥臭。从衣物穿着来看，有专门用来缝制衣物的骨锥、骨针等。从饮食方式来看，以炊煮和烧烤为主，惯用釜、罐、钵、碗、盘、簋等陶器盛装食物。陶器以手制为主，或以慢轮修整。日常生活装饰也极为丰富，已使用骨笄束发，挂饰有用象牙磨制成龟形的饰物、穿孔的蚌壳和獠牙，还有天然的水晶饰品和刻画了花卉图案的骨饰摆件等。

神灵信仰呈现出当时高庙先民丰富多彩的精神面貌。高庙祭祀仪器盛行对太阳、凤鸟、神兽（龙）、山、水等各类神灵的崇拜。那些装饰着神灵图饰的陶器，无论是质地还是制作都相当精良，非一般生活用具，而是用于陈设的礼神祭器。陶器上的各类装饰图案和题材，无论构图方式、装饰技法还是色彩搭配，在新石器时代同期遗存中均达到了前所未有的高度，并广泛影响了洞庭湖区的白陶制作工艺，汤家岗遗址出土的白陶器纹饰与高庙类白陶有异曲同工之妙。当神秘灵性和意蕴丰富的八角星纹、太阳纹、凤鸟纹、獠牙兽面纹刻画或戳印在制作精美的白陶器具上时，那种动人心神的对自然神灵的狂热膜拜仿佛要跃然而出。

为了祭祀膜拜神秘的自然神灵，高庙先民修筑了大型的祭祀场所，占地面积约1000平方米。除了规模庞大、年代久远外，该祭祀场所的结构也颇为新颖，为国内同期史前遗存中所罕见。主祭场为排架式梯状结构，面朝正南方的沅江。主祭场前面有人工挖出的呈方形或圆形的牲祭坑和人祭坑。西侧有一处房址，设有两间主室和一间"厨房"，房址附近有附设的窖穴。因此，考古专家分析，高庙遗址应是一个地域性的宗教祭祀中心。[①]

高庙文化的晚期，随着人口的增加和可利用资源的减少，高庙先民沿沅江向外迁徙。他们带着礼神的信仰，足迹从沅江上游的贵州清水江转移到沅江中游的辰溪松溪口、征溪口和泸溪下湾等地；再从沅江下游延伸至澧水流域的汤家岗。与此同时，澧阳平原的稻作农业进入扩张时期，与沅江流域高庙文化相互交流与传导，加速了沅江流域稻作农业的发展。而融合了高庙文化元素的汤家岗"八芒星"白陶，最终成为湖南新石器时代的重要文化名片，它让印纹白陶成为一种显著的文化标志享誉南中国。[②] 而从那一时期洞庭湖区的文化遗存来看，高庙文化的影响深远而绵长。

原始农业从渔猎时代逐步迈向农耕时代，这是一个漫长的转变时期，它是在一个较大的时空范围内，经过多个区域的不断探索与交流而共同促成的。

三、发展期稻作社会

高庙遗址的上层遗存在距今 6300 年左右进入大溪文化时期。这一时期的年代跨度在距今 6300—5500 年，与洞庭湖区大溪文化所处的年代相当。先民的生产生活方式较高庙文化时期有了明显改变，最突出的表现是这里已经普遍出现了稻作农业，以及与稻作农业相适应的社会生活形态。

根据考古发掘来看，在多个高庙类型遗址的大溪文化中出现了较多水稻遗存。最早于 20 世纪 80 年代中期，在新晃侗族自治县舞水（沅江支流）河岸的大洞坪村，在大溪文化时期的陶片上发现有碳化的稻谷

---

① 湖南省文物考古研究所：《湖南洪江市高庙新石器时代遗址》，《考古》2006 年第 7 期。
② 郭伟民：《城头山遗址与洞庭湖区新石器时代文化》，岳麓出版社，2012，第 435 页。

壳。[①] 1991 年第一次发掘高庙遗址时，在大溪文化时期遗存中发现有一些罐、釜陶器的胎壁上遗留有水稻壳印痕。[②] 1993 年发掘的辰溪县征溪口遗址，在大溪文化的一件陶支座和一件盘口罐的胎内壁均发现有大量稻壳的痕迹。[③] 之后在溪口遗址的大溪文化陶罐内壁发现有碳化的稻谷。

在高庙类型遗址的上层发现大量的大溪文化时期水稻遗存，说明水稻已成为当时先民食物的重要来源。而且，这些遗存中依然发现有大量的陆生动物骨骼、鱼类及螺壳，表明丰富的野生动植物仍然在先民的食物中占有相当大的比重。这一时期渔猎采集在生产生活中的地位正在显著下降，种植业在不断加强。但由于沅江中上游地区受自然地理条件的制约，可供水稻栽培的河谷、洼地十分有限，因此当时先民仍然保持了渔猎和采集为主的生产方式。这一时期，石器农具制作更加精良实用，在制造中已出现石料的切割、管钻和抛光等工艺，出现了不少磨制精细的石斧、石锛、石凿、石铲和石刀等，这对提升农耕水平大有助益，标志着生产力的显著提高。

随着原始农业的发展，氏族聚落的人口也在不断增加。从沅江流域现已发掘的大部分遗址来看，大溪文化地层一般都直接叠压在高庙文化遗存之上，这些居住地址也是高庙文化先民的世居地，而且形成了一个较大的氏族聚落，房屋的筑造工艺也有了明显改进，已有木骨泥墙的做法，且多套房址相邻而聚：[④]

大溪文化高庙上层类型遗存居民的居址与高庙文化先民相比几乎没有改变，他们仍然选择依山傍水的阶地居住，尤其是那些小溪与沅江干流相汇的夹角地带……所建房屋均为排架式木构地面建筑，即先在平地上挖柱洞，然后将柱头立于柱洞内再拼装组件。依据出土石工具中见有磨制精细的石凿、石斧、石锛一类器具的情况，推知当时应已有了雕、

---

① 舒向今：《湖南高坎垄（垅）新石器时代农业遗存》，《农业考古》1988 年第 1 期。
② 贺刚、向开旺：《湖南黔阳高庙遗址发掘简报》，《文物》2000 年第 4 期。
③ 吴顺东、贺刚：《湖南辰溪县征溪口贝丘遗址发掘简报》，《文物》2001 年第 6 期。
④ 贺刚：《湘西史前遗存与中国古史传说》，岳麓出版社，2013，第 473 页。

凿木作和榫卯构件的使用。高庙遗址现已发掘的大溪文化房屋集中分布在遗址中部，且往往在同一个面上分布着不同单元的多套房址，彼此相互打破。遗址的北部与东部也分布有房屋和柱洞，可以确认当时是一个较大聚落。

大溪文化时期逐步发展的稻作农业不但可以供养较多的人口，而且有了社会剩余产品，从而导致了社会成员地位和阶层的分化。这主要体现在这一时期墓葬中随葬品的品类和数量上，特别是出现了高等级的贵族墓葬。例如，高庙遗址六、七号探方出土的夫妻并穴墓，其中一人随葬透明白玉璜2件、玉玦1件和象牙1件，另一人随葬玉钺和石刨形斧各1件。其中尤为值得注意的是那件带着扉牙的玉钺，在国内同期遗存中非常稀有且罕见，一般为贵族或宗教领袖权力的象征，它的存在强烈暗示此墓主人身份的特殊性。考古发掘者从两座墓所出随葬品的类别和所处位置关系分析，推测他们应是大溪文化时期某一代部落首领的夫妻并穴合葬墓，[①] 这也让人产生更深远的联想。

考古专家贺刚将这一时期的遗存与神农炎帝文化相勾连。本土学者阳国胜也以此作为重要依据提出了"会同炎帝故里"新说。[②] 对此持赞同意见的中华炎黄文化研究会副会长王震中认为，炎帝神农实为时代的名称，是中华大地农业的发展这样一个伟大的历史进步的概括，"神农炎帝"是一个泛指，有多个源头和中心，因而沅江中上游的"会同炎帝故里"新说的提出是有价值并值得重视的。[③] 这样的视角，对于我们重新认识沅江流域远古时期的原始农业文化大有裨益。

我们由此可以确信，原始稻作农业的长足进步带来了社会生产力的巨大进步，也促进了沅江流域史前文明的飞跃发展。

---

① 湖南省文物考古研究所：《湖南洪江市高庙新石器时代遗址》，《考古》2006年第7期。
② 阳国胜：《华夏共连山——炎帝故里与神农文化源流考》，湖南人民出版社，2010。
③ 王震中：《炎帝与民族融合》，载《华夏同始祖，天下共连山：全国首届会同炎帝故里文化研讨会论文集暨会同民间炎帝神农文化资料汇编》，大象出版社，2010，第11页。

四、成熟期稻作社会

历史再往前迈进，距今 5300 年左右沅江流域的史前历史进入屈家岭文化时期，这与洞庭湖区几乎同步，稻作农业已经相当普及与成熟。成熟期的稻作农业所种植的都是人工驯化过的栽培稻，稻作技术已经形成系统，这一时期的遗址中大多可以发现多种稻作农业工具和带有排灌系统的人工稻田。[①]

洞庭湖区是长江中游原始稻作农业最先走向成熟的地区。城头山遗址中发现了明确属于汤家岗文化时期（相当于高庙文化晚期）的古稻田，其形状与特征和现代稻田基本一致，这也是当时国内发现的年代最早的水稻田，其上部还叠压有大溪文化时期的稻田，以及用于灌溉的水坑、水沟等。[②] 沅江流域受到洞庭湖区先进稻作农业技术的影响，大溪文化时期或许已经开辟有系统的人工稻田，但目前尚无考古的实据。沅江中上游地区最迟于屈家岭文化时期进入稻作农业的成熟期则是确凿无疑的，高坎垅遗址是这一时期的典型代表。

高坎垅遗址距离安江盆地高庙遗址仅数十公里，遗址面积约 1 万平方米，是山间盆地不多见的大型史前聚落遗址，该遗址属于一处典型的山间盆地型稻作聚落。[③] 1984 年冬，沅江中上游的高坎垅遗址经发掘后，出土了大量与稻作有关的遗存，标志着当时该区域已经有了较发达的稻作农业：[④] 第一，出土了数量较多（81 件）的农业生产工具。第二，出土的石斧、石锛、石刀、石凿等石制生产工具制作精致，是"刀耕火种"不可缺少的重要工具。第三，墓葬中大多以石制的农业生产工具作为随葬品，偶见有玉铲，这或是身份和权力的象征。第四，遗址出土的

---

① 吕烈丹：《稻作与史前文化演变》，科学出版社，2013，第 91 页。
② 郭伟民：《城头山遗址与洞庭湖区新石器时代文化》，岳麓书社，2012，第 428 页。
③ 裴安平：《长江流域的稻作文化》上编《史前稻作》，湖北教育出版社，2004，第 145 页。
④ 舒向今：《湖南高坎垄（垅）新石器时代农业遗存》，《农业考古》1988 年第 1 期。

陶片上发现有稻谷壳和稻草的碳化物，遗址地点地势平坦，土质肥沃，可耕面积在两千亩以上。第五，出土了较多大型粮食储存陶器皿。

高坎垅遗址一共发掘墓葬 49 座，几乎每座墓葬都有随葬石器工具，这反映了山区稻作聚落的先民对于农耕工具的格外珍视。高庙遗址也发掘清理了屈家岭文化时期的 10 座墓葬，总体情况与高坎垅遗址大致相同。① 贺刚在其执笔的发掘报告中记叙：

高坎垅遗址的发掘，对湘西地区原始文化的研究有着重要的意义。遗址所处的位置证实，屈家岭文化的南界已突破洞庭湖及其西北边缘地区，深入到沅江流域的中上游。遗存所含的年代序列，说明湘西屈家岭文化的发展与洞庭湖区甚至与鄂西地区的屈家岭文化的发展是大体一致的。②

新石器时代晚期，湖湘大地上屈家岭文化更替了原有的大溪文化，一支新兴的族群（氏族联盟）由此而崛起，并遍布整个长江中游大部分地区，雄踞于中国南方。这一族群被大多研究者视为"三苗"集团，③ 他们也通常被看作是"五溪"地区少数民族族裔的先祖之一。

细致考察沅江中上游地区原始农业发展的轮廓，可以深入了解这一地区稻作农业文化的最早起源与发展脉络，以及它与周邻地区文化冲突与融合的过程，并最终在交流和碰撞中走向多元一体。

---

① 贺刚：《湘西史前遗存与中国古史传说》，岳麓出版社，2013，第 488 页。
② 贺刚：《怀化高坎垅新石器时代遗址》，《考古学报》1992 年第 3 期。
③ 俞伟超：《先楚与三苗文化的考古学推测》，《文物》1980 年第 10 期。

第二章　安江稻作文化的生态环境

安江稻作文化是在沅江流域中上游以安江盆地为中心的地域文化区形成的，是特定生态环境（自然环境、经济环境与社会人文环境）下的产物；雪峰山区河谷盆地的独特环境为其创造了有利的自然条件，历史上沅江流域多民族融合与垦殖是其形成的主要社会动因，历代对安江盆地进行的农业经济开发是其得以定型的基础。

第一节　自然环境与耕地特性

历史时期稻作文化的产生和发展首先受自然耕作环境的制约，特别是在生产力水平不高的古代，受到的制约程度更大，即所谓"靠天吃饭"。安江稻作文化的产生与发展，与雪峰山区河谷盆地的自然环境及耕地条件密切相关。这里有充裕的水利水能资源、温暖湿润的气候条件、肥沃的耕地土壤和类型多样的山地梯田，加上独特而相对封闭的地理区域，为人们发展稻作农业提供了得天独厚的自然条件。

一、得天独厚的自然环境

（一）独特的地貌

安江盆地坐落于沅江中上游、雪峰山脉西麓，为雪峰山主脉及其凉山支脉所夹，由于东西两侧雄峰在沅江两岸蜿蜒耸立，便在这里形成了一个东北至西南的狭长形天然河谷盆地。盆地间的河谷洼地海拔在

160—175 米，盆地周围皆为山地，低山区海拔 200—800 米，部分中低山区可达 800—1000 米，少数高峰逾千米，最高峰"苏宝顶"海拔 1934 米，构成了一道雄伟的天然屏障。

安江稻作文化区的自然地理环境，清代《黔阳县志》中对其特征有非常形象的描述。

一是"群山环耸""重峰列嶂"。安江盆地东面横亘着雪峰山的主脉，周边还分布着许多大小山峦。雍正《黔阳县志》中论及雪峰之境罗翁山是"四面斗绝，盘礴数百里"，"周回五百里，四面险绝"；钩崖山"削峰插空，峰垂如钩"；金龙山"山势峻拔"，观音岩"峭壁悬岩"，并以"群山环耸而削玉凌空"来形容沅江中上游的河谷两岸地势，可谓是重峦叠嶂而负山临江。①

二是水急滩险，"折而复留"。从沅江上游入县境到安江一段，有十多处急流险滩。上源有损洞，"舟行最险"；顺流而下，依次有狮子滩、紫萝百丈滩、濮水滩、鸬鹚滩、连洲滩、大浟潟滩、小浟潟滩、碗盏滩、黄丝滚洞滩等，而黄丝滚洞滩"中泓拗折，舟行最险"。② 过安江入铜湾则土滩多，急流不断，或有横岩截江，非常险要。

沅江流经安江盆地这段水域"山水奇险"的地貌，加上山路崎岖、车行不便，使得这里形成了一个相对封闭的河谷盆地型农耕经济区域。

（二）密布的溪河

流经安江盆地的干流为沅江。沅江古称沅水，干流流经贵州、湖南，全长约 1033 公里。贵州境内约 510 公里，有南源发于都匀云雾山龙头江，北源发于麻江平越，在重安江与南源汇合后称清水江。流经湖南会同、芷江，在洪江市托口镇汇入渠水，至洪江市黔城镇汇合舞水，自托口镇始称沅江，至常德德山注入洞庭湖，湖南境内约 520 公里，为湖南第二大河和第一长河。清水江河源至黔城为上游，多高山峡谷；黔城至

---

① 《黔阳县志》卷一《山川论》，清雍正十一年（1733）刊本，第 10—12 页；《形胜论》，第 16 页。

② 《黔阳县志》卷一《山川论》，清雍正十一年（1733）刊本，第 13 页。

沅陵为中游，经洪江、中方、溆浦、辰溪、泸溪、沅陵等县区，依次纳入巫水、溆水、辰水、武水、酉水，其中，洪江市境内128公里；沅陵以下为下游。

湖南境内沅江中游以上汇入7条主要一级支流，从上到下依次为渠水、舞水、巫水、溆水、辰水、武水、酉水。安江以上的沅江河段在湖南境内汇入渠水、舞水、巫水三大一级支流，其中舞水是七大一级支流中最长的河流，全长444公里，也是沅江主要源头。在安江盆地河谷间，还汇入了公溪河（供溪）、母溪河（稔禾溪）、深渡江、大坪溪、龙田溪、凡溪等较小的一级支流，经安江镇，从茅渡乡出洪江市境。

清代光绪年间黄东旭所编纂的《黔阳县乡土志》中，用简略的笔触描述了沅江流经安江盆地时纳入各支流的概貌：[1]

（沅江）又东十里，经洪江市北，巫水自南来注之。又东一里，右岸入本境。又东一里，又北五里，又西半里，又南少西里，又西少南一里半，经滩头，又北六里，又东北二里，至寨头溪口，供溪水自东来注之。又北东四里，经沙湾市西，又北四里，经卜冲塘东，有小水自西来入。又北东一里半，经石修场西，有小水自西来入。又东南四里，又北四里，稔禾溪水自东南来注之。又北东二里半，至下坪新田，溪自东来注之。又东北里半，至江口洲，又二里，又北东四里，经安江司署即安江市，西有小水自西来入。又北四里半，至中村渡，竹溪水自西北来注之。又北东四里，有小水自西北来入。又东三里，至岩里。又东一里，至黄丝洞，黄丝洞水自东南来注之。又北一里半，至瓦子滩，荷叶溪水自西来注之。又北四里，蒙溪水自东南来注之，又北五里，经婆田塘东，西合水仙溪水。又三里，至鹅滩。又二里半，澄渡江水自东来注之。又北二里，经笙竹塘东，又六里，淇溪水自西来注之。又北二里，湾溪水自东来注之。又北三里，经新路河市东。又二里，小浦溪水自东来注之。又北二里半，至大浦溪口，龙溪水合大浦溪水自东来注之。又北二里，

---

① 黄东旭：《黔阳县乡土志》第二篇第三章《本境之水》，清光绪三十二年（1906）刊本。

经黄花塘东。又北少东六里，又西北二里，经铜湾市东南，有小溪水自东来入。本境与辰溪交界处。又西北二里，又北少西三里，经炉罐坡西，入辰溪县境。经溆浦、沅陵、桃源、武陵、龙阳，入洞庭。

安江盆地水源充裕，沅江干流及周边溪流为孕育稻作农业提供充沛的滋养，沅江河岸盆地以及溪流之间的盆谷成为人们良好的栖居地和农耕地。雍正《黔阳县志》中记载，"黔邑山高水急，土瘠而碛"，"惟熟坪、稔禾、将坪、淇溪、烟溪、大源诸处，水源颇裕，灌溉亦饶"。[①] 其中所提到的熟坪、稔禾、将坪、淇溪、大源等地均是安江盆谷地带沅江支流流经地点，而安江盆地内沅江一级支流公溪河、稔禾溪的得名也与稻作生产有关。

清代学人顾炎武在《天下郡国利病书》中记载了明末沅江流域的灌溉水源情况，黔阳县的灌溉水源共有 6 处，[②] 统计数目居沅江流域各州县之前列。说明当时黔阳县农田灌溉的水源较其他县域更为丰裕，而安江盆地又是县域内汇聚水源最富集之地，丰裕的水利资源成为稻作农业兴盛的重要物质基础。

（三）适宜的气候

农业发展需要适宜的气温条件，即适应农作物的界限温度。在一般情况下，日均温度达到 0 ℃以上时，土壤开始解冻，田间作业开始，是为农耕期；日均温度大于 5 ℃的持续时期，为农作物的生长期；日均温度开始高于 10 ℃时，大部分植物开始活跃生长，为植物的活跃生长期；日均温度开始高于 15 ℃的持续时期，则为喜温作物水稻的适宜生长期。[③]

沅江中上游一带属于亚热带季风性湿润气候，气候温和。安江盆地年平均气温 17 ℃左右（见下表）。区域内边缘山区气温随海拔升高而降低，海拔每升高 100 米，温度递减约为 0.6 ℃。一般而言，当地水稻生产周期为 120—150 天，也即日均温度高于 15 ℃时，水稻适宜生长期的

---

① 《黔阳县志》卷一《山川论》，清雍正十一年（1733）刊本，第 15 页。
② 顾炎武：《天下郡国利病书》，湖广册。
③ 赵济：《中国自然地理》，高等教育出版社，1984。

持续时间一般要达到4—5个月。而从海拔169米的安江镇，到盆谷外缘海拔770米的八面山，日均温度高于15 ℃的时期约有7个月，均属于适宜水稻生长的区域。

安江盆地及周边区域 1959—1985 年年均温度情况表

地点	海拔/米	温度/℃												
		1月	2月	3月	4月	5月	6月	7月	8月	9月	10月	11月	12月	平均
安江	169	5.3	6.8	11.5	16.9	21.3	24.9	27.3	27.3	23.8	18.2	12.4	7.6	17.0
沙湾	180	5.4	6.8	11.6	16.9	21.4	25.0	27.8	27.3	23.8	18.1	12.3	7.5	17.0
熟坪	280	4.8	6.4	11.5	16.6	21.0	24.9	27.7	26.8	23.2	17.6	12.1	7.8	16.7
铁山	300	4.8	6.2	10.9	16.2	20.7	24.7	27.3	26.4	22.3	17.6	11.6	6.7	16.3
龙船塘	500	3.9	4.9	10.0	15.6	20.1	24.1	26.6	25.4	22.3	17.6	12.0	6.7	15.3
洗马	560	3.8	5.3	9.8	15.6	19.5	23.6	25.6	24.9	21.6	16.5	10.9	6.5	15.2
八面山	770	1.9	3.9	8.3	13.9	17.9	22.2	24.7	23.8	20.3	16.0	9.7	5.4	14.0
雪峰山	1400	0.7	0.6	5.6	10.8	14.5	18.2	20.4	19.9	16.4	11.9	6.1	2.1	10.5

资料来源：《黔阳县志》卷一第三章《气象》，中国文史出版社，1991，第67页。

雪峰山脉的地貌类型多样，地形复杂，山区自身的小气候差异明显。1959—1985年的气象考察结果显示，熟坪乡海拔280米，6月的月均温度24.9 ℃，与海拔169米的安江镇气温保持一致；7月的月均温度27.7 ℃，比安江镇高0.4 ℃；海拔500米的龙船塘乡，比安江镇平均海拔高出331米，但6、7月间的月均温度仅低0.7—0.8 ℃。这说明安江盆地周边山地海拔280—500米，有一个气候暖带，对水稻作物等喜温作物极为有利。熟坪乡位于海拔280米的低山区，其"熟坪"的得名也与该区域水稻早熟有关。海拔约500米的龙船塘乡有一个"小熟坪村"，也是一处山间稻作的平坦之地，其得名同样与稻作早熟有关。

除了适宜的气温条件，充足的降水也是农作物的命脉。降水可以直接促进农作物的生长，又为溪河提供用之不竭的水源。安江盆地一带的降水非常丰富，主要集中在3—6月，占全年降雨量的50%以上，有利于农田的灌溉和山塘水堰的蓄水，为农业生产特别是水稻等农作物提供了良好的生长条件。

安江盆地的气候条件宜于水稻生长，但也有局部的自然灾害，主要为低温冷害、暴雨洪涝、干旱高温等，会给稻作生产造成较大损失。据1991年编撰的《黔阳县志》不完全统计，从宋绍兴三年（1133）至民国三十八年（1949）春夏，黔阳县共发生了44次较大自然灾害事件，其中水灾32次、旱灾10次、冰冻灾害2次。传统农耕时代自然灾害的发生，一方面给当地农业造成了极大损失，另一方面也促进了农耕防灾救荒措施的改进和农业生产技术的提升。

二、土壤肥沃的河谷耕地[①]

安江盆地及河谷的土壤以黄壤和红壤为主，而无论是黄壤或红壤，都适宜耕作为水稻土。随着深翻和合理灌溉，可使土壤由坚实变得疏松，耕作层可以由薄变厚，有较好的保水保肥能力。长期栽培水稻的水田，一年中土壤处于水分饱和与落干两个不同阶段，还原作用和氧化作用交替进行，人们在水稻生产期间往往施用大量有机肥料，使土壤有机质增加，黏粒加多，盐基饱和度不断提高，水稻土就是在这种特殊条件下发育而成的。以土地的耕作环境为基础，安江盆地及周边地区的稻作耕地大体可以分为溪河平原（当地称垅板田）和山地梯田两大类型。

根据20世纪80年代的统计，黔阳县有稻田30.44万亩，其中垅板田12.24万亩，占40.2%，丘块较大，丘间坡度小，分布较集中；山地梯田18.20万亩，占59.8%，分布零散，丘块小，丘间坡度大。

（一）溪河平原

安江盆地及周边河谷内无明显的平原地貌，仅沅江流域转弯之内侧

---

① 本节主要参考《黔阳县志》卷一第五章《土地》，中国文史出版社，1991，第93—95页。

及其较大支流的开阔地段，由于冲积和机械沉积作用，形成小块平地，可以称之为小平原。根据形态特征和成因，可分为河谷冲积平原与溪谷冲积平原。

河谷冲积平原主要分布于安江、沙湾、太平、黔城及托口等乡镇的沿河一带。河谷平原地带地势平坦开阔，耕地分布于海拔160米与300米之间，相对高度20—40米，坡度在15度以下，耕性良好，保水保肥能力强，肥力较高，气候适宜，热量充足，水利条件较好。

溪谷冲积平原分布于塘湾、洗马、雪峰、铁山、熟坪等乡镇，呈狭长形零星分布。地势较平坦开阔，耕地在海拔300米与600米之间，相对高度50—80米，坡度10—15度，耕性较好，但有部分土壤偏沙，漏水漏肥；部分偏黏，土壤板结，保水保肥能力弱。

（二）山地梯田

安江盆地周边山地区域的耕地形态以梯田为主，又可分为低山区、中低山区和中山区三个类别。

低山区梯田主要分布于安江、太平、沙湾、岔头、茅渡等乡镇的丘陵、低山地带，海拔300—400米，相对高度100米左右，坡度15—20度，梯田多，较分散，其中高岗、丘陵地的梯田抗旱能力低。

中低山区梯田主要分布于雪峰、铁山、群峰、熟坪、大崇等乡镇的中低山地带，海拔400—600米，相对高度200米，坡度20度左右，以冲谷梯田为主，丘块小，分散零星。其中峡谷深冲的稻田冷浸水长年不断。

中山区梯田主要分布在深渡、龙船塘、熟坪等乡的中山地带，海拔600—800米，相对高度200—300米，坡度25度以上，谷深坡陡（如八面山农垦场靠溪谷冲沟两侧，坡度达50—60度）。陡坡土层薄，养分少，肥力低；缓坡土层厚，养分较丰富，肥力高。气候寒冷，耕地比重少。

从安江地区稻田耕地的分布区域来看，喜欢逐水而居的人们先是在河岸边开垦耕地，随着生产力水平的不断提高，人口的持续增长，人们开始从河谷走向溪谷，从溪河平坝走向山地丘陵，逐渐营造出适宜水稻生产的溪河平原与山地梯田的耕地类型。

第二节　社会历史与人文环境

安江地区稻作农业的发展离不开一定的自然地理环境，也离不开特定历史时期的人文地理环境。历史时期安江盆地及周边区域的原住民民族文化与沅江流域的汉人移民文化的交融，给当地稻作农业文化的生成以至关重要的影响。

一、历史久远的"五溪蛮地"

沅江流域在远古的高庙文化时期曾有过惊人的文化成就，但终究为漫长的历史所湮没。以至于从秦汉至宋代的历史古籍中都将这里视为未开化的五溪蛮荒之地，并对这个区域长期施行"羁縻"政策，自宋以后才逐渐成为封建中央王朝的管辖之地。

（一）历史溯源

沅江流域在夏、商、西周时期属于荆州的范围。中国最早的地理学著作《尚书·禹贡》，据传是大禹治水时为划分地理区划而作，然而多数学者认为此系春秋战国时期之人托名大禹所作，主要反映了春秋时期的地理情况。《禹贡》将天下划分为九州，荆州的地域大致包括今湖北、湖南两省范围。但荆州在当时只是作为中国早期自然地理区划的代称，并不具备行政建置的功能。

传说先楚时代的湖南为"荆蛮"势力所占据。距今5000年左右，大约于尧舜禹三代同期，在中国历史的舞台上出现了一个庞大的部落集团，史称"三苗"。"三苗"集团在与华夏集团的激烈征战中败落。经过尧、舜，特别是禹的大规模征战，三苗部落集团的势力被瓦解，部落联盟被分化，或归附于夏王朝，或流放于山林，进入古荆州及洞庭湖周边地区，被称为"荆蛮"。[①] 至商周时期，"荆蛮"势力仍然是中原王朝征伐的南方劲敌。如《诗经·商颂》中的"挞彼殷武，奋伐荆蛮"，意为神勇英武的殷王武丁兴师讨伐"荆蛮"。

西周末期至春秋战国时期，随着楚国的兴起和扩张，"荆蛮"与周边小国的势力被压制，并溯沅江而上，进入黔中郡酉、辰、巫、武、沅五溪，谓之"黔中蛮"或"五溪蛮"。至两汉时，改黔中郡为武陵郡，因而改称"武陵蛮""武陵五溪蛮"。北魏郦道元在《水经注·沅江》中解释曰："武陵有五溪，谓雄溪、樠溪、舞溪、酉溪、辰溪其一焉。夹溪悉是蛮左所居，故谓此蛮五溪蛮也。"这种称谓往往与地域、方位联系在一起。

民族史专家张雄在《中国中南民族史》一书中，按照活动地域把两汉时期的"武陵五溪蛮"分为北部、中部和南部三支。[②] 其中"武陵五溪蛮"的北部一支，主要是酉水和沅江下游及澧水流域，其"蛮酋"多以相（向）、覃、谭、陈为姓，多为土家"禀君五姓蛮"的后裔。中部的一支"五溪蛮"以沅江中游武溪流域为中心（即泸溪县的武水），主要为"苗蛮"部落。南部的一支活动在沅江上游巫水流域，主要以武冈和城步为根据地，族群也以"苗蛮"为主体。

由此分析，"五溪蛮"的活动中心地域在五溪流域，即沅江干流和五条主要一级支流流域。从分布的地域看，"五溪"之地比"武陵"之地要略小一点。南部和北部的"五溪蛮"族群主要活动区域恰好位于安江盆地的上游和下游，安江盆地一带则成为双方势力拓展与争夺之范围。

---

① 伍新福：《湖南居民和民族的历史变迁》，《求索》2006年第6期。
② 张雄：《中国中南民族史》，广西人民出版社，1989，第49页。

（二）羁縻政策

自秦汉以来，中央王朝日益强盛，所辖地域越来越广阔，这其中也包括少数民族聚居的边陲之地。为了统治这些少数民族聚居区域，中央王朝采取了一种特殊的统治政策，史称"羁縻政策"。所谓羁縻，司马迁论曰："羁，马络头也。縻牛，缰也……言制四夷如牛马之受羁縻也。"这种羁縻政策是封建中央王朝针对少数民族地区发展不平衡的特点采取的一种特殊笼络政策。[1] 羁縻政策在五溪地区的推行和完善是一个较为漫长的历史过程。

早在秦汉时期，中央王朝在推行郡县制的同时，对边远少数民族地区实行"以其故俗治"的"边郡"政策，即不改变少数民族首领的统治地位和统治方式，加封各族首领为王、侯、邑长等，使他们"复长其民，世领其地"，同时中央王朝派少数汉族官吏和军队驻守，对该地区实行控制和监督。秦灭六国后，全国分为三十六郡，湖南分属长沙郡和黔中郡，沅江流域大多属于黔中郡辖区。两汉时期，改黔中郡为武陵郡。武陵郡地处边远山区，下辖13县，这其中仅有位于沅江下游的3县（索县、临沅、孱临）在汉族地区，其余10县（沅陵、义陵、辰阳、酉阳、迁陵、無阳、镡成、零阳、充县、艮山）均在少数民族聚居地。长期以来，中央王朝对这些少数民族边郡区域并没有建立强而有力的统治，仅采取"附则受而不逆，叛则弃而不追"的策略。

西汉时期，中央王朝对五溪地区推行较为宽松的羁縻政策，故而民族政策较为缓和。《后汉书·南蛮传》载："汉兴，改（黔中郡）为武陵，对（武陵蛮）岁令大人输布一匹，小口二丈，是谓贡布"，而且"田作贾贩，无关梁符传、租税之赋"；而对其"有邑君长"的首领，则"皆赐印绶"。西汉王朝对武陵郡区采取的是一种不干涉其内务、较宽松的羁縻政策，因而在史书中几乎看不到这一时期"武陵蛮"与西汉王朝冲突的具体记载。

---

[1]　游俊、李汉林：《湖南少数民族史》，民族出版社，2001，第105页。

东汉年间，朝廷开始摒弃前朝宽松的羁縻政策，转而推行加强控制、压迫的统治政策，因而前期较和睦的蛮汉关系局面被打破了。《后汉书·南蛮传》记载东汉一带"武陵蛮"的"反叛"共十一次，其中有两次说明了原因，均是因为东汉政府改变了前期对武陵地区的较为宽松的羁縻政策，欲比照汉族地区"增其租赋""改襟"同化、"同编"于户籍等。① 因此，在东汉初年中央王朝不断强化对南方少数民族的统治和镇压，以进一步削弱、控制"诸蛮夷"的背景下，武陵五溪地区爆发了一次大规模的"五溪蛮"起义活动。光武帝派刘尚、马援等率大军三次前往征讨，这是发生在沅江流域的我国古代历史和民族关系史上的一个重大事件。考察其原委，可从中管窥封建王朝治理五溪地区的羁縻政策演变脉络。

东汉建武二十三年（47）十二月，"五溪蛮"在首领相单程带领下起事，占据州县。朝廷派遣武威将军刘尚征讨"五溪蛮"，发南郡、长沙、武陵兵万余人，乘船溯沅江入武溪。刘尚轻敌冒进，且不识道路。"五溪蛮"屯聚守险，战争相持不下。因山深水疾，舟船运输不便，补给困难，刘尚不得不退兵。"五溪蛮"沿路追逐激战，刘尚大败。次年，相单程下攻临沅（今常德），朝廷派出中山太守马成迎战，最后马成败给了相单程。于是第三次朝廷派伏波将军马援为帅，另以四员大将刘匡、马武、孙永等辅佐，率领四万余人赴五溪地区征讨。建武二十五年（49）春，马援军攻破桃源，至壶头山（今沅陵东北沅江南岸，为入五溪的咽喉之地），遇水急，船难溯行。马援率军从春至夏、秋，数月不能攻破壶头山关隘，且天炎溽暑，士卒多疫死，不久马援亦病死于军中。其后，谒者宗均采取"矫制招降"的策略，对起义的五溪"蛮军""告以恩信"，最终劝降成功。

东汉征沅后，朝廷为了缓和五溪地区的关系，在沅江中上游地区裁

---

① 陈致远：《东汉武陵"五溪蛮"大起义考探》，《中南民族学院学报》2000 年第 1 期。

撤并省了两个县，将無阳并入镡城，将义陵并入辰阳，[①] 意为"松弛"对该地区的统治。可见，至两汉时期中原王朝并没有建立对五溪地区有效的统治，仅采取"附则受而不逆，叛则弃而不追"的政策，或者派少数汉族官吏和军队驻守。对服从朝廷的蛮酋，即使其复长其民，世领其地，"羁縻而绥抚之"。魏晋南北朝时，各朝对五溪地区的治理基本沿用了两汉时期的羁縻政策。

隋朝结束了南北朝分裂割据的混乱局面，建立了统一的中央集权统治，将全国州郡县三级地方行政机构重新改为郡县二级制。湖南设置长沙、武陵等六郡，郡下设县。沅江流域分设两郡：一为沅陵郡（后改为辰州），下设沅陵、大乡、盐泉、龙標、辰溪五县，均分布于沅江中上游的"五溪蛮"地；另一为武陵郡，辖今常德地区的汉寿和桃源，在沅江下游。又"在新附州郡羁縻轻税"，推行有别于汉族区域的"羁縻州"特殊政策。少数民族边陲地区"羁縻州"的设置，使得羁縻统治政策有了更加现实的载体，并得以进一步完善及制度化。

唐朝前期，国力强盛，各边陲少数民族纷纷内附。唐太宗一改历朝封建统治者"贵中华贱夷狄"的观念，对少数民族平等看待，并置州以安之，"以名爵玉帛以恩之"，"以威惠羁縻之"，对各少数民族施之怀柔政策，并让归附的蛮夷首领可世袭其领地的都督、刺史等官职。唐朝从贞观到开元（627—741）的一百多年中，共置856个羁縻州府。贞观四年（630），置黔州都督府，属江南道，总理现今湘鄂渝黔四省市边区的经制诸州和羁縻诸州。在沅江流域有郎州、辰州、锦州、叙州、奖州、晃州等州，其中辰州、锦州、叙州、奖州、晃州五个州均在沅江中上游地区。其时，安江盆地一带位于叙州地界。开元二十一年（733），增置黔中道为全国十五道之一，黔州都督府为其所属，五溪诸州隶属黔中道。738年，黔中道置五溪诸州经略使，专门处理羁縻

---

① 周宏伟：《湖南政区沿革》，湖湘文库编辑出版委员会，湖南师范大学出版社，2009，第67页。

州的民族事务。

唐末五代，湖南马楚政权因袭唐制，对沅江五溪地区均实行羁縻政策。马殷以宋邺为辰州刺史，以昌师益为叙州刺史，在沅江中上游建立羁縻州。《宋史》载，五代天福年间（936—942），马希范承袭父业，占据湖南，五溪各首领，依山阻江，屯兵十余万自保。

宋朝初年，宋太祖平定湖南，仍因袭唐朝旧制，实行羁縻州制，并将羁縻州制的行政区明确划分为州县峒三级。《通志》中载有："大者为州，小者为县，又小者为峒，推其雄者为首领，籍其民为壮丁，以藩篱其内部，其蛮长皆世袭。"为治理西南边境之地，宋太祖亲自委任土著瑶人秦再雄为辰州刺史，令其驻守沅江流域治理边境，使宋初边境无患。

宋朝在"五溪蛮"地设置了三十个羁縻州。其中，"南江蛮"的舒、田、向、杨四姓蛮酋占据沅江中上游的"南江十六州"；"北江蛮"以彭氏为首，据有沅江下游的"北江二十州"。州有刺史，县有县令，峒有峒主，多是"蛮酋"担任，各级长官均由朝廷任命。因此，宋朝的羁縻州制在机构设置和官吏任命上比唐朝更加完善。此时，安江盆地一带属于舒氏据守的峡州。

王安石变法后，北宋王朝力图恢复和加强国家的统一。至宋熙宁年间，据守安江一带的峡州属于江南十六州中的富庶之地，然而"峡州峒酋刻剥无度"，多有滋扰之事端，朝廷欲意用兵以威慑海内四夷，于是下旨命章惇察访边境以治理蛮事。清代《黔阳县乡土志》中记录有此段历史：[①]

熙宁五年（1072），湖北提点刑狱赵鼎上言："峡州（今安江）峒酋，刻剥无度，蛮众愿内附。"辰州布衣张翘亦上书，言："江南诸蛮虽有十六州之地，惟富、峡、叙仅有千户，余不满百，土广无兵，加以荐饥，近与鹤、绣、叙诸州蛮自相仇杀，众苦之，咸思归化。愿先招富、峡二州。俾纳土，则余州自归。并及彭师晏之孱弱，皆可郡县。"诏下，

---

① 黄东旭：《黔阳县乡土志》第一篇第三章《本境兵事录》，清光绪三十二年（1906）刊本。

知辰州刘策商度，请如翘言，遣章惇为访察使。未几，策卒，乃以东作坊使石鉴为湖北钤辖，兼知辰州府县，助章惇经制。

宋熙宁六年至八年（1073—1075），章惇先后"收复"南江各州，废除羁縻制，置沅、诚二州，及安江、镇江各寨铺，设官屯兵。此为"安江"命名之始，意为"民安江靖"。宋元丰三年（1080），朝廷始在沅州置黔阳县，而安江寨隶属黔阳县地。从此，南江溪峒各州，"创立城寨，比内地为王民"。尽管此后南江五溪"诸蛮"地区随着宋王朝政策的变化，出现过一些反复，但总体来看，从北宋熙宁以后，除北江地区仍设有峒主外，沅江中上游的五溪地区羁縻州割据势力都慢慢弱化，渐次不复存在。①

明洪武年间（1368—1398），安江寨改为安江堡，后裁堡置安江巡检司。清代《黔阳县志》记载："黔邑以苗为邻，堡寨之设大都为御苗计，而或兴或废，则系于其时。"② 明永乐年间（1403—1424），在安江及周边设置子弟乡。明景泰（1450—1456）中，又在安江置双岩城，由沅州卫官军防守。

从大量的史料记载中可知，宋代以前的"羁縻州"时期，世居沅江中上游"五溪蛮"地的多是苗族、瑶族、侗族、土家族等原住民族。宋代以后，大量的汉族移民迁徙入境，而原住民族居民逐渐迁居境内各峒寨居住。"峒"是对溪河与山谷之间小平原或小盆地的称呼，便于栖居和耕作。清代雍正《黔阳县志》中记载，安江镇及周边子弟乡"居民数千家"，"悉为土著"。及至现在，安江及周边仍保留有大量峒寨地名，如寨头（相传为9个寨，此为寨头）、火畲寨、金峰寨、龙神洞、山石洞、田洞等。然而，今人以汉字记音的方式将峒寨地名中的"峒"写作"洞"。

---

① 伍新福：《五溪地区土司制度探源》，《求索》1985年第4期。
② 《黔阳县志》卷二《武备论》，清雍正十一年（1733）刊本，第13页。

二、世代推进的移民开发

历史时期安江稻作文化区的形成，始终与外来移民的流动迁徙以及边地开发密不可分。这种人口迁徙往往导致文化从一个地区传播、扩散到另一个地区，因而农耕时期稻作文化的传播和扩散在很大程度上依赖于人的迁徙和流动。

（一）军事移民

战国时期的黔中郡是楚国在沅江中上游最早设置的行政建置。楚宣王九年（前361）已设"黔中"之地。《史记·秦本纪》云："秦孝公元年……楚自汉中，南有巴、黔中。"说明当时楚国已经拥有黔中地。《战国策·楚策》记载苏秦说楚威王时言"楚地西有黔中、巫郡"。因此，最迟至楚威王执政时（前339—前329），"黔中"作为郡名已经完全确立。[①] 而先秦时期郡的设置，主要作用是为封赏军功和在地广人稀的边地设置军事要塞，可称为边郡。[②] 由此可知，"郡"的出现是战国时期战争与国防的需要。

黔中郡是楚国西南端的边郡，治所在沅江中游的沅陵县。2002年，考古工作者在沅陵县城西南的窑头村发现了这座战国时期的旧城址，从其规模与易守难攻的地形来看，具有军事边防重镇的性质。古城遗址中还发掘了战国晚期至秦汉时期的农耕用具铁铧犁和铁镢（刨土用具），[③] 这些农具应是当时驻军所留下的。

随着郡所管辖范围的壮大，郡下再设置县治。依据史料记载，战国时期的楚国在沅江中上游沿线已设立有沅陵、辰阳、无阳、镡成、义陵等县。其中，镡成县管辖区域包括了现今洪江市、洪江区、靖州、

---

① 贺刚：《战国黔中三论》，《湖南考古辑刊》1994年第1期。
② 杨宽：《战国史》，上海人民出版社，2018。
③ 谭远辉、湖南省文物考古研究所：《湖南沅陵窑头古城遗址发掘简报》，《湖南考古辑刊》2015年第1期。

绥宁、会同、通道等地。因而，楚国时期安江盆地一带即属镡成县地。据史料记载，"镡成"应为此区域最早的县域地名。"镡（xín）"在字典中有两种解释：一是古代剑身与剑柄连接处突出的部分；一是指古代兵器，似剑而小。由此可见，"镡成"之命名与该地区作为军事要塞相关。

秦时，迁入沅江中上游的移民人口持续增多。秦国在攻取蜀国、巴国之后，也进而攻取黔中郡，导致一部分巴人、秦人迁入五溪地区。世传巴子兄弟五人流入五溪，各为一溪之长。秦皇用兵南越，使尉屠睢率军五十万为五军，"一军塞镡城之岭"（刘安《淮南子》）。据考证，屠睢率军自沅江而上，曾在今靖县西南驻军，计有数万人，这一支驻军没有真正进入岭南，可能有部分驻军留居沅江上游一带。①

2012年，湖南省考古人员在安江盆地附近沙湾乡老屋背村发现了一处战国中晚期至秦汉时期的环壕聚落遗址。遗迹中有发现壕沟、房址、井、灰坑、灶及墓葬，遗物有陶器、青铜器、铁器等。其中，陶器主要为生活用具类，青铜器主要为兵器类，铁器中有兵器和农用生产工具铁锄（1件）、铁斧（6件）、铁锸（13件）等器类，还有一枚印章和一个字体模糊的封泥，作者推测此遗址"带有一定官署性质"。②从遗址出土的一件可盛装9公斤米的黄陶量器来看，城壕内的驻军人数应该不少。而作为一处具有官署性质的军事性城壕，除了在这里屯军，还需要屯垦戍边，沅江河岸的盆地就成为便利的耕作沃土，可以种植必要的粮食作物供驻防所需。

西汉高祖五年（前202），在湘西地区设置武陵郡（原黔中郡治地），治所先设在沅江中游的义陵县（今溆浦县城南面）。后因"光武中兴，武陵蛮特盛"，便将郡治迁至沅江下游的临沅（今常德）。据《汉书·地理志》，西汉平帝元始二年（2）武陵郡辖13县，有34177户，185758

① 罗运胜：《明清时期沅水流域经济开发与社会变迁》，社会科学文献出版社，2016，第42页。
② 莫林恒、湖南省文物考古研究所、怀化市博物馆、洪江市文物管理所：《湖南洪江老屋背遗址发掘报告》，《湖南考古辑刊》2015年第1期。

口。到了东汉永和五年（140），据《后汉书·郡国志》，武陵郡已有46672户，250913口，较西汉增长了约35%的人口。除了人口自然增长，移民迁移也是重要的因素。谭其骧在《湖南人由来考》中论述西汉末年之乱世，"中原大乱，烽烟四起"，"百姓皆无以为生"，于是"南走避于洞庭、沅、湘之间"，也因此引致东汉年间"武陵、长沙诸蛮""寇乱"群起。①

东汉光武帝年间，"武陵蛮"叛乱，朝廷派兵征伐两年均以失败告归。第三年，伏波将军马援主动请缨领兵征讨，方平息叛乱。据段成式《酉阳杂俎》记载，马援率军征讨五溪时，"有余兵十家不还，自相婚姻，有二百户"。沅江流域民间一直有崇敬伏波将军马援的信仰，多设有神庙祭祀，感念伏波将军平乱之功。明清时期，在沅江中上游商业集镇的众多会馆中，由当地乡民所建的辰沅会馆祭祀的乡土神即是伏波将军，因此会馆别名称"伏波宫"。② 这些崇敬伏波将军的辰沅当地乡民中，或有两汉时期的军事移民后裔。

魏晋南北朝时期，朝廷对沅江五溪地区实行羁縻政策，也未派驻大量官兵驻守。隋朝以后，朝廷进一步在五溪地区推行"羁縻州"的特殊统治政策，该地区逐渐为地方各路豪族大姓所把持。

宋熙宁年间，章惇开拓沅江"南江蛮"地区，废除羁縻州制，又在沅江上游置沅州，治所在卢阳（今芷江）；置诚州，治所在渠阳（今靖州）。在沅州设有安江等9寨，在诚州设有4寨。众多堡寨的设立，迁入了不少的官兵驻守，并有不少长期留居当地。宋代设置的"寨"是具有军事作用的专门机构，不同于少数民族聚落的寨子。

明朝初年开设贵州和云南以后，沅江流域成为连接湖广和云贵地区的重要通道。为加强对湘黔交通线的管控，朝廷在沅江流域广置卫所，引致大量军事移民迁入。明朝的卫所制度，规定每5600人为一卫，长官

① 谭其骧：《湖南人由来考》，载《长水集》上册，人民出版社，2011，第301—302页。
② 朱明霞：《社会变迁中的传统商业会馆》，《文史博览（理论）》2014年第5期。

为指挥使，下辖5个千户所，每千户所1120人，长官为千户，下辖10个百户所。卫所的军士另立户籍，称军户。军户除来自元朝旧有军户外，又有从征、归附等新的来源。每户军户皆携妻与子入住卫所，可父子、兄弟相继，世代为军，这实际上就是离开原籍迁入卫所所在地的军事移民。[①] 大部分卫所设在府、州、县境内，实行军屯。但军户的驻地因驻防需要而比较分散，分驻在各要害堡寨，其中也包括安江寨在内。因而，构成了军户移民散居的局面。

　　关于明代军户在沅江流域的移民安置，《明太祖实录》中有一条确切的记载，即皇宫中乙巳（1365）冬十月的一条旨令：

　　命以徐达所送泰州俘五千人安置潭辰二州。时天寒，命人赐衣一袭，妇女亦皆赐衣履针线布帛。初众自以抗拒必不免，及得赐又妻子完聚，咸感悦拜呼万岁而去。[②]

　　这些"泰州俘"为张士诚部下，原本居住于长江下游三角洲，明朝初年被安置于潭州、辰州两地。明朝初年辰州下辖沅州（辰州府的附属州）。这些"泰州俘"极有可能部分地被安置在沅江中上游一带。湖南省社科院王康乐研究员曾向笔者介绍他调研过的一个范例——洪江及周边48翁村，其形成应与这些"泰州俘"的安置有关。[③] 这些名称中带"翁"的村，确实大量分布于安江盆地周边及上游巫水流域一带。

（二）垦殖移民

　　关于沅江流域的农业移民记载，最早始于南北朝时期。《宋书》是一部记述南朝刘宋一代历史的纪传体史书。据《宋书》记载："蛮民顺附者，一户输谷数斛，其余无杂调，而宋民赋役严苦，贫者不复堪命，

---

① 罗运胜：《明清时期沅水流域经济开发与社会变迁》，社会科学文献出版社，2016，第51页。

② 《明太祖实录》卷十八。

③ 王康乐：《洪江古商城及其周边48翁村——中华民族融合的鲜例》，《文史博览（理论）》2012年第7期。文中统计分析翁村的分布以会同县为主，洪江市有7翁村，如翁朗溪村、翁野村、翁田村、翁坡村等。

多逃亡入蛮。"记述了南朝刘宋时期，贫民为逃避赋役多有"逃亡入蛮"者。随着移民人口增多，萧梁时期沅江中上游地区从武陵郡分置出来，置南阳郡（治建昌，今辰溪县西南）。当时龙标县属地的安江一带，即为南阳郡所管辖。

隋朝开皇年间，废南阳郡，初命名为沅陵郡，后更名为辰州（治所在沅陵），自此始有辰州之名。此为朝廷在沅江流域实行羁縻州制的开端。隋朝在此区域推行有别于汉族区域的羁縻州特殊政策，特别是对"新附州郡羁縻轻税"，引致大量汉族区域的贫困农民"逃亡入蛮"。

唐初沅江中上游的州县，据《新唐书·地理志》，"天下初定，权置州县颇多"。据《旧唐书·地理志》："贞观八年（634），分辰州龙标县置巫州。其年，置夜郎、朗溪、思徽三县。"巫州治所为原龙标县（治所在今洪江市），安江为其属地。行政建制的增加，也意味着该区域人口的增加，或有更多的移民迁入。特别是唐朝末年的安史之乱，形成了汉人南迁的又一次高潮。据新、旧《唐书·地理志》记载，贞观十四年（640）巫州3县有4032户，14495口；到天宝十一年（752），巫州3县人口增至5368户，22738口。[1] 这期间仅百余年，人口却增长了57%，除自然人口增长外，应有大量汉人移民迁入。

唐朝天宝七年（748），著名边塞诗人王昌龄由江宁丞被贬谪为龙标尉，在任时间近10年。唐代县尉的主要职能是维护社会治安、审查案件、缉拿犯人，还要协助县令、县丞处理其他公务。王昌龄在龙标留下大量诗作，他关心民间疾苦，在贬谪期间豁达乐观，描述五溪之地的绮丽山水和民俗风情，对汉文化与民族文化的融合、五溪文化向汉文化转化起了很大的推进作用。黔阳县历代志书都把王昌龄的政绩作为重要的文化遗产。他的宦楚诗中有一句诗，"先贤盛说桃花源，尘忝何堪武陵郡"，深刻表达了他对武陵郡百姓赋敛徭役之苦的忧虑。当时的武陵郡

---

① 罗运胜：《明清时期沅水流域经济开发与社会变迁》，社会科学文献出版社，2016，第46页。

实为朗州，主要为汉族区域，与羁縻州的"轻税"政策颇有不同。就此分析，不排除部分沅江下游朗州境内的贫民为生计所虑进入沅江中上游的羁縻州境内。但值得注意的是，到了元和年间，巫州的人口户数又降至1657户，较天宝年减少了约69%的户数，这也意味着大量人口的外迁或回迁。

五代时期，马殷（852—930）在长沙建立南楚（马楚）政权，占领湖南全省和广西东北部，称楚王。南楚政权积极发展农业生产，奖励农桑，重视贸易，减轻百姓赋税。而在沅江上游原叙州存在一个以飞山（今靖州城郊）为中心的少数民族集团——"飞山蛮"，首领潘金盛、杨再思。梁开平五年（911），马殷派遣吕师周进攻"峒蛮"飞山大本营，擒斩潘金盛。杨再思率领"飞山蛮"余部归附楚王马殷，后被封为诚州刺史。附楚后，杨再思以杰出的文韬武略，励精图治，潜心经营"五溪十峒"，发展经济，施行教化，倡导公益精神，保障和促进了这一地域的社会稳定，各族人民得以休养生息，发展生产。北宋、南宋朝廷追封杨再思为"威远侯""英惠侯"，清乾隆为飞山庙题"宣威助顺"匾，靖州、安江还建有马王庙，祭祀马殷。杨再思促进了沅江上游及其支流的汉化和民族融合。

北宋初年，沅江中上游地区仍然实行羁縻州制。北宋熙宁年间，章惇开辟"南江蛮"地区以后，废除羁縻州制，于熙宁七年（1074）在沅江中上游设置沅州，辖卢阳（今芷江）、麻阳、黔阳等县。沅江中上游地区沅州的设置，对于该地区的农业开发助力极多。特别是在新置沅州施行招募流民的屯田之法，从而形成了一定规模的农业移民。熙宁九年（1076），官府察访荆湖南、北路后，察访官员蒲宗孟发现沅州荒田甚多，而周边州县人户愿耕者众多，但为保甲制度所束缚，于是便向朝廷建议地方官员、富户不得以"保甲为名勾抽"，此建议获得允许。同年十月，朝廷下旨免除了沅州"归明人"（指归附宋朝之"蛮人"）秋税。元丰元年（1078），荆湖北路转运司又向朝廷呈报招募流民租种沅州的屯田建议也被采纳。① 这些措施沟通了五溪地区各民族间的关系，也促进了沅州境内安江盆地及附近的农田垦殖。

南宋绍兴年间（1131—1162），朝廷对沅江流域各州有规定："每招募土兵一名给官田百亩"，"使之或耕或佃给从其便"，可尽免其租税，但不能随便买卖。而事实上私人交易土地的事难以禁绝。以至嘉定年间（1208—1224），朝廷不得不允许所招募的土兵（峒丁、弓弩手）可以出卖或转让土地。而失去土地的乡兵，转而变为要向地主租种田地的租佃耕农。在土广人稀的深山溪峒间，一些峒主（领主）为了增加劳动力，也设法制定优惠政策，诱使汉民举家迁入溪峒，开垦土地。汉民开垦的土地可归自有，并允许买卖，自由迁徙。这些政策吸引了大量的汉族贫民，他们为了逃避沉重的赋税，往往举家迁入，一代以后便成为自耕农。②

宋朝至元代对五溪边地开发，形成了一股移民的高潮。从人口户数来看，北宋崇宁元年（1102）沅州路（领芷江、麻阳、黔阳三县）人口户数为 9659 户，而元至元二十七年（1290）沅州路人口户数增加至 48632 户，增加了 4 倍有余。

明代是沅江流域大开发、大移民时期。由于兵事战乱及朝代更迭，黔阳县清代以前的地方史志均已散失，仅有零星关于地方长官的政绩记录。譬如，明代弘治年间（1488—1505）知县吴世博"抚流移，垦田地，赈饥荒，筑城垣"等语。根据明代万历年间（1573—1620）统计的户籍来看，当时黔阳县一共有 1963 户 12436 口。③ 由于多数学者认为，明朝后期的人口数只是纳税人口，实际人口是户籍人口的 3 倍左右，因而，万历年间黔阳县户籍人口数大约为 37308 口。若加上不算入户籍的军籍人口，实际人口数应在 5 万左右。

清代应是历朝以来沅江中上游地区移民开发力度最大的一个朝代。

---

① 张雄：《中国中南民族史》，广西人民出版社，1989，第 174 页。

② 游俊、李汉林：《湖南少数民族史》，民族出版社，2001，第 131 页。

③ 罗运胜：《明清时期沅水流域经济开发与社会变迁》，社会科学文献出版社，2016，第 58 页。

明末清初之际,战乱频繁,安江及所属子弟乡一带遭遇严重兵灾。"安江自明季兵燹之余,狐鼠荆榛,客土散亡,无复市镇之旧矣。"明末兵灾以后重建安江,清顺治十五年(1658)安江设巡检司。清康熙五年(1666),知县张扶翼主修的《黔阳县志》中记载:"辰郡之在楚省,开复独后,被兵最惨,荒芜最甚者,惟黔邑为冠……而子弟一乡之受害,又为诸里最矣!"然子弟乡"土地既腴,愿耕者众,招抚流亡,以成辟土之功"。清康熙三年(1664)八月湖南、湖北分治,雍正二年(1724)设湖南巡抚,标志湖南正式建省。湖南成为省级行政区,为移民提供了更加充分的社会条件。雍正四年(1726)朝廷推行"改土归流"以后,将少数民族地区的土司世袭制度改为朝廷派出有任期的流官制度,也从客观上促进了沅江流域大规模移民的产生。从地方志书可考证的户籍数据来看,黔阳县域人口数从乾隆二十二年(1757)的106171口,增至嘉庆二十一年(1816)的192535口。[1] 仅60余年时间,人口数接近20万,增长约1倍。除了人口的自然增长以外,移民人口当然也不在少数。

(三)商贸移民

北宋熙宁年间,章惇开拓沅江中上游的"南江"地区,是一段重要的开发时期。不仅有大量的军事移民、垦殖移民迁入,也有许多从事商贸业务的移民迁居此地。

宋朝在开发"五溪蛮"地时,还鼓励汉民与溪峒土著居民开展商业贸易。如,熙宁三年(1070),"荆湖北路及沅、锦、黔江口……皆置博易场"(《宋史·食货志》)。此"沅、锦、黔江口"三处博易场,均在沅江中上游的主要支流入口处。不仅各博易场和州县治所附近兴起了边民贸易,各堡寨也逐渐成为商业集镇。五溪边地贸易的兴起,吸引了不少汉人前来与土著"蛮人"经商。因而宋朝将贸易作为同"蛮人"联系

---

① 罗运胜:《明清时期沅水流域经济开发与社会变迁》,社会科学文献出版社,2016,第74页。

以求"永息边患"的重要途径。①

明朝年间，随着对贵州、云南的开发，沅江作为连接长江流域与滇黔地区重要的交通孔道，其物产也源源不断自沅江走廊流入长江中下游的湖广、江浙地区，这带动了大量商户在沅江流域从事贸易活动。如云南之铜、锡，贵州之楠木、朱砂、雄黄等物产"皆聚于辰州"，由沅江运往长江中下游等地。明代人文地理学家王士性在《广志绎》中写到安江是当时沟通湘黔要道的必经之站：

镇远，滇货所出，水陆之会。滇产如铜、锡，斤止值钱三十文，外省乃二三倍其值者。由滇云至镇远，共二十余站，皆肩挑与马赢之负也。镇远则从舟下沅江，其至武陵又二十站，中间沅州以上、辰州以下与陆路相出入，惟自沅至辰，陆止二站，水乃经盈口、竹站、黔阳、洪江、安江、同湾、江口共七站。故士大夫舟行者，多自辰溪起，若商贾货重，又不能舍舟，而溪乱石险阻，常畏触坏。起镇远至武陵水半月，上水非一月不至。②

沅江流域商业运输的繁盛，带动了商贸业的发展和商业移民的增长。沅江中上游一线形成了一批市镇。清代叫作市和镇的，并非现在的建制市和建制镇，"贸易之所曰市，市之大者曰镇"。镇大于市，由市而发展为镇，还有小集市、圩场，以及不成市的草市。清代黔阳县较大的市或镇，有托市（今托口镇）、江市（今江市镇）、安江市、新路市（新路河）、铜市（今中方县铜湾镇）等，而安江当时已经成为沅江中上游大镇之一。

清代《黔阳县志》中有记载："康熙六年（1667）春，各省客民自洪江群来受廛，迁市供洪乡。"③ 这是一段明末清初之际的历史史实，由于明末战乱频繁，有大量洪江商镇（今洪江区）商户迁入黔阳县境内的

---

① 张雄：《中国中南民族史》，广西人民出版社，1989，第173页。
② （明）王士性：《广志绎》。
③ 《黔阳县志》卷三《补市镇论》，清雍正十一年（1733）刊本，第10页。

供洪乡，从而形成一个新的贸易集市。这个集市名曰"富顺新市"，旧名"崖山脚"，乃安洪盆地（安江至洪江商镇之间的河谷盆地）河岸边一处"平阿旷远"之地。虽然商人移民人口极易流散，但对促进当地经济社会发展与农业开发影响深远。

商贸集市的开辟给农产品的流通贸易带来了便利。清同治年间黔阳已经形成 22 个定期赶集的圩场集市，其中安江的圩场集市最为繁盛，系三日一场（每逢二、五、八），其余为五日场，而且就近集市场期交错。在安江这样的大圩场集市中，除了大量流动摊贩外，还有为数不少相对固定的商户。据史料记载，民国初年黔阳县有商户 261 户，其中安江 78 户，约占全县比重 30%；至民国三十四年（1945），全县商业户增至 1046 户，其中安江有商户 602 户，约占全县比重 58%，从业人员达 3964 人（从事粮油南杂的商户有 109 户 886 人）。[1] 至此，安江已经发展成为全县的农业与商业贸易中心。

第三节 经济环境与作物种植

早期沅江中上游河谷的稻作农业发展较为缓慢，大多处于较为原始的粗放发展状态，属于典型的粗放农业。而自明清时期起，在大规模移民屯垦和农耕技术传播的带动下，开始向精耕细作迈进。农业上的精耕细作，为稻作文化的发展成熟奠定了基础。

一、精耕细作的农田垦殖

（一）开垦田亩

《尚书》中的名篇《禹贡》最早记载了荆楚之地的土田，其特征是

---

[1] 黔阳县地方志编纂委员会：《黔阳县志》，中国文史出版社，1991，第 445、446 页。

"阙土惟涂泥，阙田为中下"。"涂泥"便是指肥沃的耕作土地。沅江河岸的古遗址中出土了为数不少的战国后期的农用工具，如铁锄和铁锸等。其中，位于安江盆地上缘的沙湾老屋背遗址出土最多的是铁锸，一共出土了 13 件。① 锸是商周时期出现的新农具，其主要是用来翻土，此外还多用于开挖沟渠和兴修水利。② 从锸的形态和功能来看，比较类似于锹，也即民间俗称的铲。这说明，安江河谷盆地自战国时期已经使用新型的铁制农具进行翻土耕作。由此推知，从秦汉至宋代，沅江中上游地区应有大量土地被开垦为农田。但由于史料的缺失，难以探知其详貌。

至明代，据统计有十多万移民迁入沅江中上游，开垦其中的盆地河谷，使得耕地面积大增。沅江中上游的辰州，"四望皆山，阙土硗确"，③ 土地开垦十分艰辛。黔阳作为辰州属县，经过明代的军屯和民垦，农田开垦的成绩大为可观；到万历（1573—1620）初年，黔阳县耕地田亩已经达到了 660 顷 58 亩④（按 1 顷合 100 亩计算，计 66058 亩）。从增加额来看，成化八年（1472）至万历初年的一百余年，黔阳县的田亩增额 2000 多亩，是辰州府诸县中田亩增长最多的县。

明末清初的战乱令沅江流域土地荒芜严重，据清代《黔阳县志》康熙初年的记载，辰州各县之中黔阳县"被兵最惨，荒芜最甚"，"而子弟一乡之受害，又为诸里最矣！"幸而，包括安江在内的子弟乡"土地既腴，愿耕者众"，即可"招抚流亡，以成辟土之功"。⑤ 经过数十年的开垦，到康熙初年丈量田土，田亩数已经达到 23.18 万亩，竟比万历初年增加 2 倍有余。田亩的大幅增加，除了开垦土地的功效，清丈也是重要

---

① 莫林恒、湖南省文物考古研究所、怀化市博物馆、洪江市文物管理所：《湖南洪江老屋背遗址发掘报告》，《湖南考古辑刊》2015 年第 1 期。

② 程涛平：《楚国农业及社会研究》，湖北教育出版社，2016，第 63 页。

③ 乾隆《辰州府志》。

④ 罗运胜：《明清时期沅水流域经济开发与社会变迁》，社会科学文献出版社，2016，第 87 页。

⑤ 《黔阳县志》卷四《田赋论》，清雍正十一年（1733）刊本，第 10 页；《坊乡论》，第 6 页。

因素。康熙初年，县令张扶翼向州府呈报《丈粮条议》曰：

> 查万历九年（1581），附近田亩曾经丈量，后因部限紧急，将隔远田地竟不清丈，朦胧报竣，积为弊薮。此番无论远近，逐一严加清查，改正文册，可以垂久无弊。①

而这些实际丈量的田亩数中"除节年开垦外"，尚包括荒芜田 14278亩。因而县令张扶翼一面向州府申请放宽五年尽垦之限令，以"休其民力"；一面尽力招抚流民垦荒，三年之后再行科税，"以厚其生"：

> 其一则请缓五年尽垦之严限也。民聚则土辟，土辟则民富，民孰不欲富？而力有未充。责以五年全垦，势必万万不能。民既万万不能全垦，严限已迫，督责岂能稍宽。见在之民苦于督责之严，而流亡之民又以脱然无累，为苟且迁延之计矣。伏乞宪台毅然转请，念辰属之初入版图在各省各府之后，则今日之责垦，自应与腹里县府于顺治元年（1644）即入版图者不同，分别年限，再示宽展，则见在之民无督责之烦扰，而流亡之民又必以乡土为乐国矣。②

> 臣愚以为，莫若停垦田之赏，责令所在有司，实心招徕流移，听其尽力开垦荒芜土地。三年之后报亩起科，则田不待劝而自垦，民不待给而自足。所谓使之有余，以厚其生者，此也。③

清政府鼓励平民复垦荒田，并满规定年限后再起科纳税，确实是一种有效的开荒政策。并且，黔阳县令张扶翼极力申请"缓五年尽垦之严限"，因此黔阳县于康熙初年所丈量的田亩中的荒芜田 14278亩，直至雍正六年（1728）才全部升科完毕（见下表），其间历时六十余年。这对于尽垦荒田而又疏解民力而言，确实是一种很好的策略。

---

① 《黔阳县志》卷八《文论·补丈粮条议》，清雍正十一年（1733）刊本，第73页。
② 《黔阳县志》卷五《徭役论》，清雍正十一年（1733）刊本，第16页。
③ 《黔阳县志》卷八《文论》，清雍正十一年（1733）刊本，第82页。

清代黔阳耕地面积及申科统计

年代	康熙初年（原额及新增）	康熙五十二年（1713）升科	康熙五十七年（1718）升科	康熙五十九年（1720）升科	雍正三年（1725）升科	雍正六年（1728）升科
田亩	2318 顷 1 亩（内含荒芜田 142 顷 78 亩）	1238.1 亩	1396.9 亩	8897.8 亩	1258.8 亩	1487.7 亩

资料来源：雍正《黔阳县志》卷四（增）《田赋》。

备注：清代升科制规定所开垦荒地，满规定年限后，就按照普通田地收税条例征收钱粮。科指科税。

雍正年间，清廷在西南地区推行"改土归流"政策，并完成了对湘黔边清水江流域"苗疆"地区的开辟，将长期不为朝廷控制的"生苗"之地纳入国家的统一管理。"苗疆"的开辟使得湖南黔阳的边境控防压力大为降低，社会更趋于安定，民间土地的开垦或复垦力度持续增大。除河谷平原的耕地应垦尽垦之外，一些山坡、斜地、溪涧地势稍平的田土也被开垦出来。雍正年间《黔阳县志》记载如下：

嗣于雍正六年（1728）十月内，据各里民王万寿等供报："山坡、斜地、溪涧，挖高填低，用力担砌成田一百六十一亩零。"又于雍正七年（1729）二月内，据各里民陈之魁等供报："水打沙积老荒，挖高填低，担砌成田八十八亩七分零，俱各垦，照湘邑之例匀补。"[①]

清代对于鼓励农耕还出台了一些新政，其中以农官为例，就是在民间选拔吃苦能干对地方有表率的老农给予荣誉性的官职。据县志记载，从雍正三年（1725）起，黔阳开始设置专门的农官，享有八品官职。[②]官府在祭祀活动中也增加了对"先农神"的祭拜。雍正四年（1726），知县王作人建先农坛宇于"城东关外，祠宇五间，前有坛，籍

---

① 《黔阳县志》卷五《徭役论》，清雍正十一年（1733）刊本，第 21 页。
② 《黔阳县志》卷七《选举论》，清雍正十一年（1733）刊本，第 26 页。

田四亩九分"。[1] 官府于每年春社日备办果品致祭先农,[2] 引导民间对"先农"神祇进行祭拜,弘扬农耕文化传统。

从田亩的开垦数目来看,康熙初年所丈量的黔阳县总田亩数为23.18万亩,这一耕地田亩数目在清代数百年中基本没有更改,及至在清末民初的湖南官方统计数字中仍然沿用该田亩数目。民国元年(1912)编印的《湖南民情风俗报告书》,继续采用了这一田亩数目,并对田亩做了不同等级的分类,分为上等、中等、下等三类,其中上等为231顷8亩,中等为521顷6亩,下等为1564顷8亩,总计2316顷22亩。[3] 这与康熙初年丈量田亩数大致相当。从田亩的等级来分析,大概由于所垦田亩以山地梯田居多,因而上、中等的田仅占总田亩数的三分之一,下等田约占三分之二。而这种耕地结构及状况至1949年后才有所改善。

20世纪80年代初期,黔阳县统计的耕地面积为35.88万亩,即使不包括被行政区划调整出去的乡镇,耕地面积仍然较民国初年增加了12万余亩。其中,旱地为5.44万亩,仅占耕地的15.2%;稻田面积为30.44万亩,占耕地的84.8%。稻田面积中丘块较大的溪河平原垅板田为12.24万亩,约占40.2%;而丘块小的冲谷梯田有18.20万亩,约占59.8%。[4] 因而,从明清时期以来黔阳县耕地田亩的增加情况来看,这充分体现了黔阳县邑人民开垦农田耕地之艰辛与卓越成效。

(二) 田地增效

黔阳县邑人民不仅极力垦殖生荒地,而且想方设法改良土壤,改造低产田地,使之宜于耕种。1949年以前,当地农户种植水稻以农家肥为主,常用的有猪粪、牛粪、人粪尿、草木灰、炉灶灰、油枯饼、塘淤泥、石灰(间接肥料)和骨粉等。关于使用农家肥和石灰,乾隆年间的《黔

---

① 《黔阳县志》卷六《祠庙论》,清雍正十一年(1733)刊本,第39页。
② 《黔阳县志》卷四《田赋》,清雍正十一年(1733)刊本,第27页。
③ 湖湘文库编辑出版委员会:《湖南民情风俗报告书》,湖南教育出版社,2010,第61页。
④ 黔阳县地方志编纂委员会:《黔阳县志》,中国文史出版社,1991,第94页。

阳县志》曾有记载：

近郭之田粪之，远乡不可得粪，则壅草以秽。其法于岁前储草，以待春作，或临春剪柔条嫩叶聚诸亩，又犁土以覆，俟其腐败，然后纳种，则土腴而禾秀。又锻石为灰，禾苗初耘之时，撒灰于田，而后以足耘之，其苗之黄者一夕而转深青之色，不然则薄收。[①]

除了采用石灰耘田增效，当地农户还有在冷浸田中以杂骨烧焦碾粉沾秧根的习俗。[②] 这些改造耕田土壤的方法，无疑增强了土地开垦的成效。尽管如此，耕地产量仍然不高。1949 年全县产粮 5302 万公斤（其中，稻谷 5000 万公斤），平均亩产仅 178 公斤。[③]

根据 20 世纪 50 年代黔阳县的土壤普查资料统计，全县有各种类型低产田 9.05 万亩，占总稻田面积的 29.7%。20 世纪 70 年代，黔阳县通过开排水圳、加深耕作、增施有机肥料、增施磷钾肥料等多种治理方法，着力改良了 4 万余亩低产田，亩产由原来的 200—250 公斤提高至 400—600 公斤。[④]

民国时期的稻田大多是一年一熟制，收获后休耕抛闲；部分旱土复种有油菜、小麦和蔬菜。根据民国二十九年（1940）的统计数据，全县稻田复种面积约占 18.3%。1949 年后，县域内的耕地耕作制度开始了一轮革新发展：第一阶段改一熟为两熟（20 世纪 50 年代初），水田推广稻—油菜、稻—麦、稻—蚕豆、稻—马铃薯、稻—秋荞、稻—秋红豆、稻—秋薯、稻—绿肥等稻田复种模式，至 1958 年稻田复种指数达到 145%。第二阶段改两熟为三熟（20 世纪 70 年代起），有鉴于 1970 年硖州公社红村大队（现属安江镇）在水田试种稻—稻—油、稻—稻—麦成功，翌年在全县推广，尔后三熟制面积逐年扩大，至 1981 年全县稻田三熟制复种指数达 214%，其中位于安江盆地的硖州、龙田等公社复种指数

① 《黔阳县志》卷二十六《风俗》，乾隆五十四年（1789）刊本，第 2 页。
② 黔阳县地方志编纂委员会：《黔阳县志》，中国文史出版社，1991，第 94 页。
③ 黔阳县地方志编纂委员会：《黔阳县志》，中国文史出版社，1991，第 267、268 页。
④ 黔阳县地方志编纂委员会：《黔阳县志》，中国文史出版社，1991，第 270 页。

高达 299%。[①]

稻田养鱼也是当地农户高效利用水田的种养方式。在古时，洗马、塘湾、湾溪等地农民就有在稻田养鱼的习惯。20 世纪 50 年代，稻田开始一熟改两熟、三熟，并广泛使用农药，稻田养鱼锐减。农村经济体制改革后，稻田养鱼才得以恢复和发展。1982 年，农田公社松林大队（现属安江镇）在 545 亩稻田养鱼，150 天左右，产鲜鱼 5621 公斤，平均亩产 10.31 公斤；产稻谷 32.97 万公斤，平均亩产 604.95 公斤。有鉴于此，1983 年全县推广稻田养鱼，面积增加到 1.48 万亩，至 1985 年又扩大到 2 万多亩。[②]

（三）稻田文化

古时黔阳民间多有以耕田命名地名的习惯，因而形成了当地富有特色的地名文化和稻田文化。其中，以耕田形状命名的极多，如大岔田、草鞋田、蓑衣田、鸟爪田、葫芦田、豆腐田、抱肚田、马嘴田、墨斗田、印盒田等。或以丘块的数量来命名，如三间田、五丘田、八幅田、千丘田、千层田等。也有以耕田周边山形命名的地名，如龙田的得名即是田后山形似龙。或以耕田的土质命名，如白泥田、黄泥田、败泥田等。又以所种稻谷品种命名，如早禾田、早禾盘、迟禾田、粘禾盘等。或以稻谷产量命名，如四十石、八斗谷、腰胜田（此为山腰一田常获高产丰收）。还有以丈量田亩命名的，如百丈村，该村在沅江边有一丘长沙田，其村名即是清朝丈量此田时横竖有一百丈而得名；又如竹坡村，清康熙年丈量田亩时，因此处丈田无起点，便筑一小土坡为起点名筑坡，后演变为竹坡。又或以田垄边水利设施来命名，如圳田垅、架枧田、车田盘等。此外，还有大量以农户姓氏命名的耕田，如杨家田、段家田、廖家田、向坡田等。这些品类丰富的地名文化，是农耕时代遗留下来的一项重要的稻作文化遗产。

---

① 黔阳县地方志编纂委员会：《黔阳县志》，中国文史出版社，1991，第 273 页、274 页。

② 黔阳县地方志编纂委员会：《黔阳县志》，中国文史出版社，1991，第 277—278 页。

二、不断完善的水利设施

清代《沅州府志》记载，黔阳当地兴修水利以堰、陂、圳、渠、枧、塘等工事为主，并辅助以水斛、水车等人力引水工具，[1] 以此形成有效的农田灌溉系统。至民国末期，黔阳县水利设施中有堰 540 处、圳 1500 余条。[2] 这些水利设施为中华人民共和国成立后当地开展蓄水和引水工程建设提供了基础。

（一）增设塘堰

安江盆地上游及河谷内的众多溪流皆汇入沅江，农田灌溉的水源非常充裕，而塘堰等大型水利设施的兴修大多也是因水制宜、因地制宜，"塘堰之损益，岁事系焉"。所谓堰，即壅塞拦截溪流而形成的水坝；所谓塘，即凿地夯土筑堤蓄水而形成的水塘。清朝初年，黔阳县的塘堰数量尚不多，地方县志中有名在案的仅有塘 6 处、堰 3 处、陂 9 处，另供溪沿线还有陂数十处：

回龙塘：城东二里。大莲塘：城北七里，旧产莲，因名。供溪：供三寨头，源出武冈，有陂数十处，可资灌溉。清水塘：城东三里，深澄莫测，旁多怪石，四时不竭，溉润良田颇多，大旱取水祈雨，多应，薄云江水相通，常有田器从江水流入塘内，人异之，又名龙潭坪塘。红莲塘：城西南十里。金鸡塘：县南四十里托石，相传土人淘出金鸡，因名。长塘：城北七十里黎溪。竹坪堰：城北二十里。蒋家堰：城北七十里，黎溪。蒋坪下家堰：城东南一百六十里。何家陂：城北十五里烟溪。大车陂：城南二十里竹滩穰坪。大溪口陂：城东五十里大溪。大黎溪陂：城北七十里黎溪。龙田陂：城东八十里。熟坪陂：城东南一百里。婆田陂：城东南七十里。大崇溪陂：去县一百二十里。木杉溪陂：去县一百

---

[1] 《沅州府志》卷十《塘堰》，同治十二年（1873）刊本，第 9 页。

[2] 黔阳县地方志编纂委员会：《黔阳县志》，中国文史出版社，1991，第 342 页。

二十里。①（雍正《黔阳县志》所录塘堰多为康熙初年统计，其中也包括了清代以前所修建的塘堰。）

清代早期黔阳登记在案的塘堰为数不多，其原因大抵有三：一是如当时县志所云"农家勤于垦荒而拙于备旱"。二是"山麓皆治有泉源者，坐收灌溉之利，而陂塘少治"。三是与县志编撰体例有一定关系。康熙雍正时期所编撰的黔阳县志对于"塘堰"名称的记载内容均置于卷一《山川论》中，并未单列，或仅是将其作为重要的山川地名而列出。以资佐证的是，卷四《田赋论》中明确统计了县域内的额塘一共有 12 顷 42 亩，即有上千亩之多的水塘可资用于农田水利灌溉。而所兴修水塘"每亩科秋粮三升二合"，比每亩农田科税还多出一升。

而且，当地执政官员大多能认识到兴办水利的重要性。比如，雍正《黔阳县志》记载了水利在县内农业发展中的关键作用，并强调水利兴修"全在乎人事矣"，是地方长官之责。

陂塘所以潴水泉、滋灌溉也。黔邑山高水急，土瘠而硗，雨多则苦潦，若十日不雨则又苦旱。陂塘之胜，惟熟坪、稔禾、将坪、淇溪、烟溪、大源诸处水源颇裕，灌溉亦饶，而熟坪、稔禾源出罗翁，田畴尤美。自王、马二贼盘踞之余，瑶人乘乱为梗十数年来，昔之所谓良田美池，今乃卒为汙莱矣。其余陂塘，源小易竭，天小旱辄已大涸，原神一乡为尤甚，若因其源泉而益疏导之，度其高下而益陂潴之，时其蓄泄而益调剂之，则凡有源者皆足资也。诗曰："相其阴阳，观其流泉。"夫阴阳、流泉，此利之在天地也。若相与观，则全在乎人事矣，今有司者之事矣！②

于是，从康雍至乾隆时期，黔阳县水利大兴，塘堰增至 100 多处，其中以堰为主，共有 97 处，其中安江及子弟乡有 26 处。而借助水堰之利，"其近水者截流筑坝，谓之堰田"，"涸则两人对升水具，斛水以润

① 《黔阳县志》卷一《山川论》，清雍正十一年（1733）刊本，第 13 页。
② 《黔阳县志》卷一《山川论》，清雍正十一年（1733）刊本，第 15 页。

之，又或为水车，转输激水，视抱瓮为易"。① 至乾隆年间，黔阳县的水利事业达到一个较鼎盛的阶段。之后，到清朝后期，黔阳的塘堰水利建设仅有少量增加，如大塅堰，源出黄麂坡，灌溉农田千余亩，此堰乡中有碑记。

（二）修建水圳

同治年间的《沅州府志》中曾提到作为水利设施的圳，"引堰之水入田者为圳"，是农田水利的必备设施。清朝后期，黔阳县的水利建设比较令人注目的是关于大水圳的修建和记录，如清代同治年间《黔阳县志》所记载：

（石一里）高圳：缭霞溪山腰，最高处涧皆凿石成，所费甚巨，源大润田，千余顷。油榨岩：浆坪上流，巨石横溪，形如油榨，生就石栏。以丈余木栏接之，入圳水如桶倾田溉，而人力不劳，无过于此。

子一里大陇圳。县东百四十里，源袁家溪，明代蒋元阳修，溉田二千余亩。

又，供一里花洋溪圳。县东百二十里，浪鸡坳，溉田数千亩，石姓修。②

如此大规模地修建水圳，引水溉田数千亩之多，确实是一项大的水利工事。而这些水圳又往往是由一家、一族或一里之乡民修建，如"子一里"之蒋元阳和"花洋溪"之石姓等，均是乡中之大族。

水圳的修建，对于安江盆地的农田灌溉起到了至关重要的作用。安江河谷盆地水源虽丰裕，但许多耕地是位于高地山丘之上的梯田，要从溪涧和堰塘中引水灌溉，必须辅之以水圳的修建架设。比如，当时供洪乡一里之地的花洋溪自清代以来便是有名的贡米之乡，此地"田畴甚美"，当地石姓大族修建花洋溪圳，可灌溉良田数千亩。同治《黔阳县志·乡都考》中论及供洪乡花洋溪等地，亦不禁赞曰："烟户甚稠，土

---

① 《黔阳县志》卷十一《塘堰》，乾隆五十四年（1789）刊本，第1页。
② 《黔阳县志》卷二十五《堤堰》，同治十一年（1872）刊本，第2页。

壤最沃，羹鱼饭稻，野秀粳香，实为境中乐丘。"①

至 1949 年前，黔阳县的水圳已建成 1500 余条。1965 年，黔阳县在安江稔禾溪建设灌区渠道工程，渠道总长 60 公里，使灌区的 4500 亩稻田全部种上双季稻，群众称之为"增产渠""幸福渠"。根据地方史志记载，自 1953 年至 1985 年，黔阳县共修建干、支渠近 1 万公里，形成了16 个灌溉渠系，自流灌溉稻田约 7.7 万亩。② 1949 年以来，黔阳县大力发展水利和水电工程，逐步改变了当地旱季和旱地缺水的状况，为稻田耕作向两熟制、三熟制转变创造了有利条件。到 20 世纪 80 年代中期，全县粮食总产 5000 多万公斤，亩产增 500 多公斤，比 1949 年的亩产 150公斤增长 2 倍有余。

三、类型多样的种植经营

沅江中上游的安江河谷自明清时期以来农业开发的重要成就之一，就是形成了以水稻种植为主、兼营杂粮和各类经济作物的生产经营模式。

（一）种植水稻

安江河谷盆地水稻种植的历史颇为悠久，但发展较为缓慢。随着明清以来汉人移民的迁来，更加先进的农耕技术的引进，使得水稻种植的区域和面积越来越宽广。至清朝雍正年间，黔阳县将山坡、斜地、溪涧的地大多垦殖出来，共开垦农田 23 万多亩，垦田之功效显著。

黔阳所产之稻米品质在所属州郡为上乘，其特点是"香白异常"。同治《黔阳县志·物产》中收录有关于当地水稻品种的介绍。其中，粳稻分三类，即早熟稻有 7 种，中熟稻有 6 种，晚熟稻有 10 种。此外，还有糯稻 6 种。粳、糯稻共计有 29 种。

《辰州府志》：黔阳凿渠灌田，稻米香白异常。按，稻以粳、糯二种

---

① 《黔阳县志》卷六《乡都考》，同治十一年（1872）刊本，第 9 页。
② 黔阳县地方志编纂委员会：《黔阳县志》，中国文史出版社，1991，第 342、349 页。

为等。旧志载：粳有籼种，自占城国来，故谓之。占早熟者曰六十占、白谷占、麻占、南京占、苗占、盖草占、油占。中熟者曰高山早、思南早、银谷占、懒打占、齐头占、云南占。晚熟者富贵占、垅裹占、沙占、救公占、五开占、青粳占、瓜占、岩占、夺碓占、马尾占。糯之种，有李子糯、扫箕糯、牛皮糯、白广糯、粘禾糯、泠水糯。按，古人种秫（shú）造酒，今人多用杂粮，惟此地纯以白粳米为之。①

如上文所言，黔阳当地稻作以种植"白粳米"为主。乡邑之人还会根据不同的地理条件，选择何处农田种植早禾、中禾或晚禾。康熙初年，黔阳知县张扶翼论水稻品种时曰："余观旧志所载，悉著其名。是昔人所为物土而宜之者也。仅坊乡佃艺唯早、晚、中三禾而已，其余无称焉。"黔阳乡邑之人，大多称稻为禾，分早禾、中禾或晚禾。如，原神乡一里"其田多干，无泉源、陂塘可资灌溉，禾宜早稻"；子弟乡七里"垅大而源长，种宜晚稻"。同治《黔阳县志》中也收录有"早禾"命名的地名。2022年新修订的《洪江市地名志》中仍有多处此类地名的沿用，如早禾冲、早禾盘、早禾垤等。

当地除了种植"粳稻"，以及区分早禾、中禾与晚禾的具体类型之外，还有一种特殊的类型，即"香稻"。旧县志中，关于"香稻"的记载较为笼统，其一处是称黔阳"稻米香白异常"，另一处记载有供洪四里"野秀粳香"。那么，这究竟是由于米的品质上乘，或是土壤和气候使然，还是确实种植了"香稻"的品种呢？笔者查阅1991年的《黔阳县志》，在关于水稻品种的记载中，竟然也有"香稻"品种，列为"中稻"一类。此外，在介绍公溪河时，也有解释"古称贡溪河，因当时花洋溪所产香米水运至京都纳贡，故名"。由此可知，旧时黔阳的安江盆地及附近一带种植有"香稻"品种，为当地特产，系向京都纳贡的贡米。

民国年间，当地水稻的种植品种更加丰富。据统计，1950年以前黔

---

① 《黔阳县志》卷十八《户书·物产》，同治十一年（1872）刊本，第1页。

阳县水稻种植的品种达到了 66 种。其中，早稻有早禾、白壳早、六十早、八十早、百日早等 15 种；中稻有白麻粘、红麻粘、黄麻粘、黑麻粘、老迟禾、红谷、野禾、岩粘、香稻等 34 种；糯稻有香水糯、粘禾糯、白壳糯、竹叶糯、冷浸糯、安江糯等 17 种，以中稻品种种植居多。[①]

稻谷不仅是当地主要的粮食作物，也是重要的输出品。清代沅江中上游的商业市镇中都普遍设置有"米牙"等交易机构，[②] 对于稳定当地谷米的生产和交易有积极的推进作用。光绪年间编写的《黔阳县乡土志·本境之物产》，记载了当地谷米的输出情况，"由沅江输出，分销于常德、辰州等处"。在地方史志记载的民国十八年（1929）稻谷运销统计中，黔阳外销稻谷 15 万担，价值 45 万银圆，销往地点主要是洪江商镇（今洪江区）。[③] 这一时期，当地稻谷的外销数额占整个农副产品的外销总额的半数以上。

自 20 世纪 60 代以来，当地水稻品种两次改良，都增产显著。第一次改高秆品种为矮秆品种，从 60 年代中期开始，针对高秆不抗倒伏的弱点，引进矮秆良种，在全县实现了水稻良种矮秆化。第二次是改常规稻为杂交稻，以安江农校教师袁隆平 1972 年研究成功"三系配套"杂交水稻为起点，1974 年选址试种 1.2 亩，亩产 438 公斤，很快在全县推广。1979 年，袁隆平在当地进行杂交水稻"三系"种子提纯复壮，为生产大田种子提供原种。随后安江溪边村生产大队率先提出"杂交水稻组合配套"，收效良好。自此，县内开始自行繁育杂交水稻良种，且能自给有余。1985 年，杂交水稻种植面积达 22 万余亩，亩产比常规稻增产 75 至 100 公斤。

（二）杂粮作物

安江盆地除种植主粮水稻之外，还兼营种植各类杂粮，如荞、麦、稷、菽等。

---

① 黔阳县地方志编纂委员会：《黔阳县志》，中国文史出版社，1991，第 275 页。
② 《黔阳县志》卷六《乡都考》，同治十一年（1872）刊本，第 9 页。
③ 黔阳县地方志编纂委员会：《黔阳县志》，中国文史出版社，1991，第 450 页。

当地种植麦的品种有小麦、大麦、燕麦、荞麦等。菽（豆类）的品种有黄豆、黑豆、青豆、绿豆、豌豆、红豆、蚕豆、蛾眉豆、刀豆、扁豆等，品类非常丰富。而且，豆类的种植往往与水稻种植相得益彰。当地农人习惯在稻田的田垄边种植一圈豆类植物，既能对土壤起到固氮的作用，又能高效地利用土地。这种种植习俗至今在当地农村仍然较为普遍。

种植较多的还有玉蜀黍，即苞谷，也称玉米。在雍正《黔阳县志·物产》中尚无玉米的记载；而乾隆年间编撰的《黔阳县志》，已介绍此作物非常受欢迎，但种植不广；至同治年间，县志记载当地已经广泛种植苞谷。[①]

此外，还有种植稷黍、高粱、粟米、糁子、薏苡等杂粮。而当地高粱和薏苡的种植历史已经非常悠久。根据安江高庙遗址出土遗存分析，早在数千年前高粱和薏苡已经是安江盆地高庙先民的食物资源。

史志记载，民国十八年（1929）黔阳县外销小麦3万担、高粱4万担，总价值2万多银圆，主要由沅江运出，销往下游的常德、汉口等地。

（三）经济作物

黔邑多山，近水源处可耕作梯田，其他则宜种各类竹木，因此各种竹、木以及油茶、油桐成了重要的经济作物。

当地竹的种类有十数种，但主要为楠竹。木类有数十种，以松、柏、杉木居多。楠竹和木材均可编织成排，顺水下流入洞庭；又可作为原材料造纸。因而，竹、木和纸均是境内用以输出的大宗商品，分销常德、岳州、汉口、南京等处。[②]

茶油、乌油（经过加工后的桐油）也是境内输出的大宗商品。这里尤值一提的是桐树的种植。康熙初年，黔阳知县张扶翼发现县邑坊乡皆宜种植桐树，但当地仅原神乡一地植桐而"独有其利"。因此，知县亲

① 《黔阳县志》卷二十八，同治十一年（1872）刊本，第3页。
② 黄东旭：《黔阳县乡土志》第二篇第六章《本境之商务》，清光绪三十二年（1906）刊本。

自撰文向乡民发布公告，劝谕民众种植桐树，曰："桐油又利之大者，然利在五年之后，人以其无近功，遂忽而不种。不思今日不种，后日何获？……俟桐树长成，则其利自远。"[①] 知县的劝谕起到了功效，到了清代中期，黔阳县桐树已经遍布各乡。同治年间编撰的《黔阳县志》记载："国初，居民不知此利，康熙元年（1662），知县张扶翼谕民种桐，今则各乡遍植。"并赞曰："食德无穷，仁人之泽，其普如此。"知县张扶翼劝谕植桐的同时，也劝谕邑人种植各类树木。他在《木奴说》一文当中赞美楚地先贤李叔平植木为"奴"的举措，并敬告乡人："若能畜数百千株，十年之计，树木是亦千头木奴也。"[②]

黔阳当地传统特色果品也多出名优。如：桃，有香水桃、乌桃、早禾桃、扁桃等名；梨，香水梨为最；橙，色黄皮厚而香；橘，有一特有的小金橘。《湖南方物志》中亦有收录，谓"榛，小橘也。黔阳有之"。[③] 至民国时期，私营商贩采购当地柚子与橘子运销外地，价值数万银圆，是外销的重要农副产品。

四、区域经济差异及变迁

在沅江流域，传统农耕时期各地农业经济水平的差异很大。学者龚胜生按照人口密度和垦殖指数等指标，将两湖地区的农业经济水平分为四个梯度区，其中沅江流域中沅州府是仅次于常德府的梯度，农业经济发展指数高于辰州府、靖州府、永顺府和凤凰厅、永绥厅、乾州厅等区域。[④] 可以看出，沅江流域各个州府农业经济的发展存在不平衡的状况，而沅江中上游一带以沅州府区域发展程度最高。而在沅州府三县当中，明清时期黔阳县的田亩数和田赋仅次于沅州治所芷江县，是麻阳县的两

---

① 《黔阳县志》卷八《文论》，清雍正十一年（1733）刊本，第87页。
② 《黔阳县志》卷八《文论》，清雍正十一年（1733）刊本，第26页。
③ 《黔阳县志》卷十八《户书》，同治十一年（1872）刊本，第3页。
④ 龚胜生：《清代两湖农业地理》，华中师范大学出版社，1995，第290页。

至三倍。① 从这一时期黔阳农业经济的发展水平看，远高于沅江中上游多数县域。

明清时期，农业经济的区域发展差异不仅存在于州府和县域之间，在县域内部也存在较大差异。以当时黔阳县为例，雍正《黔阳县志》卷三《坊乡论》中，对县内的各乡农业经济的差异有详细论述：第一都土地肥沃，但多半为军屯占有；第二都田易旱；原神乡其田无泉源，禾宜旱，陆地宜棉、宜桐；顺福乡多沃壤，兵燹时里甲残缺；供洪乡田畴尤美，潦则稍歉；石保乡民多而业苦少；太平乡商贾不通，谷米远出河下；而子弟乡垄大而源长，土田之美为乡里之最，宜于耕种晚禾，中有安江市镇，屹然为名镇。由此可见，旧时安江市镇及附近子弟乡，属当时黔阳县稻作农业经济开发最为优越的区域。

子弟乡（七里）：俱附近安江，在县东南。通乡惟子一、子二地狭而户小，合石、太三里为下十里，以其去县皆远，又在县下流也。安江适居其中，因即其地设巡司焉。盖凡县之鞭长不及者，该司承而督之，以成其臂指之势，此设官之大义也……安江，烟火千家，带江负山，土地腴衍，屹然称名镇焉，其人文、风土之胜为诸里最。所产有安酒，柑、橘、枣、栗之腴，亦为诸里最。考黔邑土田之美，亦惟子弟乡为最。垄大而源长，种宜晚禾。盖稻性宜湿而暑，垄大则暑多，源长则不竭。晚禾入场迟于早谷，然早谷实而多秕，晚禾不然，故将恒倍也。

而且，由于当时黔阳县衙位于沅江上游支流舞水的入口处，对下游区域的管理确有些"鞭长不及"，官府便在安江设巡检司（县府在县城以外的商业、交通要地派出的行政机构）。早在清朝康熙初年，知县张扶翼在谈到县邑农田开垦的"辟土之功"时，便说"安江司官有不得辞其责者矣"。② 安江巡检司不仅管辖子弟乡七里（包括今之安江、沙湾、太平、岔头、雪峰、铁山、茅渡等乡镇），还管辖周边的石保乡（包括

---

① 罗运胜：《明清时期沅水流域经济开发与社会变迁》，社会科学文献出版社，2016，第87页。
② 《黔阳县志》卷三《坊乡论》，清雍正十一年（1733）刊本，第2—9页。

今之湾溪和中方县铁坡片、铜湾片各乡）和太平乡（今之塘湾镇、洗马乡），辖区面积甚广，主要为县域内的"下十里"之地。清道光十二年（1832）后设置安江镇。民国时期，推行保甲制，安江镇下辖7保110甲。

1949年后，安江镇曾长期作为黔阳县人民政府驻地和黔阳地委、行署驻地，市镇经济得到进一步快速发展。至20世纪末，安江镇个体工商户1000多户，农贸集市商品成交额达6000多万元，[①] 成为县域内农贸商业最为发达的乡镇。2003年，安江镇被列为全国城镇综合改革试点镇，之后又入选湖南省新型城镇化中心镇和省级美丽乡镇。

综上所述，安江盆地自古以来就是县域内重要的行政中心和农业经济中心，也是沅江中上游集镇发展变迁的范例。

---

① 洪江市地名普查办公室：《洪江市标准地名志》，内部资料，2022。

第三章　安江稻作文化的乡村聚落

独特的生态环境孕育了安江河谷盆地的农耕文明，并留下了形态多样的聚落类农业文化遗产。安江稻作文化区的传统乡村聚落作为特定农业社会时期形成的人居环境载体，是漫长农耕时期的生活见证与文化遗产，呈现了传统的乡村风貌与社会生活，也蕴含着丰富的乡土文化资源。

第一节　传统乡村聚落的形成

"聚落"一词最初即指村落，至近代才泛指人类各种形式的聚居地，而村落始终是农业聚落的主要形式。在以自然经济小农生产为主体的传统农业社会里，农业是家庭永续传承的事业，一个家庭一旦定居下来，就不会轻易离开土地，而是要依靠这片土地繁衍子嗣、传承家业，从而构建起跟土地相关的农耕聚落。

一、聚族而居的农耕聚落

沅江中上游以山地为主，但在安江盆地及周遭的河谷、溪谷，仍然具备建立大村落的自然条件。安江自宋代建寨以来，特别是明清时期进行了大规模的移民垦殖，这为聚族而居的村落提供了发育的沃土。

（一）以姓氏为纽带的农耕族群
自然村落的形成与发展，首先可以通过聚族而居的姓族规模和范围来加以说明。区域范围内一定姓氏族群的构成情况，也可以在一定程度上反映出该区域自然村落的情况。清代光绪三十二年（1906）编著的《黔阳县乡土志》罗列了黔阳县境内的大姓氏族有 31 个，其中居于前十位的是潘、杨、易、向、胡、王、张、李、冯、黄等姓氏，[①] 但并没有叙述其源流概况。而各种姓氏族谱资料只散藏于民间，很难探知其概貌。

1991 年出版的《黔阳县志》对县境内的姓氏源流做了简单梳理，概括了民国以前迁入黔阳的四类姓族：第一类是土著姓氏，有田、舒、向、杨、克、沈、柳、风、窦、张、符、苟等 12 个姓氏；第二类是北宋末年自长江以北南迁的士族，有李、蒋、易、汤等 4 个姓氏；第三类是明代初叶从江西迁来的姓氏，有黄、傅、周、贺等 4 个姓氏；第四类是世居黔阳祖籍无考的姓氏，有廖、谢、肖、刘、卢、施、王等 53 个姓氏。[②] 这是地方县志第一次对境内的姓氏源流进行探讨，但其中祖籍无考的姓氏竟占早期迁入姓氏三分之二以上，难以作具体研究与分析。

多年从事本土文化研究的陈旭初先生近年编著了《洪江市黔阳姓氏溯源》[③] 一书，该书搜集整理了世居黔阳百年以上、修建有宗祠并修有族谱的 40 个主要姓氏。这些姓氏的宗支情况分为三种类型：一是宗支单一的，一个始祖、一个堂号，如易氏、邱氏等；二是一个始祖有多个堂号的，如蒋氏分有敦伦堂、敦睦堂等七大支派；三是多个始祖、多支源流的，如杨氏，宗支较多，源于多个始祖、多个支派。在境内形成较大宗支的氏族多以南宋至明初迁入的氏族为主。

经过数百年的聚居，这些氏族大多以迁居的发祥地为中心形成了较大的姓族聚落。比如，清代《黔阳县志》中记载：康熙初年石保乡二里之一甲"大姓为梗"，与石保乡一里之九甲、子弟乡三里之二甲类同；太平乡一、三两甲（一甲住鼓楼坪，三甲分衙里、梅田、中团三房），

---

① 黄东旭：《黔阳县乡土志》第一篇第四章，见《户口及氏族》，清光绪三十二年（1906）刊本。

② 黔阳县地方志编纂委员会：《黔阳县志》，中国文史出版社，1991，第 634 页。

③ 陈旭初等：《洪江市黔阳姓氏溯源》，内部资料。

此两甲"族大而骄"。① 这是最早见诸文献的关于安江周边子弟乡、石保乡和太平乡有大姓"聚族而居"的记载。其中，石保乡二里一甲的铜湾实为杨氏的聚居地，太平乡一、三两甲是易氏的聚居地，子弟乡三里二甲是向氏的聚居地。旧县志中还有一则关于乡民向伯都的事迹，记述其为子弟乡三里二甲阳坡（亦名杨坡）人，此甲"素称顽梗"，而"伯都以德化其乡"，知县张扶翼视其为乡中贤达，对其礼敬有加，并给予布米银等。②

以上所记述的子弟乡、石保乡和太平乡这些乡村聚落，当时均为安江巡检司所辖之区域，笔者认为这其中必然具有一定的关系。安江盆地河谷具有优越的自然地理环境和有利的农业耕作条件，为血缘族群的发展提供了一个相对适宜的定居环境，而且族群可以选择从定居地沿着溪河向上游或下游扩展，占有周边的农业耕地资源，形成较为密切的农耕族群关系。

（二）以宗族为核心的村落组织

相关研究表明，由于受到移民社会生存条件的限制，要形成一定人口规模的自然村落必须经历一段较长时期的发展。据统计估算，在农耕时期的传统社会里，一个相对独立、功能齐全的村落对人口规模的要求为20余户100余口。而要达到这样的村落人口规模需要5至7世、125至127年的人口增长，从而形成村落。③

根据清代的黔阳县志记载，县域内的乡村治理基本沿用了自明代以来的里甲制度。里甲的编户方法，是每110户编为1里，由丁粮最多的10户担任里长，其余100户为10甲。黔阳县在明代以前尚无乡里记载可考，自洪武年间（1368—1398）编为五十八里，永乐年间（1403—1424）并为二十二里，至清朝初年编为二十一里；各乡坊分别为在城坊

① 《黔阳县志》卷三《坊乡论》，清雍正十一年（1733）刊本，第7页。
② 《黔阳县志》卷七《耆德论》，清雍正十一年（1733）刊本，第28页。
③ 林济：《长江流域的宗族与宗族生活》，湖北教育出版社，2004，第353页。

（一里）、第一都（一里）、第二都（二里）、原神乡（一里）、顺福乡（二里）、供洪乡（四里）、子弟乡（七里）、石保乡（二里）、太平乡（一里）。① 经明末清初战乱之后，黔阳县里甲多有残缺，自康熙初年丈量田亩后，又大都以族姓所有之地编里甲，"或一族数甲，或数族一甲"。② 到康熙三十二年（1693），各坊乡在原有基础上新增永兴、永宁、永定三里，一共二十四里。

由于县衙位于沅江上游支流舞水的入口处，对下游区域的管理确有些"鞭长不及"，黔阳自明朝洪武年间开始便在安江设有巡检司。巡检司是中国古代最基层的国家行政机构之一，清代的巡检司已具备"准政区"功能。③ 沅江从县境西南流入，至东北出境，因而可自上而下分为"上十里"（在城坊、第一都、第二都、原神乡、顺福乡、永兴里、永宁里、永定里），"中四里"（供洪乡），"下十里"（子弟乡、石保乡、太平乡）。至清代乾隆年间，安江所设巡检司管辖县境内"下十里"之地，包括安江附近子弟乡七里、石保乡二里和太平乡一里，辖有 100 余村庄（详见下表），俨然成了县域内的行政副中心。

清代乾隆年间安江巡检司所辖区域及村庄

乡里	村庄
子弟乡子一里：县东南 90 里（今为洪江市大崇乡、铁山乡、安江镇、雪峰镇辖区）	大崇溪、沙溪庄、袁溪庄、深渡江、小龙江、长滩庄、江家坪、新庄垅、赤溪、笙竹庄
子弟乡子二里：县东南 88 里（今为洪江市安江镇、大崇乡辖区）	绣洲、水仙溪、八门、刘湾冲、渔里、风蓬岩、丛林坡、桥头江、程头庄、大源庄
子弟乡子三里：县东南 65 里（今为洪江市岔头乡、雪峰镇、群峰乡、茅渡乡辖区）	大娘溪、杨坡、黄丝洞、萧家坪、新庄垅、马山脚、草坡头、小冲、庙冲、岩里

---

① 《黔阳县志》卷九《乡都》，乾隆五十四年（1789）刊本，第 2 页。
② 黄东旭：《黔阳县乡土志》第二篇第一章，见《本境之区划》，清光绪三十二年（1906）刊本。
③ 胡恒：《清代巡检司时空分布特征初探》，《史学月刊》2009 年第 11 期。

续表

乡里	村庄
子弟乡子四里：县东南 90 里（今为洪江市安江镇、大崇乡辖区）	大垅、卢木溪、蓝家坪、潘家渡、三十洞、安江、水口山、毛坡、龙池、牛丫洞
子弟乡子五里：县东南 85 里（今为洪江市雪峰镇、茅渡乡辖区）	岩头、清溪、波丽潭、大坪、狗皮溪、颜溪、杨山家、芒东坡、歇马田、江口
子弟乡子六里：县东南 60 里（今为洪江市安江镇、太平乡辖区）	龙打坪、卜冲、松板溪、枣子坪、龙田、七里坪、长碛、七家团、八家团、猫儿溪
子弟乡子七里：县东南 30 里（今为洪江市黔城镇辖区）	下寺、字溪、婆田、铁坑、百丈村、乾塘冲、黄家冲、算子溪、茶冲、华板溪
石保乡石一里：县东南 170 里（今为洪江市湾溪乡、中方县铁坡镇辖区）	新路、石保、卧龙庄、秋溪、湾溪、蒋坪、小龙江、古溪、腊溪、鸣凤村
石保乡石二里：县东南 180 里（今为中方县铜湾镇辖区）	铜湾、古佛村、柘木界、淇溪庄、上炉、下炉、覃家地、松坡脚、张四坪、岩头
太平乡太平里：县东南 200 里（今为洪江市塘湾镇、洗马乡）	鼓楼坪、太坪团、中团、衙柳溪、深渡、沙溪、界脚、老水溪、毛坪、萧家冲

资料来源：乾隆《黔阳县志》，《洪江市标准地名志》（2022 年）。

经过明清时期的农业开发与垦殖，到乾隆年间黔阳县各乡坊的里甲已经基本完备，全县划分为二十四里，下辖两百多个村庄。清代的里甲，既是基层的户口管理单位，也是缴纳税赋单位。为便于征收税赋，康熙初年知县张扶翼采用新法定里甲，即"不以里计粮"，"惟随粮户之出入"，"故里之大小、广狭，变易不常，村庄亦转移无定"。[①] 如此，形成一族数甲或数族一甲。那么，同一甲的人户，可能相距数十里；而相互比邻者，又可为异里之人。[②] 这样的里甲制村庄，事实上便是在原有各乡里的基础上，形成了以族群关系为纽带的聚落村庄。

清朝自乾隆时期开始逐渐废除里甲制度，取而代之的是保甲制度，

---

① 《黔阳县志》卷首"凡例"，同治十一年（1872）刊本，第 3 页。
② 黄东旭：《黔阳县乡土志》第二篇第一章，见《本境之区划》，清光绪三十二年（1906）刊本。

以强化乡坊的治安保警功能。然而，由于黔阳县采取的里甲制度侧重以乡族为纽带来管理税赋，而不是以区域为主实行治安管理，于是不便行保甲、团防之法。此里甲制度在黔阳县域一直沿用至同治年间，但当时官府已经明确察觉此法之弊端，称乡里"得以挟持作奸，弊实缘此"。① 及至光绪二十五年（1899），黔阳将县属二十四里改设仁、义、礼、智、信五大团局，划分上十里为仁字局、义字局，中四里者为信字局，在下十里为礼字局、智字局。官府在五大团局抽收团谷，并委托当地乡绅办理团防、保甲，其中礼字局设在安江市，智字局设在新路市，信字局设在沙湾团。由此，新的乡村保甲制度于清朝后期在县域内才得以确立。

当然，村落的形成除了受到国家政治力量的强大影响，还需要一定的经济积累和文化积累，并出现了主导村落向宗族化发展的乡村士绅精英。伴随清代农业开发的成效与各姓氏村落的密集分布，进一步推动了村落组织的宗族化建设，这一时期黔阳民间也普遍出现了以祠堂、族谱、族田为标志的宗族性组织。

以黔阳寨头向氏为例。向氏是黔阳当地的望族大姓，其主要分支的寨头向氏开基之祖为通海公，字明甫，为始迁黔阳先祖向恭敏的后裔，于南宋年间迁供洪乡岩山脚，再迁徙至供三里寨头，后编户为一、二、三、六、七、九、十等7个甲。至民国年间，寨头向氏人丁兴旺，共建有五座向氏支祠，有明嘉靖十三年（1534）修建、清道光二十六年（1547）修复的红花园总祠（堂号丹桂堂）一座。另有四座向氏支祠，分别为一甲向氏支祠（大耐堂），建在下寨；三甲向氏支祠（积庆堂），建在掩打岩；六甲向氏支祠（植兰堂），建在矮花园；九甲向氏支祠（垂裕堂），建在掩打岩。明嘉靖年间（1522—1566），寨头向氏祠始修族谱，清乾隆、道光、光绪年间再三修族谱，民国十年（1921）又续修。

---

① 《黔阳县志》卷首"凡例"，同治十一年（1872）刊本，第3页。

民国《向氏族谱》收录的《寨头村图记》，其中记载有寨头农田开垦状况，"田亩数千余亩，数百耕之甚近，食之有余"。尤其是清代黔阳贡生危汉南撰写的《过访寨头村记》，生动记录了当地的乡村风貌：时"秋七月既望"，寨头溪上"早稻初登，黄云如盖"，"始见村落环村皆山，惟一径可通，土地平旷，禾黍茂密"，其中有"烟火数百"户，世居数百年，不杂他族，有武陵遗风。

过访寨头村记①

危汉南黔邑岁贡生

壬午之秋七月既望，访吉享表兄于寨头溪上，时早稻初登，黄云如盖；无数峰峦，若拱若揖，争来肃客，溪畔芳草，蒙茸鲜妍可爱。沿溪行里许，古木千章参天蔽日，盖百余年间物。则向所闻花山寺者在焉。由岭折而下，始见村落环村皆山，惟一径可通，土地平旷，禾黍茂密，主人间有客，遣令子远迓于碧云红树，间至则巷路井井，悉砌以青石。其中鸡犬桑麻，烟火数百，如鳞如织殆类图画，村内旧相识，闻余往日相邀，致杀鸡为黍以待客，且言先世居此数百年，不杂他族，率淳朴，无寇盗之警无赌者之行，无倾轧之弊，间有稍乖者，以理喻之，冠婚丧祭群劝助之。外侮或至，众起应之，俨有晋遗民风焉。余亦不帝武陵渔人，身入仙境矣。因为之记。

从黔阳属邑的农耕自然村落的形成来看，黔阳向氏聚居的寨头村颇具有典型性，是沅江中上游安江一带河谷盆地稻作乡村聚落的典范。只是较为遗憾的是，寨头村临近市镇，近现代以来对传统村落保护不足，已经难以呈现之前的历史风貌。因此，笔者重点选取安江附近保存较好的传统村落加以论述，希望能够从中勾勒出安江稻作文化区传统农业聚落社会的统一性和多样性。

---

① 黔阳《复修向氏家谱》，卷二，民国十年（1921）续修。

二、稻作村落的典型特征

从文化地理学角度分析，"安江稻作文化区"广义上涵盖了洪江市域全境。目前洪江市已被列入中国传统村落的有 24 个，以分布在安江盆地附近及周边雪峰山一线居多，基本上都属于稻作农业聚落，其产生和发展与稻作农业息息相关。

依据农业文化遗产的研究视角和分类标准，[1] 我们可以将安江稻作文化区的传统村落划分为传统建筑型、农业景观型、农业特产型、工商贸易型、民俗文化型五个类型。当然，一个传统村落可能同时兼具几个特色，这样的归类是将其最具有代表性的特征凸显出来。

其一，传统建筑型村落。

传统建筑型村落具有保存完好的整体格局和历史风貌。在洪江市的传统村落中，以传统建筑为突出特色的村落主要分布在雪峰山区交通不太便利之地。茅渡乡洒溪村保留有明隆庆五年（1571）杨坤元窨子屋和清康熙五十一年（1712）杨师腴窨子屋 1100 平方米，是"明清官宦乡居建筑荟萃之地"；湾溪乡堙上村、山下垅村、蒿菜坪村，其中堙上村和山下垅村保留有明清古建筑 20 余处，第三次全国文物普查新发现文物点 109 处，省级文物保护单位 1 处，市级文物保护单位 1 处，被誉为"南方山地梯田民居博物馆"；岔头乡羊坡村、大年溪村、双松村为元代五溪万户侯向大阳后裔的世居之地，是散落在"辰沅古驿道上的古院落"；黔城镇长坡村自古以来就有"黔阳三坡"之一的盛名，村落保持着青瓦木结构的传统民居建筑风格，依坡而建，与山体、稻田、溪流的自然环境相互映衬，是浑然天成的"传统团寨风貌田园村居典范"。

---

① 刘馨秋、王思明：《农业遗产视角下传统村落的类型划分及发展思路探索》，《中国农业大学学报》（社会科学版）2019 年第 2 期。

其二，农业景观型村落。

农业景观型村落以人文与自然结合的农业景观为突出特色。洪江市的农业景观型村落大多以雪峰山地梯田和小盆谷稻田为农业景观背景，如龙船塘瑶族乡翁朗溪村、黄家村的特色是"岩石上的美丽瑶寨梯田景观"，龙船塘瑶族乡小熟坪村、雪峰镇界脚村是雪峰山"山地盆谷的稻作农业景观"。以翁朗溪村为例，村落平均海拔755米，主要由团里、岩盘上、止禾冲三个寨子组成，最具代表性的瑶寨集中在岩盘上的巨石之上。翁朗溪从村寨穿流而过，层层梯田拾级而上。在村落与洞口县的交界处有一处天然"氧吧"——老山万亩草场（海拔1200米），素有当地的"南山牧场"之称，是村民喂养和寄放耕牛的最佳去处。

其三，农业特产型村落。

农业特产是指经过长期历史传承且具有地域特色的农产品。洪江市具有优越的自然生态环境和丰富的物产资源，素有"物种变异的天堂"之美誉，在长期的农业生产中人们创造了种类丰富、质量上乘的特色农产品。据清代的地方县志记载，当地"稻米香白异常"，为州郡之上乘；橙柚、柑橘、桃梨"多佳品"；竹木、茶油、乌油都是境内输出的大宗商品。在洪江市以农业特产著称的传统村落中，有"水稻与果木兼营产区"的群峰乡芙蓉溪村；"水稻与中草药兼营产区"的铁山乡铁山村；"水稻与柑橘兼营产区"的岩垅乡青树村和竹坪垅村；"百年贡米之乡"的花洋溪村所产"香米"是远近闻名的苗乡特产，古时曾列为进京朝贡的"贡米"。

其四，工商贸易型村落。

工商贸易型村落是指具有农业产业发展基础，并以承载工商贸易为重要职能的乡村聚落。洪江市工商贸易型村落的形成与村落所处的自然地理条件密切相关：凭借沅江码头商贸优势兴起的沅河镇沅城村，是"沅江古码头上的集市村落"；凭借湘黔古商驿道兴起的湾溪乡埂上村，是"高山梯田与商贸集市的典范"；熟坪乡罗翁村是"高山稻田盆地与中草药兼营产区"。以熟坪乡罗翁村为例，古村坐落于雪峰山区山间盆地，是一处难得的高山盆地，自古有稻谷丰产之名，故名"熟坪"。20世纪70年代，袁隆平院士和他的科研团队亲自将该村选址为杂交水稻制种基地。古村以集市所在地为村落重要的集聚点，母溪河从集市穿村而过，河街上有茶坊、酒肆、药铺、庙宇等，各行各业，应有尽有，热闹非凡。

其五，民俗文化型村落。

民俗文化型村落具有独特的生产、生活民俗和地域文化。洪江市地处沅江中上游多民族的"文化走廊"中，原住民民族文化与汉人移民文化的交融，给当地农业文化带来了深远的影响。深渡苗族乡花洋溪村信奉的乡土神"蒲婆大圣"，为祈雨之神，雨水是水稻灌溉农业所需；龙船塘瑶族乡白龙村、翁朗溪村自古有在田坎上"舞虫灯""舞草把龙"的习俗，其本意是希望通过舞灯和舞龙使农业作物的病害得到一定的缓解；洗马乡古楼坪村既是"雪峰山区宗祠文化的杰出代表"，也是"雪峰断颈龙舞"与"雪峰断颈龙灯会"的发祥地。各地乡民们通过各种祈福活动，祈愿乡村风调雨顺、五谷丰登。

当然，除以上被列入中国传统村落名录的村落以外，洪江市境内还有大量原生态的古村落。如大崇乡盘龙村被誉为"梯田飞瀑上的村落"，这里的梯田群在当地村民先祖迁居到此地时就已存在，从当地沿袭的飞山庙信仰来看，可能是早前定居此地的苗、侗、瑶族原住民所开垦。[1] 这些古村落大多依山傍水，位于相对封闭的高山盆地中，森林覆盖率高，自然环境优美，大多保留了原生态梯田景观和中国南方山区的稻作文化民俗。[2] 无论是梯田景观还是稻作民俗都保存有浓郁的乡土风情和原生态韵味。

---

[1]　洪江市旅游局：《黔阳古村落》（图文集），第32页。
[2]　方磊、唐德彪、唐青桃：《洪江市古村落调查与农耕文化旅游开发》，《湖北农业科学》2013年第11期。

第二节　传统建筑典型的洒溪村

一、村落概述

洒溪古村位于安江盆地东北向，明清时期曾属于黔阳县子弟乡三里岩里村的一处分庄，现属洪江市茅渡乡，东临群峰乡，西面2公里是沅江河岸，北与中方县新路河乡相接，是古时交通要塞之地。当地气候湿润，雨量充沛，植被丰富，四季分明，农作物以水稻为主。古村周围群山环绕，森林广阔，所处东面山坡地势较高，西面地势较低，多为稻田。

洒溪古村，因村内有几条小溪环绕，汇聚成一处，像一壶水洒出，故命名洒溪。洒溪水流经的水口庵前溪水清冽，乱石错落，溪流与古庵擦身而过。溪岸石缝中有古树长于危岩，倒影溪中，煞是好看。溪水流过水口庵前，穿村而过，灌育着溪边大片的稻田，郁郁葱葱的稻田与古色古香的村落映衬，景致十分宜人。

古村历史悠久，明代、清代古民居宅院、古建筑、古驿道、古桥梁至今保存较好，是一处古村建筑风貌和传统文化保存较好的传统村落。村落布局为三横巷、两竖巷，布局颇显规范和大气。由于古村落建于山坳中，似藏在一条酷似飞龙的龙嘴中，夜晚灯火照明时，整个村落就像是飞龙嘴中的一颗宝珠。

二、传统记忆与村落风貌

（一）家族族谱叙事

洒溪村的主要族姓为杨姓。据族谱记载，洒溪为黔阳岩里杨氏的迁居地。关于黔阳杨氏的派衍分居，杨氏族谱中记载有一段杨氏先祖杨首达"七子流舟"的佳话。①

历史上杨首达"七子流舟"的确切时间还难以推定，但并不妨碍这一"分派择居"的事件成为沅江流域杨氏家族迁徙史上的一项壮举。大约是在南宋时期，早年迁入绥宁武阳一带的杨首达因感族人发展受限，遂携妻儿迁居沅江上游的九岩邦洞（今属贵州天柱县），之后为开拓农耕、扩展基业，又决意让七子迁徙至沅江流域中游及下游更广阔的中心区域，因而便有了顺沅江而下，行"七子流舟"之壮举。

择吉日，杨首达携家眷由沅江上游九岩邦洞步行数十里，至瓮洞（今贵州境内），买舟东下；用白羊白猪祷告天地，燃灯七盏，祝词曰"某处熄一灯则住一子"。之后，乘舟顺沅江而下，行舟60余里至黔阳县托口北岸三里坪熄灯一盏，长子杨正金上岸择地定居。又行120余里至岩头湾，次子杨正玉上岸择地定居。再舟行55余里至安江盆地的岩里村，三子杨正满上岸择地定居。续行50余里至新路河，四子杨正堂上岸定居。船过新路河驶出安江盆地，又行100多里到辰溪县木州，100里到泸溪县落水坪，再行数百里至常德，五子杨正福、六子杨正禄、七子杨正寿分别上岸择居。②

杨首达"七子流舟"，舟行千余里，七子分别定居于沅江流域的中上游、中游、下游三个区域。数百年后，杨首达后裔合谱续编通谱，仅有迁入安江盆地的两支即三子杨正满（居岩里）、四子杨正堂（居新路河），以及五子杨正福（居辰溪）的族裔参与修编，其他支系已经难以稽考。"七子流舟"以后，杨氏"老七户"便散居于沅江流域。

岩里位于安江盆地间的沅江河岸西北缘，山清水秀又临河之滨，历来是首选的择居宝地，新石器时代便有高庙先民的氏族聚落居住于此并留下重要遗址，而数千年后的宋朝年间杨正满随父流舟于岩里定居成为当地旺族。之后，杨正满族人在岩里落户并建祠，故称岩里杨氏。元朝

---

① 《中国湘西杨氏通谱》，第一卷，2006 年修编。
② 《中国湘西杨氏通谱》，第一卷，《老七户考察记》，2006 年修编。

延佑年间（1314—1320），杨正满长子杨大朝有长孙杨朝英，因"平蛮"有功被授封为万户侯，定籍岩里。杨氏族谱中记载，古时泸溪县有庙宇祭祀供奉杨朝英功德。

明朝永乐年间（1403—1424），杨朝英的四世孙杨仕隆由岩里迁居河对岸的洒溪设立分庄，拓展家族农耕基业，但仍在沅江边从事河运拉纤，并设卡索拿过往船只。永乐年间朝廷重视西南地区的大开发，修建皇宫用的"皇木"需经沅江水运，于是杨仕隆在沅江设卡之事被朝廷严查，杨氏一族惨遭株连，混乱中有人将杨仕隆尚在襁褓中的男婴杨师震藏在大院外的一块大石板下，才躲过一劫。后来，这名男婴被送至溆浦姑父母家抚养成人，长大后又送归洒溪成家立业，育有五子，成五大房。杨氏后人为纪念这段经历，尊杨师震为"岩板太公"。

耕读传家是洒溪村自古以来的乡村文化传统。杨氏族谱家训中有言："四民之中，农居其次；家庭之训，耕居其先。故凡愚朴子弟，不能使之读书即当使之力田。"至今村中仍保存有清同治兵部员外郎向礼耕的官帽与手迹："从来岁月易催，对人黄卷青灯。须惜寸阴尺壁，莫谓文章无得，力到龙楼凤阙，方知一字千金。"

（二）传统村落风貌

洒溪古村以窨子屋为其建筑特色，窨子屋多为明清建筑风格。以明清时期窨子屋的三合院、四合院为其建筑特色，或二进、或三进不等。屋内匾额多已模糊不清。窨子屋房梁屋柱为穿斗式木结构，保留有明代木构建筑的斗拱和窗花，门挡为石板，有顶门石。天井中央有地漏，有太平缸。照壁多壁画、石刻。马头墙、风火墙尚存，屋檐翘角精美。

现存墙铭记载，有明代隆庆五年（1571）始建，万历元年（1573）落成的杨姓七世祖文林郎杨坤元老宅，乾隆十三年（1748）重修；有建于清康熙四十九年（1710）的杨师腴老宅，较好地保存了明清两代官宦民居。民居中存有清康熙年间朝廷赐予的匾额"芹泮生香"、重达400多公斤的石床、200多公斤重的一对石墩等文物古迹。

古村落为街巷格局，材质多为青石板，共有古巷道 5 条、古石桥 4 座、古井 1 处。尚存 4 对桅子，分文、武二类，予以功德表彰。据考，明世宗嘉靖二十五年（1546）丙午科举人杨廷仪，曾任陕西城固县知县；清穆宗同治三年（1864）甲子科举人向礼耕，湖南乡试第二名（亚元）；清宣宗道光五年（1825）乙酉科武举杨河源；清宣宗道光二十九年（1849）己酉科武举杨学程。

村前水口庵上额有"城隍庙"，下有石刻"体物遗人"，左边有竖写一行小楷，注明水口庵为清嘉庆九年（1804）杨姓阖族立。庙宇内有二方青石碑，为嘉庆十二年（1807）杨姓阖族捐资名单及记事碑，记录有监生、庠生、附生、职员、乡绅名单若干。

乡村的耕读之余，有民间戏曲的熏染。辰河木偶戏是洒溪古村的非物质文化遗产，又称"棒棒戏""木脑壳戏"，为观音诞辰时民俗演艺活动，该剧目明初由江西移民传入，至今已有 500 多年历史。[①] 目前，辰河木偶戏已经申报为湖南省非物质文化遗产。

第三节　农业景观别致的翁朗溪村

一、村落概述

翁朗溪古村位于安江盆地西南面，在清初属于黔阳县供洪乡供四里的村庄，现属洪江市龙船塘瑶族乡，东南与邵阳市洞口县菏溪瑶族乡相连，南部与会同县以及绥宁县相连，西部与深渡苗族乡毗邻，北与熟坪乡相邻。

翁朗溪村地处高海拔山区，田垄中有一小溪，相传一仙人至此溪边，见山高雾浓，阴雨绵绵，命名为"翁朗溪"（天不晴朗之意）。古村落坐

---

① 龙永文：《怀化传统村落》，中国文史出版社，2016，第 245 页。

落在雪峰山山脉上的封神寨山和与老山山麓地带的溪谷冲积平原,四周群山环绕,大部分区域海拔800米以上。[①]由于海拔较高,翁朗溪气候具有独特性。一是冬暖夏凉,无酷热期,十月底可见霜,四月上旬雪霜终止;二是空气湿度大,年降水较多,无明显的雨季和旱季之分;三是降雨云雾多,一年之中有三分之二时间是云雾天;四是风大、冰霜期长,降雪较早,终雪比较迟。受山地自然气候影响,这里仅种植一季水稻,灌溉水源来自山洞里的山泉,泉水清冽可口,出产的稻米也香甜宜人。山泉小溪流村而过,注入公溪河后,再于安洪盆地间汇入沅江。由于村落气候偏寒冷,耕地比重少,在发展农耕之外,还宜于发展林业和牧业经济。

翁朗溪作为传统村落和少数民族特色村寨,它以文明、生态、卫生、美丽而闻名。翁朗溪先后获得一系列的殊荣,1991年被联合国教科文组织评为"文明卫生示范村",被世界银行评为中国农村供水与环境卫生项目"环境卫生示范村";1993年获国务院"文明村"的殊荣;2018年入选第五批"中国传统村落"名录;2019年入选第三批"中国少数民族特色村寨"名录;2020年被评为第六届全国文明村镇;2021年入选湖南首批民族乡村振兴试点单位名单。

二、聚居族姓与乡村景观

(一)村落族姓族源

翁朗溪村的主体姓氏为蓝姓,大概占村落整体人口的60%。排在第二的姓氏是杨姓,大概占20%,其余姓氏相对较少。村民主要集中生活在团里、岩盘上、止禾冲三个村寨中。

蓝姓家族迁居翁朗溪村的时间大约是在明代。据1998年《蓝氏族谱》载:享朝公,于明洪武二年(1369),莺迁荆湘,徙游楚地上游,

---

① 黔阳县地方志编纂委员会:《黔阳县志》,中国文史出版社,1991,第65页。

抵辰沅黔阳县供洪乡寨头，喜见山明水秀，遂卜居乐业。其父见寨头风俗淳厚，遂留居寨头，购置田地。裔孙蓝进顺迁居供四里翁朗溪，开立黔阳汝南堂。据族谱考证：蓝氏一族，系唐末宋初十峒首领飞山蛮酋长蓝光晋后裔，与洞口县安顺村瑶民同宗。

（二）传统乡村景观

"深居"在雪峰山支脉深处的翁朗溪瑶寨，不仅拥有着沁人心脾的大自然环境，那连绵的山体、犹如瀚海的竹林和草场构成了亦景亦图的自然风光，而且还孕育出了丰富的农耕文化，这份文化的力量塑造了翁朗溪独特的农业景观形象。

翁朗溪的村落并没有统一的居住格局，村寨里有些地方房屋建筑相对集中，有些则零星分布，很不规则。村民对土地的利用往往因地制宜，或沿山而建，或随田而居。沿山而建者，将房屋建在山坡上，背靠山坡而面朝坡下，与对面山的人家隔田相望。随田而建的人家，一是在河谷盆地地带建房子，因河谷地带地势平坦，土地松软肥沃，利于用作田地，适合种植，便大多将房子建在田埂边缘。至于朝向，也没有统一。有些是朝着田地方向，中间修个院子，院子前面就是田地。二是有些房子随梯田而建，这类房子既可以说是建在坡上，也可以说是随田而建，此类房子的朝向一般都是面朝梯田。

翁朗溪村寨的传统建筑主要分布在团里、岩盘上、止禾冲三个村寨中，虽然翁朗溪盛产楠竹，但是房屋的主要建筑材料是杉木、杉树皮。由这些树木构筑成的具有多间排列的房屋，依地势构建，一排三间到四间，多为三间。中间为堂屋，设有神龛，用来安放祖先牌位、日常生活和会客。旁边两间为厢房（卧室）。厅房后面一般还设有一间房，多为家里老人居住。厕所和饲养牲畜的地方在主屋旁边另起一间。房子一般分上下两层，可供来客居住和做存储室。传统建筑均为纯木结构，青瓦屋顶，房檐四周高高翘起，并修饰犹如触须般的檐角。

翁朗溪村寨里的稻田随处可见，寨子里的房屋大多随田而建，似乎是稻田包围着村民的房屋。在团寨外面，有沿山而开的层层梯田。由于翁朗溪坐落在雪峰山脉上，地形主要是以高山丘陵为主，不仅缺少平地，而且山坡沟壑众多。现实的土地利用难点并未难倒翁朗溪先民，因地制宜、物尽其用的生活经验让他们对开垦田地作出了适应性的调整，在丘陵山坡地上沿等高线方向修筑条状台阶式或波浪式断面的梯田。梯田的修筑不仅能够提高村寨的土地利用率，而且增加了村民的生计资源如稻谷、玉米、黄豆等，达到增产增收的作用。同时在治理坡耕地水土流失、蓄水、保土方面的作用十分显著。

老山草场位于翁朗溪村与会同县、洪江区、邵阳市洞口县、绥宁县四县区交界处，因此老山草场有"一脚踏四县"的形容。若站在草原的高处并且正好天朗气清、能见度高，能够同时看到这四个县区。草场海拔1390米，面积10000余亩，是天然生成的丘陵山地草场。由于海拔高、气温低、风大、空气湿润等原因，草场上面只有一种被叫作"瑶草"的小草和野生映山红在生长。老山草场上长有一颗百年古树，枝干繁多，被当地人称为"千手古树"，老山草场常有慕名而来的游客在此徒步观光。犹如一首歌谣所唱：

老山歌①

老山高，老山远，老山海拔过千三；

老山风，凉爽爽，吹得浑身都舒坦。

老山草，绿油油，高山特有大草原；

天空阔，白云转，风吹草低见牛羊。

……

老山大，老山宽，老山地跨连几县；

老山路，陡又弯，老山风景看不完。

在峰神寨山上有一座古祠，最早的修建年代不详，于乾隆二年至五十年（1737—1785）复建，祀文昌、关圣并土神，曰威灵祠；嘉庆二十

---

① 资料来源于翁朗溪村蓝华珍编写的《老山记》。

五年（1820），毁于火，之后复修。古祠历经沧桑，古风依旧，几度重建维修，依稀能看到岁月留下来的痕迹和古老的韵味。

第四节　稻米特产闻名的花洋溪村

一、村落概述

花洋溪古村位于安江盆地西南向，清代曾属黔阳县供洪乡供一里的村庄，现为洪江市深渡苗族乡所辖。在自然环境上，花洋溪属于亚热带季风湿润气候，气候温和，降雨充沛，日照充足，年平均气温16℃。花洋溪村属于高山地区，海拔为500米左右，地貌以山地为主，森林一共有16700亩。土质主要为红壤，兼有河潮土和黄红壤土，稻田2140亩，旱地300—400亩。

花洋溪团寨处于河谷盆地地带，四面环山。由于本来就处于高山地区，围绕着团寨的山相对于村子的高度来说都是山岭，并不显得很突兀。花草树木簇拥着团寨。村子中有松树、杉木竹子等原生态的树木，也有像桃树、李子树、芭蕉树、水稻之类的种植物，以及四周山上的杂木林。春夏季节，村子整体上葱葱郁郁、自然清新。原始古朴的村落坐落在这么一片葱绿的山间，如诗如画如世外桃源。

花洋溪村房屋建筑形式多为"吊脚楼"。房屋在正屋两边配有吊脚楼或偏厦，楼上为粮仓和卧室，楼下安放农具、石磨等，并作饲养牲畜之处。无论贫富都是正屋两头为厨房，叫作茶堂屋，安有木框做的四方"伙楼"，两面靠壁，伙楼内有火坑，上置铁三脚架，是烧火做饭炒菜用的，这种火炉在寒冷季节围坐取暖最为方便。每个火炉上方吊有一个不同形状的木架，常常将种子、茶叶、篓、腊肉等挂在上面。

花洋溪村主要姓氏为石姓，苗寨现今有80%以上人姓石。自然村落依据石氏七世祖最先落脚的毛蒲脚为中心点，呈发散式向外扩建。原始古朴的传统木质结构建筑散落于山腰各处。房屋修建过程中顺应山体的自然走势，一般朝向视野开阔的地方而建。

二、神奇传说与稻米特产

（一）村落传奇故事

花洋溪村落原名叫花羊溪，相传苗族石姓始祖于溪上荒坪打屋基，一只花山羊突然从茅丛钻出，甚觉诧异，得名花羊溪，后演变为花洋溪。

据村寨老人说，关于石姓先祖迁入的传说有两种。第一种说法是从外地迁入。相传此地原本荒无人烟，忽一日有五匹骏马驮来了一对石姓夫妇，自此繁衍生息，成为今天的苗寨，寨子里村民每年都要上五马山祭祖。第二种说法是招郎入赘。大约清乾隆年间，石氏第七世祖思琳公从沙湾石修地区去往菥溪，山间行走，到花洋溪便已天黑，于是借宿于花洋溪黄姓人家，恰巧黄家有一位待嫁闺中的少女，而思琳公长得一表人才，黄家人相中思琳公，便招婿思琳公，从此石姓在花洋溪就此落脚，此后人丁兴旺，开枝散叶。

当地传说，古时有一仙女下凡，路经花洋溪团寨田埂上，因道路泥泞，泥污双脚，仙女踮脚于身旁石背上，撩溪水拭洗，随之飘然而去。之后，溪边淤泥中长出一穗，穗干坚实，谷粒饱满，清香扑面，当地人以为奇，取其为种，播种此地。此后，花洋溪香米远近闻名，在清代甚至作为贡米运往京城纳贡。而且花洋溪香米的神奇与独特在于只有团寨中的田能够栽种，如将其移栽于团寨外，则其香味尽失。

村寨信奉蒲婆大圣。相传，明万历年间，蒲婆太平人氏，因夫死家寒，自家乡乞讨至楠木山，当晚天雨，淋湿衣物，饥饿难耐，遂砍山上陈香木烧火取暖。夜深，火烟熏开南天门，惊动玉帝，玉帝怜其苦难，度其成仙，封蒲婆大圣。后人感蒲婆事迹而建蒲婆大殿，据说凡祈雨之求，多有灵验。

（二）稻作农业特产

花洋溪村的粮食作物以水稻为主，所种植的香米和优质稻米是远近闻名的苗乡特产。

花洋溪村寨的中心点位于老团山团寨，团寨内出产香米，尤其溪水边有一丘田香味更浓。花洋溪香米米粒细小，粒型偏短，色褐黄，一斤普通大米掺入数十粒香米煮之，食时似有腊肉香味。从其稻米的形态来看，还保留了许多野生稻的痕迹，如高秆、有长芒、开花晚、生产性低等。省农科院多次对该丘田的土壤及香米进行分析研究，至今尚无定论。

花洋溪黄家堨，山坡上梯田层沓，计田千亩，当地称"千层田"。梯田就坡度而言都在 45 度至 75 度之间，就层级而言最高级可达三百级，如此众多的梯田在茫茫竹海掩映下，在云海覆盖下，构成了一道神奇的梯田景观。尤为可观的时间是五月中旬，春播结束，梯田漫水，有如女子千种眉黛，汪汪秋波，如入诗境；中秋前后，稻谷成熟，片片金黄，秋风拂动，金浪翻滚，如入画中。

村庄为了高效地利用水资源，保证水稻种植以及其他农作物的灌溉，加强自然涵养水源的能力和改善区域农民用水条件，在 20 世纪 70 年代修了两个水库，一个是在村东方向的大宽田水库，距离团寨大概有半公里的路程，该水库的容量是 248 万立方米；还有一处便是村部下面的花洋溪水库，该水库容量是 160 万立方米。

水稻的整个生长周期对水源的要求也很高。团寨里的水源甚好，完全可以满足村民饮用水和浇灌水稻以及其他农作物的需求。流过团寨的两条小溪，在村口汇成一条更大的溪，由东向西流去，溪流清澈如洗。小溪中还放养了很多鱼，行人站在路上面都能看到鱼儿在溪中嬉戏的场景。

第五节　商贸繁华依旧的埋上村

一、村落概述

　　湾溪乡埋上、山下垅两处自然村落位于洪江市境东北部，南临雪峰山，海拔 650 米，属亚热带湿润气候。但因山地影响，气候变化较大，常年平均气温 15 ℃。两处古村落紧邻湾溪乡政府，一处沿山脚蔓延，一处临半山而居，错落层叠，浑然一体。2016 年 5 月，原埋上村、原山下垅村合并，仍定名埋上村。村落面积 3.31 平方公里，辖 10 个村民小组，406 户，常住人口 1315 人。农业以种植水稻、油茶为主。

　　湾溪在清代属于安江巡检司所辖石保乡石一里的村庄，民国以来发展为多个自然村落。埋上位于湾溪乡的中心位置，背靠古佛山平展延伸，依山就势，状貌似向上飞翔的老鹰。村内环境清幽，生态优美，清水盈盈，村南面和东面两条小溪汇聚于村口，湘黔古商道穿村而过，是乡村通往溆浦、洞口等地的必经之途。村落刚好在一个山谷小盆地的中间，是典型的易守难攻战略要地。

　　埋上村的主要族姓为杨姓。湾溪为黔阳杨氏（乾元堂）的发祥地。世居湾溪的杨氏尊"少七户"之一杨元翁为开派之祖。杨元翁系"老七户"杨正堂的后裔。关于杨氏的派衍分居，前文中已经记叙过杨首达"七子流舟"[①]的故事。到了元代，原择居新路河的杨正堂裔孙杨元翁生有七子，随着家业扩大，又择地分居七处，被称为"少七户"。湾溪则是杨端玉支系的世居地。杨端玉率长子杨恒常到一处深山刈草缆藤，他观其地形山环水绕，美其名曰"湾溪"。于是，依流泉，辟壤垦荒，造田耕耘，择地伐木，筑室而居，开立"乾元堂"。据调查考证，湾溪

---

　　① 《中国湘西杨氏通谱》，第一卷，2006 年修编。

"乾元堂"杨氏至今已经派衍 30 余代。

二、建筑格局与文化遗存

（一）传统建筑风貌

埂上古村背靠大山，左右有小山为屏障，远山与近山相拱卫。古村依地势而建，背山面田，内有广宽沃土，旁有溪流穿过，隐含着村落选址理想的"风水"理念，体现了传统文化"天人合一"的思想。

古村始建于明朝中期，完善于清朝和民国时期，传统建筑多为明清建筑风格。村落现存明清窨子屋建筑群 12 套，布局周密，公共建筑众多，有排水沟 3 条，防火塘 5 口，3 条巷子供行人出入，3 座凉亭供人栖息休歇；有尚未完工的古城墙和 2 座防御碉堡，3 处半公地和 1 处码头。村中的民居建筑以两厅堂窨子屋为主。现存老窨子屋最具有典型代表性的是杨家大院。保存完好的杨家大院堪称南方山地民居的典范，具有鲜明的地域性特色。

杨家大院坐落在山下垅，建于清雍正元年（1723）。大院坐北朝南，西、北两面靠山。宅基地原为回旋深水坑及沼泽地，主人专程从常德府请来名师绘制图纸，因卜中此处，非此地莫属。宅基采用硕大松木挤密打桩，上面以三层松木紧密铺垫，再上面又以七层本地麻石方料铺垫，方成此宅基地。相传此屋主人杨元彩为修建此宅院，因忙碌操劳，三年未上床睡过囫囵觉。屋主杨元彩，字必超，号淳垒，湖南巡抚部院查验其殷实老诚，品行端方，恩准为其给照六品顶戴。其子杨再轩为太学生，八品顶戴。现其第七、八、九代嫡孙仍居住在此。

杨家大院属于两厅对称建筑院落，土话叫"双套子"屋。院落坐北朝南，依山而建，建筑面积 1600 平方米，单体建筑 14 栋，呈中轴线为两进堂屋，两边为厢房、厨房、仓库和畜圈，另建有围墙、过道、天井、麻石大禾场等。整体布局合理，建筑规整，做工精细，雕梁画栋。大院前面是月台和稻田，后面与山丘上的埂上古建筑群落相连，融为一体。

该建筑群是一处保存完好的历史文化遗产。2011 年 1 月 24 日，杨家大院被评为第九批省级文物保护单位，并命名为"关西世第"。

埋上村有湾溪杨氏支祠一座，名为实公祠（勋公祖庙），属杨氏第一个来湾溪落户的杨端玉第十一代子孙所修，建于清朝中期，是杨家供奉、祭祀先祖场所。祠堂内还有书院一处，原是杨家私塾，后作为山下垅小学使用过。紧邻埋上村的云峰村有湾溪杨氏总祠，祠堂上的门楣上题名"弘农杨氏"。

古村中还有象征功名的桅子五对（古时候科考时，乡间入考者若是中了贡生、举人、进士才有资格竖立桅子，桅子为两米多高的方形石柱，下面是形似旗杆的基石；城里的入考者中了科名则以牌坊作为表彰）。村中古井修建于清末，曾是古商道行人的歇脚和解渴之处，也是村民的主要饮用水。村民们现虽都已户户安装上了自来水，但仍喜爱饮用此井水，农忙之余或闲暇时间，便喜欢提个水壶去古井提水。

埋上村最高峰为古峰山，古称鄜梁山。相传，农民起义军领袖、大汉皇帝陈友谅当时战败逃到黔阳鄜梁山古佛寺削发为僧，并在鄜梁山古佛寺寺门撰写了一则对联："一带乾坤身外小，两轮日月眼中低。"当地传闻，陈友谅最终在鄜梁山古佛寺的青灯黄卷中悟透禅机后坐化于此寺。

自古以来，埋上村不仅留下了众多的建筑古迹，如杨家大院、杨氏祠堂、书院、古井、古巷道，也在农耕生产中衍生出层次丰富的稻作梯田景观，是一个具有美丽田园风貌、敞开的山地民居博物馆。

（二）工商贸易遗存

位于山下垅的古商道为清一色的麻石铺垫，古商铺夹道而建，当年各商家的分界标志、商铺格局依稀可见。古商道地处湘黔古商驿道必经之地，自清初以来是湾溪周边的商贸集市，一直使用到 20 世纪 70 年代末，后因修建新集市而迁出。现行走于此，依然能见到当年的商铺、货箱等物件。古溪依着古商道而流，溪水两旁绿树成荫，是人们茶余饭后散步的首选。村边是溪流峡谷，隔岸是桃花林，湘黔古商驿道沿溪穿村而过。

因古峰山盛产麻石（花岗岩），当地的民间麻石雕刻工艺已经流传了数百年。相传当地麻石工艺始兴于明代。这种工艺被广泛应用于当地的寺院、宫观、书院、学校、祠堂、公馆、戏院、客栈、商店、民居、园林、桥梁等建筑。古村麻石工艺产品远销东南沿海，并出口海外。此外，铁艺、篾编、藤编、草编等仍流传民间，产品精美，广受好评。

第六节　乡土文化厚重的古楼坪村

一、村落概述

古楼坪村位于洪江市东部，是镶嵌于雪峰山西麓的一片沃野。古楼坪村清代属于太平乡太平里，现属洗马乡辖地，平均海拔 500 多米，山峦重叠，群山相对，只有很小的峡谷与外界相连，形成了一个独特而隐秘的聚落空间。

从空间格局来看，古楼坪村选址凸显了传统的风水理念，枕山、环水、面屏，是古人理想的人居自然环境。村子西依雪峰山脉，背靠狮形山，呈环抱之势，平溪河、大水溪、老树溪三溪环绕，平溪系资水源头。村落的东西两侧山脉连绵，南北为狭长盆地，平溪自北向南，是古楼坪村的主要用水来源。村庄所处地形地貌为山谷平地，巷道皆以麻石铺就。村中构筑多条排水暗壕。民宅屋宇相连，祠堂、学堂、桥亭等设施错落有致。清溪长流，群山呼应，构成优美的山水田园景观风貌，具有典型的传统村落特征。

从建筑形态来看，封建时代的乡族士绅以村庄为依托，将心力倾注于营建村庄田园生活环境，提升乡村生活品位，因而留下了众多的建筑文化遗存。古楼坪村作为传统宗族村落，整体布局上是以祠堂等公共建筑为中心成网状向外扩散。村落民居分为两类，一类以易孔昭故居为代表的"大院落"式，建筑行制与空间功能布局遵循汉文化的礼乐秩序，制度文化意义更重于实际居住功能需求。另一类是由一栋栋独立住宅此接彼连，同样体现礼乐秩序的生活理念，整体上形成气势恢宏的建筑群，维系整个村落的框架体系。在古楼坪村现存的民居中，有明代至民国时期的民居数十栋，主要是穿斗式木质结构，大多一两层，正屋两侧建厢房，体量均衡对称，呈现为南方汉族民居的传统风格。

古楼坪以易姓为主，占总户数80%以上；周姓与萧姓因与易姓通婚，成为易姓宗族的世代姻亲；其余杂姓多为1949年后陆续迁入。易姓从南宋年间迁入古楼坪逾八百年，是由聚族而居形成的血缘、亲缘、地缘共同体。

村庄的农业生产以种植水稻为主，不过受气候条件限制，一般只种一季中稻，品种分粘糯两类，以粘性水稻为主，糯性水稻为辅。从前村里种的是常规水稻，米质极为优良，但不耐肥。据说，旧时这里的糯米属于朝廷贡品，声名远扬。除种水稻外，村民还常在山坡上种干禾，做成干禾饭或干禾粑，味道令人回味无穷。袁隆平的杂交水稻推广后，这里成为杂交水稻制种基地，优良的杂交水稻种子，不仅销往全国各地，而且漂洋过海出口至国外。

二、乡土文化与历史传承

（一）儒学文化

据洗马《易氏族谱》载，南宋时期易氏先祖易子彬原居江西吉安，进士及第后任大理寺官员。易子彬是在新儒学的熏陶下成长起来的饱学之士，告老还乡之际归隐于偏僻的湘西南，既为避当世之乱，也是希冀为后嗣营造一个躬耕田园、修养身心之地。嘉定十七年（1224），他致士归籍时游历沅江秀丽山水，恰遇潘壬起兵谋立济王（史称"济王之变"），遂决意寓居黔阳，不久便携家人定居安江龙田一带，其子孙之后迁居于洗马。

黔阳洗马自古以来就有文化教育之乡的美誉。村内古时曾经开办过村塾，由数个村里人家共同出资聘师授徒，一所塾馆可授十几人。村塾以尊孔读经为宗旨，学习儒学启蒙经典。清代古楼坪有"槐花堂"，是洗马一带最早的书院。嘉庆进士易良俶曾在宫中辅王室子孙读书，他告老还乡后，曾将教学典籍与礼仪整理成册、传播乡里。光绪二十七年（1901）八月，乡绅易开甲、易孔时捐资，在古楼坪创办了当时黔阳县第一所乡村学堂，开新学教育之先河。崇文重教的耕读文化传统始终左右着族人的思想与行为，且逐渐成为一种集体意识，在经年累月的锤炼中，更显得历久弥新。

清代名臣左宗棠为《易氏族谱》题词曰："易姓在楚，推望族，黔阳尤大，代有积学励行之士，辈出其间。"在古楼坪的历代儒学名士当中，最负盛名的当属左宗棠之幕僚易孔昭。他十五岁时拜在湖南儒学名家黄本骥门下学习，咸丰年间因向曾国藩提出《平贼方略》和《水陆合攻策》获得赏识。不久被派往招募湘军，并率部攻入南京，生俘太平天国章王林绍章，事定之后辞归故里。同治年间，易孔昭协助左宗棠办理甘肃军需事务，并献计收复南疆。其后，他出任阿克苏办事大臣七年，署理安肃兵备道八年，前后镇守新疆二十多年，卓有政声，清政府赏二品顶戴、例授资政大夫、赠内阁学士衔。在回乡守服与闲居之时，易孔昭以读书与藏书为乐，家人为其翻晒一次典籍竟要十几天。他自书厅堂联："诗书得真乐，风云入壮怀。"充分显示出其"修、齐、治、平"的儒学精神与理想抱负。易孔昭作为古楼坪"乡贤"代表，在乡村与宗族中成为激励后世子孙的典范。孔昭之子易盛杭，因寿联、书法超群曾名扬京师。

在当代，易氏家族也有多位从事文化教育工作的传承者，比如有曾发挥承前启后作用的原吉首大学校长易盛泉，他任内吉首大学由师专调整为综合性大学；有以出版《大国空巢》和积极倡导"普遍二孩政策"

的学者易富贤；还有以独创"焦彩"画风闻名于世的花鸟画家易图镜；等等。左宗棠所赞，易氏"代有积学励行之士，辈出其间"，这其中缘由，既有家学底蕴的传承渊源，也有文化氛围的诸多熏陶。

（二）宗祠文化

易氏族人自卜居洗马后，子孙隆盛，人口剧增，编为九甲（相当于今村民小组），一甲易廷芳后裔大多居古楼坪。古楼坪修建的易氏宗祠成为易氏家族文化传承的象征。

祠堂圣地为族人祭祀祖先或先贤的场所，属于乡土社会中的礼制性建筑，是家族的神圣象征。宗祠文化既蕴含淳朴的传统内容，也埋藏深厚的人文根基，它涵盖有祠堂、祠产、祠约、祠堂建筑规制、祠堂陈列格式、祭祀礼仪，以及宗谱家乘、行派世系、传记事略等广泛领域，是极其重要的传统文化。

宗祠文化的首要功能是祭祖孝亲。宗祠文化以宗族血缘为纽带，通过供奉祭祀祖先、瞻仰祖先德能的方式，不断强化族人崇敬祖先、恪守祖训、敬老孝亲的宗族意识。易氏祠堂祭祀有严格的礼制，祭祖活动分为季祭、节祭、生辰祭、日祭等，重点放在清明祭，平时有守祠人进行日祭，对于日期选择、司祭仪式等都有规制。清明祭一般要宣讲族谱族史、宣读家训、三牲祭献等。祭祖仪式像是一种反复的演练，给族人以经年累月的熏陶，孝亲敬老逐渐成为当地的风尚。近年，乡里的易荣贤家庭被评为湖南省文明家庭，成为孝亲敬老的新时期典范。

宗祠文化的另一项功用是立规正俗。乡土社会中，宗祠是以族权为代表的最高权威象征物。祠堂作为行使族权的权威场所，宗族中被推选出来的族长和若干管事，总会在这里商讨、审议或者处理族内一些重要的事务，比如订立族规、约定民俗。《易氏族规八条》非常严明，内容涉及职业、家庭、交友等伦理规范，例如鼓励诚信忠实、勤劳持家、建功立业、和睦相处，严禁忤逆尊长、作奸犯科、狼狈为奸等。通过族中长老们反复地劝诫训导，这些族规族条演化为家族成员共同遵守的律令，成为族人熟知的乡规民约。

当然,宗祠文化最直接的教化功能是崇学重教。在古代,乡里的殷实人家只有少数能供得起家庭私塾。为解决普通乡民孩子就学,祠堂逐渐承担起学堂的功能,成为族人读书尚贤之地。先生由祠堂聘请,族人的男孩都可以入祠学习,先生的报酬从祠产中列支。受现代教育思想的影响,于1940年春,祠堂边又修建了乐群私立小学,容许女孩同男孩一样上学堂。这所学堂也是由祠堂会产拨付四百担田租,作为固定办学的经费,供族人子女上学。现今宗祠议事厅门上,还存有雕刻的清代书法家易盛杭(易孔昭之子)的墨宝,系以隶书所写的"大学之道",共165个字,立意深远,告诉后人易氏宗祠立祠之本。还有堂联、牌匾无一不是训勉后人好学上进、不断进取的内容,让族人在祠堂的文化活动中受到潜移默化的熏染。

此外,内外联谊是宗祠文化扩大影响的有效手段。易氏宗祠复修期间,理事会通过前往各地寻找先祖后人,加强了各地子弟间的联系,使易氏族裔达到了空前团结和兴旺。在家族凝聚力高涨的氛围激励下,族里的文化精英自发整合各种资源,共同完成了二十二万字的乡土志《洗马潭》,记录家族和乡村历史的变迁。这本乡土志就像一面镜子,折射出传统宗族村落延绵发展的沧桑历史。

(三)民俗文化

清代知县叶梦麟与教谕袁淑先都曾称赞洗马潭及古楼坪"风俗醇厚"。这种醇厚的风俗,是在漫长的岁月中形成的独特而又传统的习惯,千百年来一直劝导、规范、约束、教化着人们的行为。虽然随着社会的发展进步,有些已经成为过去,但其主流民俗经过历史衍变,至今薪火相传,生生不息。

古楼坪村民的饮食文化讲求生态自然,这大抵是受雪峰山区优良的生态环境所影响。村民的主食包括自种的粘米、糯米、红薯等,自产的萝卜、白菜、豆腐和各种瓜类都是餐桌上的常菜。村民饮食节俭,喜酸辣、素食，少荤腥，炒菜多用茶油、菜油，较少用猪油。这里盛产苦丁茶，村民喜爱喝用山泉水冲泡的苦丁茶。听说此茶有延年益寿之效。村民崇尚勤劳简朴、生态自然的生活方式，因此村里老人多长寿。根据2010年第六次全国人口普查数据，该村总人口1544人，八十岁以上的老人有70余名，百岁以上老人2名，老人人均预期寿命达80.5岁，是远近闻名的长寿乡村。

最能体现传统乡土文化的是古楼坪的节日民俗。当地一年之中有十五个节日，其中包括六个大节日和九个小节日，这些节日中，比较独特的是十月初二"过小年"，正月里喝"出行酒"、舞"断颈龙"灯，五月十五日"过大端午节"。

十月初二"过小年"，这在古楼坪是一个特殊的节日。这一天家家户户杀鸡宰鸭，舀粑打豆腐，走亲访友，很是热闹。"中秋的粑，重阳的鸭，十月初二杀鸡宰羊打糍粑"，这句流传已久的民谚，道出了当地"过小年"的喜庆场面。古楼坪人为什么把农历十月初二作为传统节日呢？根据当地传说，这与很久以前这里少数民族先民使用的历法有关，因为秦朝时期的历法是以十月为岁首。尽管现今居住此地的族人先祖是从南宋年间迁入，但数百年来同周边地区少数民族不断融合，移风化俗，便将"过小年"的习俗演绎进自身的节俗文化之中。

春节作为传统佳节，在古楼坪村也有别具一格的风俗。大年初一，村民所吃的第一样东西是"甜酒"，这是各家各户在腊月里自做的糯米甜酒。喝甜酒预示新年里生活幸福甜美，美其名曰"出行酒"。而且正月里，正式开餐前要吃"甜酒席"，一边喝甜酒，一边吃茶菜。所谓茶菜，就是些"开胃菜"，包括炒蒜丝、萝卜条、干豆角、腌萝卜、白糖醮酸椒等，酸、甜、香、辣各味俱全。

古村的年节文化中最有特色的是雪峰"断颈龙"灯会。根据当地传说，"断颈龙"演绎了一个古老的神话故事，是为了纪念中原的泾河龙王，它随着易姓族人南迁而传承于洗马及古楼坪。当地人仅知道此灯会代代相传，历史悠久，但不知"断颈龙"灯会始于何时，源于何故，地方史志和族谱上也都没有明确的记载。雪峰"断颈龙"灯会将传说和历史故事演化为一个带有祭祀色彩的民俗活动。龙灯由"万岁牌""宝珠""龙头"和十三节断开的"龙身"组成，其中"万岁牌"象征皇上，"宝珠"象征宰相，"龙头"和"龙身"象征被宰相魏徵误斩为十三截的泾河龙王。整个龙身用一条白质龙衣将十三个竹篾篓连接起来。由于灯会一般在晚上，所以在龙头和龙身内部都装有自制的蜡烛。在舞动的时候，龙头追着龙珠四下盘旋，龙身上下翻滚，光影穿梭，配以激昂的辰河高腔锣鼓乐曲，催动助兴，场面颇为壮观。有的龙灯队配有数十上百盏的散灯，有狮灯、花灯、蚌灯、故事灯、采莲船等，阵势更为庞大，围观者众多，成为当地最受民间百姓欢迎的民俗文化活动。该项龙舞艺术已于 2008 年成功申报为省级非物质文化遗产。

第四章　安江稻作文化的农耕工具

安江地区溪河密布、雨量充沛、四季分明，具有良好的发展农业的天然环境。安江人民世代以种植水稻为生，勤劳勇敢的安江人民经过不断丰富和发展，形成了颇具安江特色的稻作文化，而稻作文化的发展又是以稻作工具的不断发明与改进为标志，因此本章以安江稻作工具为叙述对象。

第一节　安江传统农耕工具

一、传统农耕工具概述

中国农业的历史悠久，但真正意义上的农业是从将农具作用于农事活动开始的。《管子·禁藏》记载："缮农具，当器械。"传统农具是相对于近现代农具而言的，中国传统农业工具是指历史上由中国人民发明创制并承袭沿用至今的农业生产工具，它是以人力、畜力以及水力、风力为动力，一般就地取材以竹、木、铁等为材料，结构简单、轻巧灵便、实用性强，一般为中小型，一具多用，易于移动。它的产生发展是社会生产力发展的重要标志，既包括劳动人民制作使用过的农业工具实物，也包括农业工具的制作工艺、使用方法及在农村、农业、农民生活中所体现的精神价值，前者属于物质文化，后者属于非物质文化。

中国作为一个传统的农业大国，在生产力水平低下的条件下，传统农具汇聚了传统农业生产智慧，形成了自己的独特体系：第一，传统农具充分利用自然力。通过观察传统农具，我们可以发现，对自然力的利用实在超乎想象，尤其是在借助水力和风力方面，特别顺乎自然。第二，传统农具各地发展状况不一。我国疆域辽阔，地理和历史条件差异很大，导致我国各地农具发展非常不均衡，北方发展旱地农具，江南则发展稻作农具；长江和黄河流域农耕文明发达的地方，农具先进，而贫穷落后山区的农具则比较落后。第三，中国农业使用农具历史悠久。在秦汉以前，古人就已经开始利用自己的智慧，将各种农用工具配合起来，取长补短，不断提高效率。第四，主要通过耕地整地工具带动其他农具的发展。古人最早发明的农具是耒耜，是用来犁田翻地的，其他农具都是在耕地农具的基础上发明和创造出来的。

传统农具依据用途、地域、环境的不同而分为不同的种类。从大的范围来看，有耕地整地工具、灌溉工具、收藏工具、加工工具、运输工具、播种工具、耕作除草工具等，而农家常见常用的农具包括犁、耙、刀具、斧头、锄头、箩筐、扁担、石磨、石碾、风车、水车等等。从最先出现的农具耒耜开始，经过几千年来劳动人民的不断创新改造，农具已经成为人类改造自然、繁衍生息的重要帮手，为人类文明进步做出了突出的贡献。

（一）原始社会时期

原始社会又被称为史前社会，可分为旧石器时代和新石器时代。

旧石器时代大约处于距今 2.5 万—1 万年以前。旧石器时代没有农业，原始居民主要是通过狩猎和采集来维持生存，这一时期人们虽然也对天然石块以及动物骨头进行有意识地打击磨砺，使之形成较为尖锐的工具，帮助切割或者狩猎，但这还不能算是真正的农具。

新石器时代从 1 万多年前开始，结束时间在距今 5000 多年至 2000 多年。新石器时代，使用磨制石器成为标志性的人类物质文化，包括各种石斧、骨针、木耒、石磨盘、有孔石锄、单孔长条石铲等。之后神农氏发明了耒耜，人类从传统的狩猎和采集时代，进入农业耕作文明时代。一开始是刀耕火种，广种薄收，主要利用石斧、木棒、天火和骨刀等农具，从事砍伐、烧荒、点种和收获等农业生产。耒耜的发明和应用，才开始了真正意义的原始农业。随后普遍出现石犁、石铲和石耜等耕地开荒工具，石镰、石刀、蚌刀、陶刀等收割工具，石磨棒、磨盘等生产工具及水罐等灌溉工具。

（二）夏商周时期

原始社会结束，进入夏商周时代，我国的传统农业文明获得了极大的发展。首先是沟洫农业，夏朝的第一个国王大禹治水，"尽力乎沟洫"，标志沟洫农业的确立。沟洫的作用在排而不在灌，沟洫农业是旱地农业而不是灌溉农业。其次是农业开始进入精耕细作阶段，商周时期，冶造技术有了很大的突破，青铜已经被人类发现并加以利用，于是这一时期的农具发展，也进入一个崭新的阶段，历史上称之为"青铜农具"阶段。人们尝试利用青铜来制作农具，结果发现青铜农具更加坚固牢靠，结实耐用。商代青铜农具种类有锸、铲、斧、锛等。到了春秋时期，青铜冶炼技术进一步发展，由此制作出更加复杂精巧的青铜农具，比如铜犁、铜镰、铜铲等。但由于铜属于相对稀少的金属材料，再加之统治者对农业的不重视，青铜大部分被统治者用来锻造铜鼎和酒器等奢华生活用品和礼器，真正用于锻造农具的青铜，其实数量很少。

因此这一时期，真正获得极大发展的，仍然是石器农具。商代已经出现通体磨光的石斧、石镰和石铲等，狩猎工具有石球、石镞等。另外，还有骨制品，比如骨鱼叉和骨铲等；蚌壳也是最主要的农具制作材料之一，商周时期蚌壳制品技艺成熟，使用方便，有蚌镰、蚌刀和蚌铲等。

（三）封建社会时期

秦始皇统一六国，建立封建大一统国家，中国进入封建社会。《史记·秦始皇本纪》记载："一法度衡石丈尺，车同轨，书同文字。"中央集权加强了各地之间的文化交流和传播，让农业文明得到了进一步的发展，农业精耕细作形成，铁犁和牛耕是主要标志。

我国最早制作铁制农具的时间，出现在春秋战国时期。根据《国语·齐语》记载："美金以铸剑戟，试诸狗马；恶金以铸钼、夷、斤，试诸壤土。"这里美金指的就是青铜，恶金指的则是铁。这是历史上第一次关于铁器制品的记载。自战国后，我国冶铁技术得到极大发展，再加上铁不像青铜那么精贵，所以能够广泛民用。因此，铁器农具在战国乃至秦汉时期，开始广泛运用。铁犁、铁杵、铁锄、铁斧、铁铲和铁镰等大量出现。直辕犁、犁壁、耧车、龙骨水车、风车等，也是这一时期的发明创造。

秦汉魏晋南北朝时期，北方旱地农具发展迅速，逐渐完善定型。除上述农具外，还有利用齿轮传动和水传动的水碾和水磨。农具开始参与到耕地、播种、耕作、除草、施肥、除虫、灌溉、收割、脱粒、加工、运储等各个环节。这是我国古代历史上农具发明和发展完善繁荣阶段。

唐宋至明清时期，中国的经济中心已经从北方逐步转移到长江以南地区。江南成为鱼米之乡，农业生产得到了进一步的发展，形成了南方水田精耕细作体系，由此发明了许多新的适合水田生产环境使用的农具。隋唐时期发明了水轮，两宋时期则发明了专门用于水田耕作的铁犁、水田耙，播种栽秧的秧马等。到了元代，以南方水田种植和北方旱地种植为不同代表的两种农业耕作体系，得以确立和完善。因此，用于不同种植环境的配套农具也形成了完整的体系，在传统农业范围内，已经达到接近完美的程度。到了明清时代，农业耕作的特点是精耕细作持续发展，所以传统农具更加复杂化、个性化、专业化。不管是南方还是北方，农具的基本形态已经定型，并且开始相互交流融合，促进了一些新式农具的发明和创造。明代发明了人力犁"木牛"、稻子脱粒用的稻床；清朝发明了深耕犁和专门用于捉虫的虫车。《天工开物》记载的明清时期的稻桶和风车与现代农具没有太多区别。换句话说，现代农村使用的大多数农用工具，在明清时代已被广泛运用并且逐渐定型完善。

关于中国传统农具的研究，唐代陆龟蒙的《耒耜经》是早期代表作，集古代农具之大成者是元代的《王祯农书》，近年来学界对于传统农具的研究取得了众多研究成果。其中，《馆藏中国传统农具》[①] 一书中，对中国农业博物馆所藏的 1100 多件中国传统农具做了系统整理，并将其分为 11 类编排介绍：第一类是耕地整地工具，包括犁，牛轭、耕盘，镐、锄、镢、锨，耙、耱、耖等四种；第二类是施肥工具；第三类是播种工具，包括点播、条播、水稻移栽、盛种、覆土镇压五种；第四类是中耕工具；第五类是排灌工具，包括戽斗、辘轳、牛转翻车、拔车、水转翻车、手唧筒六种；第六类是收获工具，包括收割、脱粒、堆垛、翻晒、筛选簸扬五种；第七类是运输工具，包括背类，绳、筐类，车船类三种；第八类是加工工具，包括谷物食品加工，碓、磨、碾、簸箕，油料加工，薯类加工，茶叶加工，奶类加工，纺织，编织等；第九类是饲养工具；第十类是劳动保护工具，包括笠、蓑衣、背篷、臂篝、薅马、苗推六种；第十一类是渔猎工具，包括捕鱼、狩猎两种。

二、高庙遗址出土农具

高庙文化距今 7800—6800 年，属新石器时代，不是狭义地指某一单独地点的考古学文化，而是一个区域，至少是沅江中上游流域地区的普遍史前文化，整体高庙文化遗存所反映出的区域性文化特征也是十分鲜明的。[②] 因此高庙文化遗址包括洪江市高庙遗址，辰溪县松溪口、征溪口遗址，吉首市河溪教场遗址，泸溪县下湾遗址。而且在高庙遗址上部地层堆积中一般还有大溪文化和屈家岭文化遗存，距今 6300—5300 年。

---

① 雷于新、肖克之：《馆藏中国传统农具》，中国农业出版社，2002。
② 贺刚、陈利文：《高庙文化及其对外传播与影响》，《南方文物》2007 年第 2 期。

20 世纪 80 年代以来对这些遗址进行了多次发掘，取得了重大的成果。贺刚最新研究显示，他整理的洪江高庙遗址出土遗存中在距今 7400 年前的文化层中发现了碳化稻谷粒，并在高庙先民的石器上发现了稻谷和薏米的淀粉粒，经检测分析已确认无疑。在安江高庙遗址中，出土的农耕生产工具有石斧（60 件）、石锛（13 件）、石铲（11 件）、石刀（14 件）、石凿（11 件）、石锤（30 件）和陶纺轮等;[①] 生活用具多为实用陶器，有罐、钵、碗、簋、豆、杯、瓮等，多慢轮制作或手制轮修，还有少量白陶祭器。另有玉璜、玉玦、玉钺等。

在距今约 1 万年前，中华先祖历经远古漫长的混沌蛮荒时期，进入了新石器时代。由于生态变化和人口增加，野生植物已无法满足人类生存的需要，原始人类从原始渔猎时代开始步入原始农耕时代。以半坡遗址为代表的北方农耕文化与以河姆渡遗址为代表的南方农耕文化是我国原始农耕文化的两大组成部分，具有明显的共同特征：第一，使用磨制石器；第二，具有原始种植业；第三，开始饲养家畜；第四，建造房屋，开始定居，并开始原始制陶和纺织，原始村落（也称聚落）诞生了。[②] 高庙文化遗址与之比较，具有相同的特征，因此可以推出以下基本结论：一是沅江流域在新石器时代开始由原始渔猎时代逐步过渡到原始农耕时代。二是沅江流域在新石器时代开始了原始水稻种植，"碳化稻谷粒"足以证明雪峰山高庙遗址周围地区、沅江中上游一带在 7400 年左右已经萌芽史前稻作农业。三是沅江流域居民建造房屋，开始定居，形成了聚落。四是制造并使用工具。五是会制陶和纺织。

三、安江现存农耕工具

中国农业经历了原始农业、传统农业和现代农业等不同历史形态的

---

① 湖南省文物考古研究所：《洪江高庙》，科学出版社，2022，第 211—230、1289 页。
② 高万林：《中华农耕文化科普读本》，人民教育出版社，2018。

依次演进，农耕工具也随着生产力的不断发展经历了木器石器到青铜器到铁器再到智能化的农业工具的变迁。现在我们所讲的农业工具一般指传统农业工具，其实在这些农业工具中，专门的稻作生产工具并不多，也很难区分，只有使用的频次之分，因此，在这里讲"稻作工具"只能是指那些在从事稻作生产时用的次数多的农耕工具。通过对洪江市湾溪乡调查发现，现存还在使用的稻作工具有犁、耙、锄、刀、磨、筛子、簸箕、仓等。下面按其功能和使用范围简单进行介绍。

（一）整地造田中耕工具

安江地区以山地为主，兼有丘陵与河谷平原，土地面积3260310亩，其中山地73.56%，丘陵17.72%，岗地2.26%，河谷平原3.32%，水面3.14%。从现存的整地工具来看，在稻作农耕生产活动中，已普遍使用犁、耙、锄、刀、八棒锤、钢钎等生产工具。安江地区人民正是用这些工具开垦出了不同类型的溪河谷地垄板田和山地梯田。

1. 犁

犁是传统农业中应用最为普遍、最为先进的生产工具，主要用作翻地。安江地区的犁一般为单柱犁，铁木结构，由犁辕、犁剑、犁铁、犁托、犁把组成。犁田时为了与牛配合使用，还有一套工具如连圈（俗称"牛纠子"）、牛王棍、牛轭、牛缆、牛绳、牛笼头、牛梢棍子。犁的铁质部分为犁铁，犁铁弯弯两头翘，犁头尖锋，其余为木质部分。犁辕长120—130厘米，犁剑高100厘米，犁铁长58厘米、宽22厘米，犁托70厘米，犁把长20厘米，整架犁重10公斤。一般由一牛套牵引，牵引牛缆单线长2米，可日耕6石谷田左右。康熙初年黔阳知县张扶翼《春耕》描述了安江地区春耕的景象："向小扶犁课石田，茸茸细草雨如烟。也知食尽酬炊妇，未布春苗那得馕。"

相传神农氏"因天之时，分地之利，制耒耜，教民农作"，成为农业的始祖。耒耜即"犁"的最初形态，因此犁也被称为"农具至尊"。《王祯农书》中指出："犁，垦田器，释名曰：犁，利也。利则发土，绝草根也。利从牛，故曰犁。"

关于犁的使用，犁和牛一般是配合在一起使用的，犁把式都是做农业的里手，在记工分的年代都是评10分的底。牛耕地流传最广的一句笑话就是电影《刘三姐》里罗秀才的一句歌词——牛走后来我走先，安江地区于是就有了戏谑读书人的话："读书读到牛屁股里去了。"正确使用犁的做法是"扶犁向前看，犁田一条线"，同时也寓意做事做人都要看得远，把握好方向才能成功。

安江一带有"冬至前犁金，冬至后犁银，清明前犁铁，清明后犁土"的俗语，说明犁田特别需要把握好农时，才能获得好的收成。清代本土诗人黄天佑在《省催科》一诗中进行了描绘："女解蚕桑男解耕，丝成稻熟庆丰盈。别无胥吏追呼急，拜手公堂献兒觥。"表达了安江人民对男耕女织安静恬淡美好生活的向往。

2. 耙

耙是一种碎土、平整水田的农具。稻田犁过之后要进行灌水，为了让稻田的泥巴变得酥烂，就要进行耙田。元代《农桑辑要》引《种莳直说》指出："犁一耙六，耙功不到，土粗不实。耙功到，土细实。"《王祯农书》中《农器图谱·耒耜门》指出"陆龟蒙曰：所以散拔去芟，渠疏之义也"。耙由耙梁、耙齿、耙杆等部件组成，可以是全木质的，也可以是全铁质的，还可以只有横梁是木制的。耙梁长100厘米，耙杆高50厘米，耙齿长23厘米，耙齿木制的有24颗，代表一年二十四节气，铁质的有12颗，代表一年有12个月。耙田的次数一般由稻田的土质决定，安江地区传统的做法是"三犁三耙"。所谓三犁三耙，是指在栽秧（只插一季）之前，要将水田犁三遍、耙三遍，这是传统稻作农业最基本的农事活动。

第一犁，是在打完谷子、收完谷草之后做的，最迟不超过立冬，并且是越早越好。为什么？因为在打谷子时，必然会有一些谷粒洒落在田里，及时翻耕田土，会把洒落的谷粒埋入田里，谷粒沤烂之后就会增加稻田的肥力。来年翻开田里的泥巴就会看到，"一颗谷子烂了，周边的泥巴都要黑一团"。"八月犁田满碗油，九月犁田半碗油，十月犁田光骨头"是安江一带的民间俗话，可能有些夸张，但也有一定的道理。

第二犁，每年春分过后，去年没有犁头道的田，要赶快补犁；犁了头道的田，要耙田了；耙了头道的田，要犁二道。总之，要在谷雨之前，把所有的水田都二犁二耙，才不会耽误栽田。

第三犁，一般安排在栽秧的前几天，而第三次耙田就是在栽田的当天耙的。耙田时，要把田泥耙平整，泥巴都要混到水里，成为一田浑水。所以，又把第三次耙田叫作"打浑水田"。打了浑水田，再插秧，浑水里的泥沙会慢慢沉下来，才能稳住刚插的秧苗，使刚插的秧苗不会漂起来。农民的说法是：浑水田打得好，就不会"漂秧"。

3. 锄

锄是造田、中耕、田间管理的主要工具，根据用途的不同可以分为挖锄、板锄、搭耙、秧锄。在农村传统家庭，一般至少配备一套锄头，锄为铁，把为木，在造田及农耕劳作中普遍使用挖锄和板锄。挖锄呈条形，上下一样宽，锄长50厘米，把长120厘米，重2.5公斤。板锄相比挖锄薄一些，上窄下宽，呈三角形和月牙形。大锄面长30厘米，宽18厘米，重3公斤，棒长120厘米；小锄面长28厘米，宽14厘米，棒长120厘米。挖锄和大板锄用作新垦梯田及开挖水沟，小板锄主要用作中耕除草。搭耙铁质部分由4个耙齿组成，主要用来搭田坎。

搭田坎，也称糊田坎。搭田坎时，人必须下田，站在水田泥里，用搭耙捞起田里的稀泥，把稀泥一耙连一耙地搭在田坎上，并用搭耙压实，每搭完一段田坎，再用搭耙齿修整光溜，或者用脚板抹均匀弄光滑。搭田坎是力气活，也是技术活，如果搭田坎不落脚，稻田蓄水时就会漏水，严重时会造成崩坎，因此当地把搭田坎不到位的戏称为"蛤蟆歇凉"。

4. 刀

刀有柴刀与磨镰刀之分，是造田和中耕辅助工具。柴刀，铁质部分长约 40 厘米，宽约 5 厘米，刀把长 15—20 厘米，用于开荒造田或砍除田坎上的乔木。上山狩猎或下田劳作一般随身携带一把柴刀。磨镰刀比柴刀刀面窄，刀身稍长些，主要用在田坎上砍田坎和割草。

5. 八棒锤

八棒锤主要用于造田时开凿岩石。八棒锤由锤和柄两部分组成，锤由铁与钢或其他金属炼制而成，锤重从 1—10 公斤不等，锤长 18 厘米左右，锤宽 10—20 厘米不等，锤柄 30—90 厘米不等。

6. 钢钎

钢钎主要用来撬岩、开岩，用纯钢打制而成，短的也叫錾子，长 15—150 厘米不等。

（二）稻作播种收割运输用具

1. 镰

镰属于水稻刈割工具，刀刃呈锯齿状，人们常把锄、镰、犁、耙称为传统农具的"四大件"，可见镰的重要性。镰也是最古老的器具之一，早在旧石器时代已经存在。镰的形制基本未变，形似一弯新月，一柄一头式，柄与头垂直安装，便于收割。《王祯农书》中有记载镰的一首诗："利器从来不独工，镰为农具古今同。芟余禾稼连云远，除去荒芜卷地空。低控一钩长似月，轻挥尺刃捷如风。因时杀物皆天道，不尔何收岁杪功？"

中国共产党的党徽由镰刀和锤头组成，镰刀代表农民阶级，由此可见镰刀与农民的关系是多么的密切和重要。

2. 斝桶

斝桶是稻谷脱粒的重要工具，用杉木板制成，至今还在广泛使用。斝桶长约 180 厘米，宽约 175 厘米，高约 80 厘米，一个人就可以负载到梯田里去，使用时在田中随意拉动。由两人各在一端双手握紧一定数量的禾把子在板上揽谷脱粒。

3. 晒簟

晒簟亦称晒垫，是农户用于晾晒稻谷及其他农产品的竹席。全由竹篾编织而成，一般长 4 米，宽 2 米多，不用时可以卷成一筒存放。

4. 扁担

扁担是生产生活中的工具，是田间搬运货物的便捷有效的工具。用竹子或木头制成，长 150 厘米左右，宽 10 厘米左右，扁而长，可单独使用，一般与箩筐或畚箕配合使用。还有一种专门担草的扁担，也叫钎担，用一截圆竹做成，一般长度超过 200 厘米。

5. 箩筐

箩筐是装运稻谷浸种播种的主要工具。用竹篾编制而成，一般分为谷箩和米箩两种。

6. 畚箕

畚箕是运送肥料的工具，传统农业用来运送猪牛粪肥田。安江一带方言读音为"瓢箕"，用竹篾编制而成。

7. 淤桶（粪桶）

淤桶类似于普通木桶样器具，是用来装运大粪的工具。过去，农家常说，"庄稼一枝花，全靠肥当家"，这个肥主要是农家肥，主要靠畚箕、淤桶运送。

（三）稻作灌溉工具

水稻水稻，有水才有稻，水是稻的娘。安江地区主要属丘陵山区，在沅水和溪涧水的冲积作用下形成了大量河谷与溪谷的小平原，因而在引水灌溉工具上与开阔的平原地区是不同的。

1. 笕

山区常见的一种引水工具，可以用整根竹子做成，也可把竹子剖开，只要把竹节凿穿即可；还可以用木头做，只要把圆木从中凿条槽子即可。根据引水距离，可长可短，根据水量大小中间槽子可宽可窄。《农政全书》称笕为"连筒"，并解释道："以竹通水也。居相离水泉颇远，不便汲用，乃取大竹，内通其节，令本末相续，连延不断，阁之平地，或架越涧谷，引水而至。"现在有的偏远山村仍然能看到这种竹笕，竹笕纵横交错，把高山上的水引到低处，也可以用于生活取水，一年四季，清流不断，别有一番趣味。在现代化的乡村，竹笕大多已被塑料制品水管代替。

2. 筒车

筒车亦称"水转筒车"，是一种以水流做动力取水灌田的工具。筒车是安江地区河谷冲积平原使用的一种灌溉工具，用竹子或木头制作而成。先做一个大立轮，再用圆木制成滚筒将其架起，在滚筒上安装几十根骨架起支撑连接作用，圆轮的周围还装有木叶轮和许多中空、斜口的大竹筒。上下各有一个轮子，下轮一半淹在水中，两轮之间有轮带，轮带上装有很多三四十厘米长的竹筒管。流水冲击下面的水轮转动，竹筒就浸满了水，并自下而上地把河水带到高处倒出。

筒车造型美观，动作飘逸，行云流水，从其诞生始就引起文人学士的兴趣，成为历代文人的歌咏内容，具有极为丰富的文化内涵。关于筒车最早的记载是唐末陈廷章的《水轮赋》，赋曰：

水能利物，轮乃曲成。升降满农夫之用，低徊随匠氏之程。始崩腾以电散，俄宛转以风生。虽破浪于川湄，善行无迹；既斡流于波面，终夜有声。观夫斫木而为，凭河而引，箭驰可得而滴沥，辐辏必循乎规准。何先何后，互兴而自契心期；不疾不徐，迭用而宁因手敏，信劳机于出没，惟与日而推移，殊辘轳以致功，就其深矣；鄙桔槔之烦力，使自趋之……回环润乎嘉毂，浒至逾于行潦。钩深致远，沿洄而可使在山；积少之多，灌输而各由其道。尔其扬清激浊，吐故纳新，辗桃花之活活，摇杏叶之鳞鳞……

（四）稻作存储加工工具

1. 仓

仓过去专指收藏谷物的建筑物，现在泛指储藏物资的建筑物。国家有国库，老百姓家家户户也都有自己的仓库，只是大小不一，中国社会自古就"仓廪实而知礼节"，"仓库有粮，心中不慌"。

2. 桶

桶是存储谷物的辅助工具，大小不一，形状一般为圆形或扁圆形。木头制作，装谷的叫谷桶，装米的叫扁桶。

3. 风车

风车是一种用来去除水稻等农作物籽实中杂质、瘪粒、秸秆屑等的木制传统农具，传说是由鲁班发明。风车设计巧妙，由车架、外壳、风扇、喂入斗及调节门等构成。将稻谷放进喂入斗内，摇动把手，转动风扇，开启调节门，让稻谷及杂物落下，在下落过程中，扇叶转出的风就会把较轻的稻叶和秕谷等吹走。风车下部分别装有两只木斗，靠里边的木斗可以接到饱满的稻谷，靠外边的小木斗用来接秕谷及杂物。有些老年人还会一边摇风车，一边念念有词："壮谷好谷落黄金，菩萨保佑好年成！"风车至今还很有用处。

4. 碾子

碾子是稻谷去皮的工具。用石头制作而成，由碾磙子、横梁木和碾盘组成。使用人力、畜力或水力。

5. 磨子

磨子是稻米精加工工具，可以把去皮的糙米加工成精白米，也可以把米磨成粉或浆（磨的时候加水）。用石头制作而成，分上下两片，相对面刻有槽子，精加工稻米的槽子粗、稀一些，磨粉用的槽子细密，使用畜力或人力。

6. 碓

碓是把稻米加工成粑粑的工具。用石头制成，也可用来去皮。分为两种，一种是先把稻米用水泡胀，然后捣成粉，打成粉粑；一种是把稻米蒸熟，然后打成糍粑。

7. 铁锅

把稻米由生变熟的工具，历史悠久，司空见惯。随着生活条件的改善，大家越来越怀念铁锅煮的饭，香喷喷的，非常好吃，特别是铁锅的锅巴粥，更是迷住了千千万万的食客。

（五）稻作计量工具

1. 石

这里石读音 dàn，古代计量单位，沿用至今。作为容量单位，10 斗为 1 石，也就是用谷箩装满为 1 石；作为重量单位，1 石为 100 斤，一般以稻谷为参照物；作为面积单位，1 亩为 6 石。

2. 斛、斗、升

斛、斗、升指稻米的量器具。斛和斗形状一样，只是大小不一，圆锥体，口小底大，升子四方形，上下一样大，1 斛为 2.5 斗，10 斗为 1 石，10 升为 1 斗。

此外，现在还尚存一些竹制稻作工具：竹篓——俗称"篓篓"，有方形和圆形两种，大小不一，使用时配上绳背在背上，主要作为运输工具。簸箕——俗称"团箱"，呈圆盘状，以篾圈围固边沿，大者直径约1.5 米，小者直径约 1 米，供簸谷和晒食物之用。筛子有米筛也有灰筛，均由细篾片经纬网编制而成，作去粗取细用。

四、传统农耕工具价值

安江传统农耕工具是当地人们世代相承、与生活密切相关的一种文化形态，既是农耕历史发展的见证，又是弥足珍贵的文化资源。

（一）历史价值

安江传统农耕工具是展示农耕历史的活化石，它真实地记录了当地人民在稻作生产实践中艰辛劳作的过程。稻作农耕工具蕴含丰富的历史知识，具有真实生动的历史传承和传播价值。"民以食为天"，粮食是人类最基本的生存资料，在推进工业化、城镇化、信息化的过程中，必须牢牢守住耕地红线，牢牢把饭碗端在自己手里，要保护好农耕文明，传承好农耕文脉，留得住乡愁，记得住乡愁，也望得见乡愁。

（二）文化价值

安江传统农耕工具中蕴含了丰富的文化内涵，比如稻作农具制用习俗、稻作农具制作技艺，以及因稻作农具使用而创作的绘画、诗文、歌谣等。在传统的农村社会中，学会使用农家工具是重要的生存之道，如俗语"犁田打耙不误人"；传统农业家庭理想的传家模式，如家训"耕读传家，忠孝为本"；做人要宽宏大量、厚德载物，"大斗能容天下难容之事"，"斗"是量谷物的计量工具，肚子大，通"肚"；意寓中华农耕文化精髓，天、地、人相互协调、相互制约、和谐统一的"三才"观，"因地制宜、因时制宜、因物制宜"趋利避害的"三宜"观；铁耙有 12 颗耙齿，代表一年 12 个月，且年年轮回；谚语"穷人莫听富人哄，桐油花开才下种"；还是文学作品歌咏的对象，雍正版《黔阳县志》载本土诗人黄天佑《课农绎出桑》："露冕时巡紫陌头，关心民隐听啼鸠。桑田税处勤耕织，丝满缲车粟满篝。"这首诗反映了当时劳动人民农勤奋劳作、持家度日的美好生活。

（三）教育价值

安江农耕工具造型优美、风格多样，富有地方特色，简单而不简约，因而也是展示文化自信和乡村美学的重要教育载体。它真实地体现了人们农耕生产的艰辛劳作过程，蕴含着丰富的历史文化内涵，是中华优秀传统文化的重要组成部分。在高质量发展的新时代，面对世界百年未有之大变局，我们在牢固树立中华文化自信的同时，更应向世人展示出中华优秀文化的精华和最原始根基的部分。

（四）经济价值

农耕工具作为安江稻作文化的杰出代表，还具有经济开发的优势。从当前情况来看，稻作工具的经济开发优势主要表现为商品生产、旅游开发、间接促进当地经济发展等方面。因此应尽可能进行市场化运作，促进传统稻作工具保护开发的良性循环发展。

第二节　安江农耕工具变迁[①]

一、农耕工具变迁历程

洪江市稻作工具经历了一个不断丰富发展的过程。在材质上，由木石发展为青铜，再发展为铁质；在功能上，从原始的掘挖、脱粒发展为整地、播种、中耕、灌溉、收获、加工及收藏等多种工具；在动力上，由人力发展为畜力、水力，由简单发展为复杂。1949 年以后，稻作工具逐渐发生了变化，主要表现为一是改进传统手工工具，二是推广使用半机械、机械农具。大致经历了如下几个阶段：

1956 年前为农业机械示范阶段，安江农校的一台拖拉机在安江附近农村做耕作表演，湖南第一纺织厂（安江纱厂）用抽水机帮助农民抗旱，县属有关部门有重点地推广一批以煤气机为动力的抽水机。

1957 年至 1969 年为机械农具推广阶段，打稻机和喷雾器已在全县农村普遍推广，部分社队开始用拖拉机耕作、抽水机排灌。

1970 年至 21 世纪初为机械农具发展阶段，特别是农村实行联产承包责任制后，农户自购农业机械增多，农机拥有量迅速增加，拖拉机和抽水机逐步普及，各种农副产品加工机械迅速增多。

2000 年以后为现代农业机械发展阶段，农业机械装备电气化、系统化、体系化、智能化。

在具体农耕工具的变迁上也可以看到这样的发展演进历程：

（一）耕作机械

1958 年成立黔阳县农机站，作为专门从事管理、推广农业机械化的政府部门。

[①]　本节参考《黔阳县志》第六章《农机农具》，中国文史出版社，1991，第 327—330 页。

1958 年黔阳县购置中型拖拉机 9 台，共 233 马力，1959 年全县用拖拉机耕地 6000 亩。

1965 年，硖洲公社及该公社仁建大队各购进中型拖拉机 1 台，亦为生产队代耕。

1972 年，全县共有大、中型拖拉机 21 台、762 马力；手扶拖拉机 56 台、514 马力，蒲滚船 7 台。至 1978 年，拖拉机普及生产大队，全县大中型拖拉机增加到 96 台、3341 马力，小四轮 2 台、30 马力，手扶拖拉机 450 台、4450 马力，蒲滚船 187 台，机耕船 11 台，机耕面积达 12.3 万亩。

1981 年以后，农村实行家庭联产承包责任制，拖拉机也随之承包到户或售给农民，部分农民还新购了一批拖拉机，至 1985 年，全县共有拖拉机 887 台、10365 马力，其中大、中型拖拉机 36 台、1299 马力，小四轮拖拉机 9 台、200 马力，手扶拖拉机 842 台、8871 马力。

（二）植保机械

1953 年开始推广单管式和背包式手动喷雾器。

1956 年，全县共有喷雾器 124 部，喷粉器 98 部。

1969 年，共有喷雾器 3072 部，喷粉器 990 部，平均每个生产队 1.72 部。

1970 年，开始使用动力植保机械，推广动力喷雾器 15 部，动力喷粉器 7 部。至 1979 年，动力喷雾器已达 392 部，喷粉器 25 部，连同手动喷雾器 5858 部，喷粉器 1604 部，平均每个生产队 3.32 部。

1981 年以后，家庭承包的农户中，添置手动植保机具的增多，动力植保机械相对减少。至 1985 年，全县农村拥有手动喷雾器 32740 部，动力喷雾器 109 部，户平均 0.48 部。

（三）插秧机械

1959 年引进醴陵 2 号插秧机 2 部，仿制 1 部，是年 4 月在硖洲公社溪边大队试插 140 亩。

1960 年，县、公社、大队层层成立插秧机制造和推广小组。共生产 59 型半自动插秧机和醴陵 2 号简易插秧机 4094 部，由于设计不合理，劳动强度大，且分秧不匀，断秧、缺蔸多，1961 年停止使用。

1967 年，引进 2 台广西-65 型手扶插秧机，1969 年再购买 50 台。后停止使用。

1971 年，县农具机械厂自制的插秧机和 1972 年从溆浦县购进的东风-2 型插秧机均未能成功使用，未得到推广。

（四）收割机械

1955 年 8 月，县农机研究部门试制一批脚踏式人力打稻机，未设装谷桶，只能用于场地脱粒，未推广。

1967 年将打稻机与扮桶结合为一体，1968 年推广 52 部。至 1979 年增加到 5911 部，平均每个生产队 2.5 部。

1981 年后，人力打稻机小型化。1985 年，全县共有 17696 部，比实行承包责任制前的 1979 年增加 2 倍。

1967 年，开始在人力打稻机上安装 3—4 马力的汽油机或柴油机作动力，至 1980 年共改装 627 部，1985 年仅存 13 部。

（五）加工机械

从 20 世纪 60 年代中期开始推广小型碾米机，1971 年发展到 479 部，至 1985 年已完全取代旧式碾米工具。

二、现代农耕工具发展

现代农业与传统农业显著的区别之一是农业机械化综合化使用水平的高低。截至 2021 年，洪江市农机总动力 39.92 千瓦，农机保有量 13 万余台，农业综合机械化水平已达 53.19%，水稻生产机械化综合率 66.86%，其中机耕率 98.84%，机插率 18.81%，机收率 82.93%、粮食（种子）烘干率 14.50%，全市农机总动力达 36.48 万千瓦。拥有大中型拖拉机 132 台、小型拖拉机 40 台、联合收割机 384 台、水稻插秧机 195 台（其中乘坐式 24 台）、粮食烘干机 27 台。农机合作社总数达 20 个，其中省级扶持的现代农机合作社 11 家，共有农机大户 21 个，农机经营总收入达 4.4 亿元，农机合作社流转土地自主经营面积达 11307 亩。大中型、先进适用、高效节能环保的农机得到了较快的发展，小型高耗能机械增速明显下降。农机数量稳步增长，作业水平不断提高，基本建立了适应农业发展需求的农机化社会服务体系，实现了农机化水平由中级阶段向高级阶段的整体跨越，全市农机工作呈现出健康、持续、快速发展的良好势头。

（一）机耕工具

洪江市从 2005 年开始引进微耕机，由于轻巧适用、耕作效益高，深受广大农民的喜爱，因而微耕机在丘陵山区得到迅速推广和普及，普遍替代了牛的作用，彻底告别了几千年的传统耕作方式。2007 年黔城镇塘冲湾村村农民贺远海购买了洪江市第一台纽荷兰-404 轮式拖拉机，开创了自土地联产承包责任制以来使用大中型拖拉机耕作的先河。洪江市共拥有小型耕地机械（以微耕机为主）2.5 万余台，大中型拖拉机 132 台，水稻机耕面积 27.2 万亩，水稻机耕水平达到 97.84%。

（二）育插秧工具

2005 年洪江市农机推广站开始推广水稻机械化育插秧技术，2006 年黔城镇农民邱光辉购买了洪江市第一台手扶插秧机，开始机械化育插秧。2015 年洪江市烟溪农机化种植专业合作社购进了洪江市第一台高速乘坐式插秧机（洋马 VP6D），开创了真正意义上的机械化插秧的先河。洪江市共推广插秧机 195 台，其中高速乘坐式插秧机 12 台，实现机插秧 36000 余亩。

（三）农用无人飞机植保

2018 年塘冲湾农机合作社购入了洪江市第一台无人植保飞机，标志着洪江市的病虫害防治正式进入飞防时代。2019 年洪江市已推广农用无人植保机3台，主要用于水稻、油菜的病虫害防治，作业效率可达15—40亩每小时，效率要比人工喷洒至少高15倍以上，平均可节省人工成本10元以上每亩，既解决了正常情况下的各项喷洒作业，又满足了病虫害大爆发时快速灭杀的要求，实现统防统治。无人植保机可在施药作业过程中携带低稀释率、高浓缩药水进行均匀喷洒作业，远离人群与操作人员，减少了人员暴露在药品环境中的时间，避免了人工操作过程中对人体的伤害。洪江市共推广农用植保飞机8台，飞防作业15000余亩。

（四）收割工具

20世纪末洪江市农机局就开始了水稻机收试验示范，2005年安江红村一廖姓村民购买了洪江市第一台履带式稻麦联合收割机（龙舟4LZ-1.8），开始为农户提供有偿水稻机收服务。由于水稻收割机收割效益高、损失小、谷粒干净从而深受广大农民喜爱，因此水稻收割机得到快速推广。到目前为止洪江市共拥有水稻收割机384台，实现水稻机收17.8万亩，水稻机收水平达到64.06%。

（五）烘干工具

2014年洪江市制种大户石祖清引进洪江市第一台谷物粮食（种子）烘干机（金子CEL-1000）用于杂交水稻种子烘干，到目前为止洪江市共推广谷物粮食（种子）烘干机27台，年烘干粮食（种子）16200余吨。

（六）现代农机合作社

2012年洪江市农民邱续华注册了市内第一家农机合作社。目前全市共有农机合作社20余家，入社农民470余人，注册资金13809万元，流转土地11307余亩，农机合作社水稻耕、种、防、收、烘机械化率达98%以上，带动周边机械化率提升10%以上。2014年至2018年建成省级扶持现代农机合作社11家，建成省级现代农机合作社示范社1家。

第五章　安江稻作文化的民间习俗

安江地区在长期的水稻栽培种植过程中，形成了许多与稻作相关的民间习俗，这些稻作习俗是人们在长期的稻作农业发展中形成的生产生活习惯风尚，凝聚着特定的文化趣旨、审美价值和信仰观念。本章重点阐述安江稻作文化的农耕生产民俗、农耕生活民俗、文学与艺术、观念与信仰。

第一节　农耕生产民俗

农耕生产民俗是在以农业耕作为主要生产活动中产生和遵循的民俗。水稻种植业在相当长一段时期内是安江地区最主要的农事生产，它为当地人们提供了丰富的物质生活资料，它孕育的民俗文化成为人们精神生活的重要依托。

一、耕作习俗

（一）"丁日播种"

据《黔阳县志》记载，安江地区在古时有"丁日"播撒稻种的习俗。[①] 这种习俗就是农民在水稻种植过程中，选定由干支纪日法的丁卯、丁丑、丁亥等"丁日"播撒稻种。播撒稻种下田当日，人们在田塍上用

---

① 黔阳县地方志编纂委员会：《黔阳县志》，中国文史出版社，1991，第660页。

一叠纸钱，平行插上三炷香，左右两炷弯成弓插入土，中间一炷直插，象征弓箭，表示"下射虫、鼠，上驱雀鸟"，即除虫害和驱鸟雀，以此寓意确保当年水稻生产丰收。随着社会发展和耕作水平的提高，这一习俗已逐渐在安江地区消失。

（二）"开秧门"与"关秧门"

插秧是安江地区水稻种植生产活动中的主要民俗事项之一。在长期的劳作中，安江地区劳动人民在移栽水稻秧苗前与移栽完成后，分别举行"开秧门"和"关秧门"仪式。

水稻移栽前，人们习惯要举行一种重要的仪式，那就是"开秧门"。一般是在播种后的第三个"卯"日、"辰"日或"午"日举行。"开秧门"前，任何人不得擅自提前插秧，否则会给该户当年水稻生产带来霉运。举行"开秧门"仪式这天，"主事者"带着祭品先行来到田边祭祀，在田头插上一根茅草，再插上几蔸水稻秧苗，然后进行祷告；仪式完毕后，人们才能自选时间下田扯秧移栽，这一仪式称为"开秧门"。"开秧门"时，领头插秧者先扯几根秧反复在手上揉搓，防止"压骨风"。然后在插秧者中推选出若干插秧能手，在已整好的较大水田中一字形排开，插秧者每人插5行秧，插秧者插秧速度快慢不一，慢者紧跟，试图跟上并逼近快者；快者怕敲，亦尽力加快，这种活动叫作"敲牛栏闩子"。活动中，先行达到终点的帮慢者插几行，慢者被堵住，就叫"坐牢"，也称"盖铺盖"。待插秧收工饮酒时，被敲与被堵者要按被敲或者被堵次数吃"罚酒"。现在安江地区不少地方还有保留这种习俗。

"关秧门"是一季水稻移栽结束时举行的一种仪式，日子多选在"开秧门"后的第三个"卯"日或"辰"日。这一天，家家户户包好粽子或粉粑，备好酒菜，将田栽完后，洗净各种栽种用具，回家庆贺。这既是对水稻秧苗移栽工作完成的庆贺，也是对辛勤劳动者的慰劳。

（三）"动土"与"封土"

"动土"是安江地区流传下来的一种重要的农耕习俗，它表现出当地人们对土地和稻田的敬重。

人们一般选择春节后的第一个"卯"日或"辰"日，举行"动土"解禁仪式。只有完成解禁仪式后，人们才能在稻田里进行劳作。它表示一年稻田耕作的开始，也表达安江地区人们对土地耕作的敬奉和心理寄托。

"封土"即一年耕作和收割结束后举行的仪式，一般在立冬这一天"封土"后，人们自觉不再下水稻田间劳作。这一习俗自20世纪50年代以后已基本消失。"封土"一般只限于水稻田，"封土"期间，旱地和其他播种了冬种作物的田土仍可照常耕种。"封土"仪式的举行，既是表示一年水稻耕作的完结，也表示水田耕作在安江人民心中的分量。

二、农事习俗

（一）车水习俗

水稻种植离不开水的灌溉。旧时在安江地区一些灌溉不便利的地方，人们通常采用水车车水灌溉稻田。车水工具一般是木制的水车，车水人用脚踏，按车身长短，有4人踏或3人踏。如梯田，水车由下而上连上几架，依次车水，提水高程可达20至30米。为了解除疲劳与烦闷，车水人通常以山歌或有节奏的"啊嗬"声调节车水速度，一般车上150至200转即小憩一次。车水期间，"啊嗬"声起，车轮飞转，偶有失误，车水人就会两脚悬空，状似"蛤蟆"悬挂在水车横木上，见状者会大喊"卖蛤蟆"以嬉笑之。20世纪80年代后，水泵提水等机械逐渐代替木制水车后，这一趣俗也慢慢地消失。

（二）祈雨与驱虫

在漫长的传统农业耕作过程中，安江地区因为科技文化水平低，水稻种植对雨水灌溉依赖性又十分强，受到病虫害影响很大。每当遇到长期干旱或病虫灾肆虐时，人们普遍认为是神魔降临，一般就会请巫师求雨，打醮驱虫。

祈雨仪式，一般是将一尊童男塑像装载于竹筐中沉下深潭，旋拉上，附筐而上的虫虾被指为"旱魔"。迷信说法只要将其除掉，老天就会下雨。还有比较常见的是请道士打醮驱虫求雨，或舞草龙灯求雨等。随着农业科学水平提高，这种祈雨驱虫习俗虽然在部分村落和村民中还有一些影响，但此俗已逐渐淡出大部分人的视野。

（三）割禾、锁草与堆草垛子

安江地区农家很是珍惜稻草。在割禾时，离禾蔸根部6—10厘米处割断（一般是水浸漫较多处），成人顺手两把为一堆禾。这样打禾或脱粒，成人两手一握刚好一把，打禾脱粒时也称手。水稻成熟收割脱粒后，剩余的稻草是一种很好的牲畜饲料和取暖用垫草。

打禾脱粒后，每三手稻草为一堆。打禾同时或当天一般要把草锁好，锁好的草呈锥形散落在收割之后的稻田之中。锁草是一个简单的技术活，掌握技巧的人，锁草速度会很快也省力；初学者或未领会要领者，费时费力，锁上几个后不但手腕部会有灼痛感，而且草把不整齐容易松散。

倘若天气晴好，锁好的草把在稻田中二十天左右，就基本干了。此时，稻谷一般也收进仓了，农人们开始筹划冬耕和收稻草。为了捆担稻草方便，一般要将稻草堆成堆并压实，顶部盖上一个大斗笠，这样即使碰上雨水，也不会进水和积水，过上半个月或一个月才挑回家储蓄备用。堆草垛子也有些讲究。一些人家喜欢挑回家，放在猪栏牛栏上面，取草方便，同时给牲畜栏挡风。有些人家选取野外空旷干燥不易积水地带，草把尾部朝内，根部朝外，重心往中心部位压实，堆成两三米一个的草垛子；有的中间竖一根修长的杉木，以杉木为轴心堆上五米十米高，堆到上面人下来还需楼梯；有的沿着屋前屋后的修长树堆草垛子。堆上草垛子的稻草，大多是为了隆冬和早春时节用作牲畜饲料与垫草；干稻草也还有其他用途，比如豆腐乳的夹层垫草等。

（四）太平戏

太平年景，水稻收获之后安江地区人们喜欢请戏班子"唱人戏"（也叫唱大戏）。小丰收请木偶班子唱"木棒棒戏"，演唱三五天不等。如果碰上大丰收，几个大村落联合起来，选定较为敞亮、人员集中的地方做演唱场地，请上较为有名气的戏班，热闹十天半个月，亦称"太平戏"。"太平戏"演出时间，一般会选在腊月或正月初六到元宵节前后。也有年初"许愿"、丰收之后请道士念《土地经》还愿的。现在"还愿"习俗已废除，请戏班唱戏庆丰收的风俗也较少，只有一些村子在开展庙庆活动期间还会演唱这些戏种。

（五）送瘟神与回神

当地农民饲养牲畜，俗多禁忌。新修猪栏完工，主人家要办些酒菜和糯米粑请木工在栏中吃饱，意在借木工之福，预祝今后养猪膘肥体壮。买回来小猪崽，进栏前要先过火，并念祝词："过火八百斤，长大无秤称。"防猪生瘟病，在栏门贴"姜太公在此"字条，以此震慑瘟神。新买耕牛回来，在大门口摆一簸箕，东南西北四方各插一炷香，用妇女的围裙蒙住牛眼，牵牛左右各绕三转，意在使牛迷失方向，不再跑回原主人家，然后送进栏安居，俗称"回神"。

（六）牛过年

在安江地区正月初一牛也要过年。这天，主人用糍粑喂牛，还要把牛牵到水塘边喝水照镜，以慰劳辛苦了一年的耕牛。慰劳耕牛，也是当地农耕文化的反映。在生产力不发达的时代，水稻的种植总是伴随着耕牛的耕田犁地。于是，在长期艰辛的劳作过程中，人们与耕牛结下了深厚的情谊。因此在节庆之时，人们自然也不会忘记这个为丰收做出贡献的忠实伙伴。

安江地区的农耕生产习俗，主要围绕粮食播种、插秧、中耕、灌溉、祈雨、驱虫、收割等核心事项展开，反映了传统耕种的模式，也是呈现当地农人自古以来从事农耕生产的一面镜子。

第二节 农耕生活民俗

水稻是安江地区最主要的农作物，稻米是当地人民的主要食粮，以稻米为主食的饮食文化自然也丰富多彩，而且在长期的农耕生产生活中，自然也衍生了许多稻作文化生活习俗。

一、饮食习俗

（一）打糍粑

春节是中华民族最隆重的传统佳节，俗称"过年"。打糍粑是安江地区过年最重要的民俗活动之一，俗称过年三件大事"打糍粑杀年猪推豆腐"。这里讲的"打糍粑"，是指当地手工制作的糯米糍粑。打糍粑、吃糍粑在当地有阖家团圆、吉祥如意的寓意。

手工糍粑制作很有讲究，从雪白的糯米到香喷喷的糍粑，一般要经过浸、淘、沥、蒸、舂、拧、压等几个步骤。

制作糍粑前，首先要选取当地产的优质糯米盛放在大盆或水桶里，然后用热开水浸泡至少 30 分钟。只有事先浸泡好了糯米，制作出来的糍粑才会糯香。浸泡时间要把握好，须及时把胀酥后的糯米用篾筛捞起，再用清水冲洗干净，沥干备用。水沥干后，再把浸泡好了的糯米放在木甑子里用柴火蒸熟。糯米蒸熟后，抓上一小把，送入口中，那种香甜，让人回味无穷。

出锅后，热气腾腾的糯米饭舀放在石臼里面，趁着糯米是热的赶紧舂捣。打糍粑是用两把特制的木槌两个人不停地捣，舂至绵软柔韧，直到看不见米粒形状方可。打糍粑看似简单，其实是一个费力活。糯米的黏性强，虽然打下去不很费力，但提上来很黏、很费劲。经常干体力活的，一次打上一两款糍粑问题不大。如果不是常干体力活的，有劲不会

135

使，打上一款是比较累人的。如果是几家打糍粑，男劳力不足，一天下来，也是十分累人的。

人们将打好的糯米用手从石臼里撸起放到砧板或桌子上。此时的糯米饭泥还是热气腾腾的，变得软绵绵，还富有弹性。趁热将打好的糯米饭泥制作成大小一致的圆饼状。为防止粘连，每个糍粑上抹一层蜂蜡清油，五个一摆，十个一堆摆放在一起。糍粑凉了之后就是硬的，方便携带。

糍粑的吃法很多，可以煮着吃、炸着吃或者煎着吃，还可以放在炭火上烤着吃。一口咬下去，满嘴的香气，一不留神米香从嘴里溢出，令人神往。一片糍粑，一个寓意，寓示着人们对新年的团圆情意，好像在说家人们永远黏在一起。

（二）制血粑

血粑是安江地区一道传统的美食。血粑主要食材为鸡、鸭或鹅血，加上食盐和糯米。一般在年节或亲友来临时，主人家会选取一定量的糯米用井水浸泡，以能蒸熟米饭为标准倒掉多余的水，把新杀的鸡、鸭或鹅血倒入浸泡好的糯米中，加上适量食盐，搅拌均匀，蒸熟后再切成均匀块片状备用。

安江地区传统习惯中，血粑一般与鸡、鸭、鹅或猪肉炒辣椒食用。其糯米有黏性浸透油辣味，是当地招待客人的一道不错的美食。现在，人们也将血粑放在干锅中作为一道食材。

血粑糯米灌肠，只是在食材原料上，多加了一道工序——将新做的糯米和新鲜禽血搅拌均匀后，再灌入洗净的猪大肠或小肠，做成20厘米左右长一节，灌肠的两头用纱线或细绳子捆牢。做成后，再蒸熟，切成片状食用或与其他食材一起食用。

血粑与血粑糯米灌肠是安江地区人们年节待客、秋冬闲暇制作储备美食的一道家常食品。据说，秋冬之际食用血粑有滋补功效。

（三）做米粉与米面

安江镇是原黔阳地区（现怀化市）行署所在地，安江米粉是城区早餐主打食品。米粉的柔软、醇和，加上一些肉末和佐料，深受人们喜爱。现在怀化城区还有不少早餐店打出"安江米粉店"招牌，可见安江米粉在怀化地区还颇有名气。

传统米粉制作要经过好几道工序。首先要选取一年以上的常规稻陈米；其次，陈米要浸泡半小时左右，以手捻稻米没有糖芯子即可，沥干水；然后，将米磨成粉，拌水，添加适量菜油，拌匀；最后，放入机器中，产出成品。20世纪80年代以前，安江米粉大多是手工加木制器具制作；随着时代发展，逐渐被铁制机器取代。如果当天食用，米粉稍微晾干一点水分即可；如储藏和备用，米粉必须晾干，但不可暴晒，否则易碎。

米面的制作与盖皮制作极为相似，只是在摊煎之时要厚一点，水分要足一点，一般不晾晒，当天制作后需卖出或食用。

米粉与米面食用时，倘若是干的米粉要浸泡柔软，再在开水中稍加煮一煮即可。安江地区逐步发展有肉末、鸭肉、牛肉、羊肉等作肉臊子，也有汤粉、干挑粉、炒粉等不同的烹饪方式。

（四）炸徽饭与盖皮

徽饭与盖皮（也称烫皮）是安江地区一种传统食品。徽饭的主要原料是糯米，制作前得选取一定量的上好糯米浸泡（浸泡时间一般在1—2小时），蒸熟之后，放置于一个像鼎罐盖子一样的竹制固定容器中，均匀摊开，待冷却后成为一个直径为十几厘米的圆形，有的还在中间部位画上一点花儿或用食用色素染色，再晒干后储存备用。

盖皮的制作比徽饭要稍微烦琐一点。首先要选取成色较好的糯米，浸泡好，再和水磨成米浆，水和米的比例，要以在盛装一定量的米浆里插上筷子不倒为最佳。制作米浆的同时，准备好一个较大的平底锅。中火将锅烧热，把磨好的米浆均匀地摊在锅里，制成与徽饭一样大小的圆形或剪成三指大小块状。为了喜庆或多一些花样，可以对盖皮进行红、绿等染色。冷却后，再晾晒干，储藏备用。

过年过节或亲朋好友来临时，选取一定量的徽饭与盖皮，开中火用菜油或茶油煎炸至金黄，捞出稍加冷却，即可以食用。徽饭和盖皮摆上桌或装在篮子里，既好看又喜庆，还是一道味道不错的零食。特别是在生育小孩时，娘家除准备衣物等东西之外，再加上一两担食品上面盖上大小合适的圆形徽饭与盖皮，无形之中增添不少喜庆的气氛，圆圆的盘状食品蕴含团团圆圆及和和美美深意。

（五）杀年猪

新中国成立后，特别是 20 世纪八九十年代以来，杀猪过年几乎是安江农村地区家家户户的一个盛大节日。每年腊月初八后，喂有年猪的农家就会选定一个吉日，招呼亲朋好友来"吃庖汤"。庖汤是猪肉、旗帜油、大肠、猪肝等一锅炖的新鲜菜。亲朋好友坐在一起，烤着木炭火，几碗米酒就着庖汤菜，畅叙友情与亲情。杀年猪的剩余猪肉可以腌制成腊肉或腊肠，也有的人家喜欢做成"风吹肉"。腊肉、腊肠与"风吹肉"是农家招待亲朋好友的肉食佳品，也耐储藏，是农家下一年度一定时期内肉食制品的主要来源之一。还有农户将鸡蛋打散调味后灌入新鲜的猪肠中煮熟，切段装盘，取名"陈谷满仓"，祈祷丰收。

（六）推豆腐

每年腊八节后，安江地区许多农家就会忙着制作豆腐制品，推豆腐是必不可少的事儿。因为农家在春节前制作油豆腐、干豆腐或者豆腐乳，需要有大量新鲜豆腐，一般农家都是自己收获几十斤黄豆，为腊月推豆腐和农闲时吃新鲜豆腐做准备。

有准备或家资殷实一些的，家里早就购置好麻石磨等一套推豆腐的器具。待农闲之日，前一日夜里浸泡好黄豆，洗好装载的器具与豆腐的包袱，洗净石磨。孩子们最喜欢这个时候，因为可以吃上一碗甜的或辣的豆腐脑，晚上或许还可以吃上一餐新鲜的豆腐。正值农闲时期，或许是丰收的喜悦，大人们心情愉悦，对孩子也会显示出少有的爱抚与宽容。

家中劳力少的，孩子们还会被派上一些事儿，如添柴烧火、洗包袱和洗豆腐磨架等。十一二岁或稍大一点的孩子，或许要被拉来推磨。推磨可是一个苦力活，用力不需要很大，可是要站在那里，一推就是一两个小时。这是猴急的孩子们最苦恼的事儿。

没有磨豆腐器具的人家，就会到邻近人家搭伙推豆腐。几家人聚在一起，推心置腹地交谈着，营造出邻里和谐氛围。

（七）乳豆腐

每年立冬前后，安江地区秋收冬藏基本完成，农家丰收之余大多喜欢制作农家美味食品——乳豆腐。

乳豆腐制作要选在干冷的冬季，否则豆腐未长霉成熟就馊坏了。首先，要选取制作乳豆腐的豆腐，这种豆腐块要厚实，制作时要沥干豆腐水分。其次，取一些干净稻草，去掉稻草叶子、尾部和根部，整理成笔直条形，垫在盛装的筛子内。最后，将豆腐块分割成小块，放在整好的稻草茎上。半个月至二十天，豆腐块上生霉时就表示成熟了。

要等小豆腐块生霉才可以正式开始制作乳豆腐，故俗称霉豆腐。乳豆腐制作时，加入适量食盐、米酒、辣椒粉、生姜丝或片等调料，再装坛或装罐，半个月左右就可以食用。

豆腐乳制作选材与调料要把握好，否则味道有天壤之别。现在雪峰镇傅氏乳豆腐，还保留诸多传统的乳豆腐制作工艺，味道纯正，在怀化地区小有名气。

（八）酿酒

安江地区自古就有"无酒不成席"的说法。酒，久也，寓意长长久久；酒席之间谈天说地，风土人情无所不及。当地人所称"酒"，有甜酒和米酒之别。甜酒，主要原料是糯米，将糯米加入山泉水蒸熟，放入酒曲并搅拌均匀，装到坛子里发酵成酒，即称为甜酒。米酒是安江地区的特产，人们戏称为"安江茅台"。它的制作方法是将粘米煮熟，拌入酒曲搅匀，封存于容器之中至发酵，然后倒入铁锅之中，铁锅上罩一圆柱形木桶，上面一铁锅封顶，锅里盛装凉水，用火烧蒸馏分离出来的液体即称为米酒。也有以糯米做米酒原料的，但因为糯米产量低，制作成本高等原因，人们很少做糯米酒。

安江地区的酿酒历史，现已无从考证。但是这一地区应该很早就掌握了酿酒的技术，因为大部分农人代代相传酿造米酒，同时也养成了饮酒的嗜好。生活中需要用酒的地方特别多，如建新房要喝酒、过年过节要喝酒、结婚要喝酒、办丧事要喝酒、款待客人要喝酒，简直无酒不成席，无酒不能言欢。旧社会和特殊年代，米酒是农村的一个稀罕物，要有一定家底的人家才有可能管够和摆上席。直到现在，走进山村传统农家，自酿纯正米酒待客还是一种浓重的好客礼节。

甜酒通常是逢年过节用来招待客人的饮品。过年过节时，主人往往会端出热气腾腾的甜酒招待刚进屋的客人，有的还会打入一两个土鸡蛋。产妇坐月子时，甜酒也是用来恢复身体的一种补品。甜酒是特别的补品，客人们喝一碗甜酒，可以提神醒脑、消除疲劳；产妇坐月子，喝一碗糯米甜酒煮鸡蛋，可以愉悦心情、促进身体恢复。

二、居住习俗

（一）建房

安江区域多数自然村寨由几个家族或几个姓氏组成，独家的现象非常少。小寨一般十几户到几十户，大寨三五百户。房屋为干栏式建筑，正屋讲究左右对称，一般为四排三间，家里人口多或有钱人也有建六排五间的，中间为中堂，两边为厢房，正屋后面带有拖屋。

当地乡村修建新屋是千百年的好事。为了诸事顺利，也为了子孙后代安宁与发达，主人家必先请"地理先生"卜择风水好的地基。立新屋要选定"吉日"上梁，梁木挂红彩缎，中书"吉星高照"。梁架到屋脊时，木工在梁上念"祝词"，抛撒染红糯米粑、花生瓜子和小额铜钱（1949年后是人民币的硬币）。上梁后，主人家要设席款待木工和帮忙的亲朋好友，以表谢忱。房屋建成后，主人家择吉日迁进，开灶生火。远近亲友赶来祝贺，送红漆匾额及酒、肉、彩红等。

20世纪80年代以来，一些城郊乡村农民收入增加，多建砖木结构房屋或钢筋水泥屋，不再太讲究择地看风水，但亲朋好友仍多会前往恭贺乔迁之喜。

（二）堂屋

中堂是农耕经济社会和宗法制家庭有机结合的体现。中堂是房屋的中心，面对大门正中的壁板上建有神龛供奉祖宗牌位，"天地君亲师位"在正中央，在牌位两侧还会书写"诗书经世文章，孝心传家根本"之类的对联。神龛下供奉土地神，一般书有"土能生万物，地可发千祥"等语，体现了安江地区千百年来的农耕信仰。

（三）火塘

在安江地区，人们对火塘的情感是充满神圣意味的。火塘一般设在厨房（俗称灶屋），体现"民以食为天"，当然也是聚亲会友、交流信息及沟通情感的场所。"塘"内是灰火和青架，架上是瓮、罐之类。

当地对于火塘有许多俗规，比如火炉靠上方一边是长辈和贵宾之席，一般人不能就座，有时敬神也设此处，平时用作一家人膳食取暖、红白喜事、重大节庆、迎宾议事之用，是实施礼仪俗规之所。一般人不许碰火塘上的青架，客人不能随意去坐正壁的火塘座位。年终辞旧迎新，便于火塘内燃起熊熊烈火，通宵达旦，寓意来年红运，万事称心；迁居新屋之日，亦复如此，意为"火旺家昌，塘火不熄，子孙绵长"，视为吉祥象征。

（四）谷仓

谷仓是盛装稻谷的建筑物或构筑物，通俗一点讲就是储藏稻谷的地方。它具有一定容积量、防潮、防鼠等储藏功能特点。安江地区传统农家会根据自己一家稻谷产量的大小来构建。传统木制谷仓一般用松树板做地板，杉木做板壁，单个谷仓容积量在三五千公斤。20世纪80年代以前，安江地区因周围多木材且因天气湿润，一般是隔离地面几十厘米或在二楼建成木制谷仓。有的建成单独一栋房子（仓楼），成为正屋的附属建筑；还有的建两层，二楼做谷仓与客房，一楼是堆放杂物、关养猪牛鸡鸭等禽畜的地方。随着稻谷产量增大和人们逐渐富裕起来，也有的人家用钢筋水泥建筑物或其他有一定容积的器物做谷仓。传统木制建筑谷仓式微，只在安江地区偏远山区还部分存在与使用。

三、祭祀习俗

（一）吊孝

在安江地区，老人死亡后，其儿子儿媳、女儿女婿都要用稻草搓成"反手绳"拴在腰间，以此表达对亡故老年人的怀念，表达儿女的孝心。"反手绳"一直要拴到亡故老人入土后才能解下来。以"反手绳"来寄托对老年人的哀思，内含着穿青人对稻草的景仰。他们相信，神圣的稻草能将生者与亡者联系起来。

通常而言，丧事吊孝，需要用糯米粑，糯米粑是人们最喜欢吃的食物之一，因此人死后也要打糯米粑去供奉食品。这一方面是为了亡者能在"阴间"继续享用喜欢的糯米粑，另一方面也表达了对稻米的尊重，体现了人们的稻作情结。

（二）送葬

丧葬"开路"在出殡那天的凌晨进行。届时，由亡者家人和亲戚点一火把，带一捆稻草，将亡者生前所穿的衣服一并带到一旷地。在先生的指导下，亡者的衣物随着稻草所燃起的烈焰，追随亡者的灵魂而去。这时，稻草成了附着灵魂的工具，是人与亡者进行交流的媒介。"火把送葬"就是在出殡时，除亡者的亲生儿子需执引魂幡在前引路外，其他孝子则需执火把（现已改用香代替）跟后送行。中途火把不能熄灭，象征着亡者后人将来的发达顺利。

对未满十二周岁就死亡的孩子，当地人不用棺木，通常用稻草将死亡的孩子包住，然后埋在土里。稻草是孩子的保护者，是孩子灵魂的皈依处，体现了生命与稻草的亲密关系。笔者认为，这应该是古老农耕生活的一种反映。

（三）下葬

待亡人下葬入土之时，一般由先生向跪拜的孝男孝女抛"孝米"。先生一边抛"孝米"，一边口念"祝词"曰"愿孝家千年粮、万年米"等语。孝男孝女恭敬地跪拜在地，用双手捧白布将"孝米"接住。"孝米"象征着子孙后代有饭吃，孝男孝女兜得越多越好。先生嘱咐孝男孝女将"孝米"带回家后，或挂于中堂祭祀，或煮熟供自家人食用。

传统农耕时期，人们信仰万物有灵，因此有"事死如事生"的说法。安江地区的祭祀习俗也与农耕文化息息相关，其中最为直接的体现，就是稻米和稻草在祭祀中的普遍运用。这种对于稻文化的膜拜，必然会依附于稻作地区人们的诸多习俗中，并借助祭祀这一特定的载体得以保存和流传。

四、节庆习俗

（一）婚育

1949 年以前，安江地区男女婚嫁一般经过三个步骤。

第一步"纳彩"，亦称"开口""换庚"。男女青年经媒人撮合后，先把女方的"八字"（用天干地支表示出生年月日时，共八个字）交与男方，由"算命"先生将男女双方的"八字"排列，合则填就红帖"书"，连同聘礼抬送女家。不合者则由先生代为驱除"煞神""克星"，化灾呈祥。女方接受聘礼后，回礼连同帖书送还男方，然后大宴亲友，通称为吃巴子（猪腿）肉。赴宴亲友无须送礼。

第二步"报日子"。男方拟完婚，必在头年腊月报日子，相距二三月或半年后才迎娶。报日子必送礼，女方同意即收下礼物。从这天起，将要出嫁的女子须"哭嫁"，远近亲眷姐妹来看望的必陪哭，时间在黄昏后。"哭嫁"唱"哭嫁歌",唱词具有山歌色彩。也有少数只在出嫁前一个月哭嫁,但出嫁前两三天一定要哭。否则被认为"闭口嫁女、家不顺遂"或被讥为"缺少家训"。

第三步"嫁娶"。婚礼前一天,男女双方都要"安席",由长辈主持向祖先行跪拜礼,分别告诫女儿要尊敬丈夫,孝顺翁姑;男要体贴妻子,勿忘父母。当晚新郎由长辈为之肩挂彩红。女方出嫁必坐花轿,轿由男家前一天租来,轿后挂米筛,上插三根红纸贴卷的小竹,象征矛与盾,以防邪去邪。女子在上轿前要吃一顿"离娘饭",由兄辈背上轿,再加锁,钥匙交给送亲"正客"(女方长辈)。花轿抬到男家前一刻,新郎端坐厅堂右角,面向里,脚踩火箱,通称"坐堂"。花轿到,停在大门口,师公咬破雄鸡冠,溅血纸钱,名曰"回喜神",而后"正客"将钥匙交给媒人开锁。头盖红巾的新娘,在伴娘搀扶下,踏过铺地松枝蜡叶进入厅堂与新郎行交拜礼,礼毕入洞房。1949年后,实行婚姻自主,"合庚""坐花轿""哭嫁"等旧俗已逐渐消失,但收彩礼、宴宾客的习俗仍存。

生育第一胎婴儿后,男方即向岳家报喜。接着是庆贺"三朝洗儿""满月""百日离房""胖盘之喜"(周岁),岳家送礼,婿家设宴,丰腴厚薄视双方家境而定。生下男婴要送大公鸡,生下女婴送母鸡,还有糍粑、盖被等。现在部分乡村还保留此俗。

(二)寿辰

古六十曰寿,安江民间男进十、女满十必庆祝,不叫寿,称"做生日"。贫家生日吃两个荷包蛋,富户则请客开宴。特别是七十、八十大寿必大肆庆祝。先夕,六亲咸集,吃寿面,翌日拜寿(口头祝贺,不拜寿),午后开宴,随后开桌抹牌,夜半方休,象征"延寿"。有的还请来戏班,欢娱来宾,一般3天,多则10天半月,其开场戏照例是《八仙拜寿》。现在亦有作"寿酒"者,但不演戏。

(三)时令

春节。正月初一至十五,是一年中民间最大的节日。头年三十日凌晨,合家吃"年更饭",其意是过了这一天就要更年;中午或上灯前吃"团年饭",其意是全家团团圆圆过个年;是晚,家中要炭火通明,灶火旺旺,寓意一家红红火火,旺盛长久。除夕守岁,长辈给未成年的儿孙"压岁钱",午夜,户户放鞭炮,以示送旧迎新。初一首先向长辈拜年,然后相互串门,拱手拜年,左邻右舍即或平时发生过口角,相见亦互拱手。初二为女婿向岳家拜年的特定日,新婚夫妇也有就此"回门"的。商店是日开始营业,称"起牙",备酒肉,叫作打牙祭。初五,称"破五",其意是新年已过,各就其业。节后余兴有玩灯,有龙灯、狮灯等,直到十五日元宵夜才结束。

社日。立春后第五个戊日称为社日,即"三戊惊蛰、五戊社"的说法,旧俗要饮"社酒"或集资演戏庆社,祷祀社神。同时,还有在野外"煮社饭"吃的习惯,祝愿风调雨顺,其后即全面进入春耕。

清明。雪峰山片区,一般在清明前十天上山扫坟祭祖;市镇片区一般在清明节这天上山扫坟祭祖,通称"挂亲"。旧时,重男轻女,媳妇被视为"外人",不登婆家坟山挂扫,嫁出去的女也不准。现已不拘内外。

上巳。农历三月初三日称"上巳",城镇红男绿女在此日结伴上山"踏青",山乡则朝山祀神。是日,家家户户用荠菜煮鸡蛋,煮蒿菜饭,认为可除疫疠。此俗今仍沿袭,并成为本地重要的文化旅游节庆活动。

端午节。此节气时间不一,大多以农历五月初五日为定,部分地区为农历五月初十或十五日。届时家家包粽子,煮盐鸭蛋,饮雄黄酒,门悬菖蒲、艾叶。一般五月初五举行龙舟竞赛,不同姓氏龙舟有不同颜色旗号。由于龙舟竞赛中常发生斗殴,清康熙年间知县张扶翼厉禁,烧毁龙舟、龙亭。清朝中叶,龙舟再次出现。民国时期,为吸取历史教训,防止竞渡时斗殴,一姓的龙舟建成,杀猪宰羊约请他姓龙舟汇合,名曰"会龙"。现在,端午龙舟竞赛已列入民间竞技项目,有秩序地组织参加,观看者人山人海,热闹非常。

中元节。农历七月十五日为中元节，家家户户将包封好的纸钱焚烧祭献给先祖，通称"烧包"。"烧包"这天，家人要团聚在一起，准备好一顿饭菜，先祭拜先祖，再聚餐共享。

中秋节。农历八月十五日为中秋节，是夜月圆如筛，故又称"团圆节"，家家吃团圆饭和月饼。

重阳。农历九月初九为重阳节。乡中习俗以糯米粉做粑，内包糖或豆粉，外包桐叶蒸熟食，并相约亲友在山头聚饮，名曰"登高"。

小年。农历十月初二，秋收基本结束，农事渐少，家家于此日做糯米糍粑过小年。

冬至。乡中氏族多建有祠堂，冬至日开祠堂大门，杀猪宰羊祭祖，大办酒席，并商量族中大事，清理收支账目。

腊八。农历十二月初八称"腊八"，时属冬寒，气温下落，多于此日杀年猪，准备各种年货所需。

第三节　民间文学与艺术

民间文学与艺术是安江稻作民俗文化的瑰宝。漫长的农耕生产活动往往给人以文艺创作的冲动，这些民间文艺创作既有丰富的内涵，也有生动的形式，它反映了安江地区人民淳朴真挚的情感与杰出的艺术创造力。

一、神话传说

（一）稻作起源神话

神话传说是人们对自然与社会生活所作出的最初的文化思考。作为历史悠久的稻作文化区，安江地区流传着丰富多彩的关于稻作起源的神话传说。爱讲神话故事的人，当地人都称他爱讲"天话"。民间口口传授的神话传说，虽篇幅不长，但生动形象、意蕴丰富。当地关于稻作起源的神话传说，大体有如下三种：

其一，神佛授意种谷传说。由于稻作的起源过于悠久，人们也说不清楚稻作的真实起源，因而将其起源归于神的旨意，但又无法解释人间五谷为什么要靠种而百草为什么能发。于是，也只好将此归为神仙之间的争端。《如来佛和弥来佛》中刻画的神佛形象一般是以人自身的形象为蓝本，或忠厚如老农，或狡猾善诡计，有种活脱脱的现实趣味。"人间五谷靠种，百草自生"的传说故事隐喻了人间耕作辛劳的天然宿命。

如来佛和弥来佛①

如来佛和弥来佛是两兄弟，如来佛生性慈祥忠厚，弥来佛残忍狡诈。两兄弟都法力无边。

一天，如来和弥来背靠背坐在地上谈经说道。弥来说："如果我去治理天下，我就让五谷种，百草生。"如来心地善良，他说："那不行，人们会怨你的。还是我去治理天下，让五谷生，百草种。"弥来坚决不同意，他说："让五谷都自己生出来，人岂不没事做，都吃现成的五谷了吗？还是我去！"两兄弟争执不休，如来说："我们抽签吧，谁抽到签谁就先去治理天下三千万年。"两兄弟一抽签，如来抽中了。弥来不甘心，用手一招，一块青石岩板飞到手中，他把青石岩板轻轻地靠在如来的背上，抬脚就去了人间。

如来正在闭目念经，一只凤凰飞到头顶，对如来说："如来佛祖快醒醒，岩板压背怎么行？"如来猛然惊醒，用手一摸，背上靠的果然是块岩板。他屈指一算，弟弟弥来早去了人间。

从此，人间五谷靠种，百草自生。

其二，神农造五谷传说。盘古开天地、神农植五谷是上古的神话传说。在《天和地》这个故事中，虽然神农的形象远没有盘古那么具体生

---

① 洪江市民间文学三套集成办公室：《中国民间文学三套集成湖南卷（洪江市资料本）》，1987，第4页。

动并富有想象力（牛头马面龙身），但与王母、观音比肩并提，具有了
无上的创世神力。

天和地①

很久很久以前，天上地下是连在一起的，像个鸡蛋一样，鸡蛋黄就
是现在的地，黑咕隆咚的，什么也看不见，没有花草树木，没有飞禽
走兽。

过了十万八千年，鸡蛋里孵出了一个盘古，牛头马面龙身子，像蛇
一样地盘在鸡蛋黄里，人们才把他叫盘古。又过了十万八千年，盘古一
觉醒来，要伸懒腰，就直挺挺地树起来一伸。好舒服啊！于是就一个劲
地伸、伸、伸，把蛋壳顶破了，蛋黄蛋清都流了出来。蛋黄重一点，沉
在下成了地，所以现在的地是黄的。蛋清轻一点，浮在上面成了天，所
以现在叫青天。蛋壳被顶得稀烂，只有两块大的，一块变成了太阳，一
块变成了月亮，零零碎碎的就杂在蛋清里成了天上的星星。天和地就是
这样形成的。

盘古活了十万八千岁死后，神农造了百草（五谷）和树木，王母造
了飞禽和走兽，观音娘娘又造了人。从此才有了世界。

其三，张郎、张妹教播五谷。这个传说故事与侗族先祖姜良与姜妹
的创世神话颇有雷同之处，反映了上古时期兄妹成亲创世的历史。但这
个故事"汉化"的痕迹也颇为明显，这与沅江中上游地区民族大融合的
情形紧密相关。这则神话传说以生动曲折的方式，反映了远古时期先民
们"男耕女织"的劳作生活。

张郎和张妹②

传说盘古开天地不久，突然一场洪水，把天底下的人差不多都淹死
了。聪明的张郎和张妹躲进大木桶和木盆里，随洪水漂流，才逃脱了

---

① 洪江市民间文学三套集成办公室：《中国民间文学三套集成湖南卷（洪江市资料本）》，
1987，第 1 页。

② 洪江市民间文学三套集成办公室：《中国民间文学三套集成湖南卷（洪江市资料本）》，
1987，第 7—9 页。

危险。

兄妹俩漂到一个不知名的地方，就在那里定居，开荒度日。三年五载后，居住在荒山野林中的兄妹二人男大当婚、女大当嫁，哥哥只好向妹妹说出了自己的心意。妹妹通情达理，也没有责怪哥哥，只是说这件事还要顺从天意。她要求同哥哥各自在一边共打一副石磨子，一个打上扇，一个打下扇，如果正好配上，就答应同他结婚。张郎求胜心切，趁着妹妹没留意，偷偷量了她的磨盘大小，于是他打的磨盘和妹妹的正好对上。妹妹识破了他的计谋，反悔说这样还不行。妹妹又提出，如果两人分别把磨盘从山上滚下去，两扇磨盘正好合在一起，就同意这桩婚事，以三天为限。可是，第一天的滚磨并没有成功。张郎不甘心，又心生一计，在第三天早上之前重新赶制了一副相同大小的磨子，藏在山脚的草丛中。兄妹俩在山上放了磨后，来到山脚找磨，找到了张郎放新磨的地方，一副磨子配合得天衣无缝。妹妹猜到了这是怎么回事，但也钦佩哥哥是个聪明智慧的男子汉。

兄妹俩结了婚。一年之后，生了一个小孩，就只是一个肉团儿。张郎拿刀将肉剁成一百块，丢到四面八方，第二天就变成了一百个寨子，这就有了百家姓。

白天，张郎出去教他们开荒耕田，播种五谷。晚上，张妹到各寨教妇女们纺纱、织布。后来，张郎和张妹死后，张郎变作太阳，张妹变成月亮，永远照着人们勤耕劳作。

（二）耕田传说

在安江一带流传于民间的故事中，也有许多关于耕田的传说故事，从侧面反映了传统农耕生活。比如，在《断腰田》的故事中，控诉地主狡诈阴狠，别有用心地以插田来"比武招亲"，最终却让人累断了腰，也呈现了农夫种田的艰辛。又如，在《和尚开田》的故事中，讲到高山上开垦水田时，和尚以撞钟引来天龙之神相助，故事背后隐含着在山地开垦水田之艰难，祈望能有神力相助。再如，在《四斗城隍菩萨》的故事里，城隍菩萨是个贪心神，这个形象影射的是人间那些爱作威作福的地方权贵们，而农夫有智有谋，利用农业生产中所积累的经验，同贪婪的神仙（权贵）斗智斗勇，让神仙（权贵）也只能退让三分。

四斗城隍菩萨①

从前有一个姓帅名神灵的穷人，多年租种城隍庙的庙田，因年岁不好，城隍菩萨得利不多。城隍菩萨对那个农民说："你种我的田多年了，你的收入也不多，今年我们平半分，你拿蔸蔸，我分尖尖，好不好？"城隍是个贪心神，他想：水田是种稻子的，我分尖尖是谷子，他拿蔸蔸是稻草。帅神灵想了想就答应了。这一年他种上满田芋头，秋后把芋头叶子和秆子刹下来送给了城隍菩萨。

城隍上了当很不甘心，第二年开春前，对帅神灵说："今年我们换一下，你收尖尖，我拿蔸蔸。"帅神灵想了想，也一口答应了。这一年，帅神灵种上稻谷，秋后收完稻子，把稻草蔸蔸挖出来送到城隍庙里，把城隍庙堆得满满的，菩萨出进都很困难。

城隍又上当了，但又不好发作，条件是自己提出来的。第三年城隍菩萨说："今年我蔸蔸、尖尖都要。"帅神灵又一口答应说："要得。"这一年，帅神灵种上玉米，秋后将玉米包包摘下，把玉米尖尖、蔸蔸全都送给了城隍菩萨。

城隍三战三败，便作怪了，害得帅神灵头痛得厉害。城隍菩萨说："三年我无利，今叫你头痛，若不来许愿，我不放过你。"帅神灵说："好，只要你不作怪，立即许愿立即还，生猪一头，香纸满担，神台之前来还愿。"

第二天，帅神灵用千担一头挂着几把香，一头挂着一点纸，手牵一头大肥猪，来到城隍庙里还愿。城隍见了，非常高兴，问道："你为什么牵头活猪来呢？""我许愿生猪一头，如果杀掉，走散了血，哪里还

---

① 黔阳县民间文学集成办公室：《中国民间文学三套集成湖南卷（黔阳县资料本）》，1987，第302—303页。

'全'呢?"帅神灵回答说。于是他把吊着猪的绳子的另一头套在城隍菩萨的颈根上，说："我走了，你自己照管着!"傍晚，猪饿了，把城隍拖到了主人家里。城隍一见帅神灵说："你快解开绳子，我浑身的皮都磨光了，痛死我了!"帅神灵解开绳子，把城隍菩萨送到庙里的神台上。从此，城隍菩萨再也不敢贪婪作怪了。

这些流传于民间的口头文学，在乡土社会中代代相传，有着悠久的历史传承。讲述这些传说故事的有些是沅江上的放排人，有些是乡间不识字的老农，却在惟妙惟肖的讲述中传承了口头文学的精髓。

二、民间歌谣

（一）田歌

田歌是安江民间歌谣的重要载体，又分为插田歌、车水歌、薅田鼓等。这些田歌大多语言诙谐、音韵齐整、朗朗上口，既便于记忆，又便于吟唱，充满了劳作的欢快感。而针对不同类型的劳动形式，所创作的田歌形式也活泼多样。

当地农人在忙于插田时一般并不唱歌，仅是在插田休息的间隙唱给同伴听。因而，插田歌的语言非常简洁明了。例如，《我禾也要黄》只有两句歌词，却带有一种诙谐逗趣的意味，增强了劳作中的愉悦感。

我禾也要黄①

别人插田（噢噢），我冒忙（哎哎）；

别人（哪）禾黄，我禾也要黄（嘞啊吔噢）。

车水歌是人们在集体协作车水时创作的歌曲。车水是劳动强度较大的工作，为了统一步伐，在车水过程中常常发出吆喝声，后来逐渐发展为歌曲的形式。

---

① 《中国民间歌曲集成》湖南卷编辑委员会：《湖南民间歌曲集（黔阳地区分册）》，1981，第66页。

车水歌①

车水唱起车水歌，九十只鸭子赶下河；

鸭子翻身洗个澡，吃饱清水上山坡。

车水唱起车水歌，唱起歌来快活多；

八个榔头团团转，双脚替换快如梭。

县官出门一槌锣，和尚出门念弥陀；

戏子上台唱曲子，农夫出门唱山歌。

边唱山歌边车水，不费工夫不花钱；

自己省得打瞌睡，旁人听得也新鲜。

薅田鼓也称茶山鼓，是安江一带广为流传的一种田歌，它是劳动号子与山歌两种载体的结合，常用于集体劳动时演唱，借以鼓舞干劲，但不与劳动节奏合拍。薅田鼓一般有较为完整的组歌。

挖山歌②

嘿哎！

鼓棒一敲亮出声，敲起鼓点来鼓劲；

众位听歌莫要笑，我冒跨过学堂门。

一敲鼓来把山封，邪魔精怪封在洞；

蛇虫蜈蚣不出面，锄山个个得平安。

二敲鼓来把险封，样样危险莫发生；

柴刀砍刺不砍手，锄头挖草不挖人。

三敲鼓来加干劲，挖山个个是英雄；

锄头落土风样快，锄头一响上山顶。

嘿哎！

---

① 黔阳县民间文学集成办公室：《中国民间歌谣谚语集成湖南卷（黔阳县资料本）》，1987，第17页。

② 黔阳县民间文学集成办公室：《中国民间歌谣谚语集成湖南卷（黔阳县资料本）》，1987，第14—16页。

唱了一段打个顿，再来唱个好地名；

我若唱得有了错，有请众位来评论。

……

嘿哎！

只因中国地名广，我无见识唱不清；

唱过这段换个调，再来唱个四季行。

……

嘿哎！

手敲鼓来脚步跟，催起大家齐攒劲；

唱得不好不要笑，我冒跨过学堂门。

鼓皮敲破不要紧，只要众位向前进；

一气挖上山顶去，扛锄歇鼓转回程。

薅田鼓的组歌也可以组成一个序列，一般为扬歌、号子歌、翻山歌、送郎歌、望郎歌、辉辉歌、顶顶歌、扯扯歌、溜溜歌、送太阳等，其中辉辉、顶顶、扯扯、溜溜均是田歌中的主助词，这些曲调大都粗犷、辽阔、热情、昂扬，各首均可独立存在，而调性非常统一和谐。

（二）情歌

语言质朴、情感浓烈的情歌也是安江地区极富有特色的口头文学形式，这些情歌将大量农事场景和意象隐喻其中。比如，思念情人会唱道，"对面大丘四四方，郎唱山歌妹插秧，插个大行对小行，唱个星星伴月亮"；"四月秧田丘连丘，哥一丘来妹一丘，只望春天下大雨，冲倒田塍作一丘"。夸赞情人时也会拿插田作比拟，唱道："高高山上望情郎，望见情郎正插秧，插得直来插得快，好比妹子打草鞋。"若想谈论婚配、试探情人心意，也会唱道："水田载禾蔸对蔸，鸳鸯戏水好中好；哪个不愿成双对，早栽禾苗早收割。"①

---

① 黔阳县民间文学集成办公室：《中国民间歌谣谚语集成湖南卷（黔阳县资料本）》，1987，第115、120页。

情歌对唱的方式也较为常见，一般由情人互唱：

桃子花开满树红①

男：桃子花开满树红，情妹莫嫌我郎穷。有朝一日红运到，两朵鲜花一起红。

女：高坡高界好风凉，富家冒有穷家强。漂游浪荡富家子，忠厚老实作田郎。

男：高坡高界好风凉，情妹是个怪心肠。有钱有势你冒爱，偏爱穷家种田郎。

女：太阳出来红彤彤，照见哥哥在田中。哥哥种田真辛苦，妹妹一见心里痛。

男：太阳出来红彤彤，妹妹不要心里痛。春耕下种不努力，等到冬天喝北风。

这些淳朴的情歌表达了乡村青年男女对美好爱情的向往，以及对自由婚姻的追求。歌词中形象生动的比兴、精确奇妙的用词、炽热的情感、浓郁的田野气息，宛如带着清香的禾苗沁人心脾；又如醇香的美酒，醉人心扉，堪称奇妙无比。20世纪五六十年代，沅江中游河畔出了一位有名的民间业余歌手米仁早，特别擅唱此类情歌及沅江号子，曾四上北京参演，受到观众热烈欢迎和专家好评，被称为"米三郎"，因而民间有"广西有个刘三姐，沅江有个米三郎"之说。

（三）童谣

童谣（儿歌）也是一种非常重要的口头文学形式。安江地区的童谣往往是一些内容生动活泼、篇幅短小精悍、节奏明快简洁的歌谣，它通常也包含着许多农业生产生活的内容。比如，唱磨米粑："推粑粑，摇粑粑；推好粑粑哪个呷？推好粑粑毛毛呷，毛毛呷嘎去挖沙。"又比如，《打铁歌》中学打铁，融入了农耕文化中的节气知识。这类儿歌以活泼

---

① 黔阳县民间文学集成办公室：《中国民间歌谣谚语集成湖南卷（黔阳县资料本）》，1987，第129页。

的形式增长了儿童对农事生活的见闻与智慧，并在愉快的儿歌旋律中陶冶儿童天真烂漫的性情。

打铁歌①

张打铁，李打铁，打把剪刀送姐姐；

姐姐留我歇，我不歇，我要回去学打铁。

打铁一，一心一意下大力。

打铁两，两个娃娃合巴掌。

打铁三，三两银子带上山。

打铁四，四颗花针好挑刺。

打铁五，五个粽子过端午。

打铁六，六月不见早禾熟。

打铁七，七粒果子甜蜜蜜。

打铁八，八十公公把猪杀。

打铁九，九月重阳桂花酒。

打铁十，天上落雨地下湿。

（四）礼俗歌

当地常见的礼俗歌种类繁多，大多见于乡村的各类喜庆活动中，有庆丰收、庆新年、祝婚庆、祝嗣生、贺寿辰、贺乔迁等，有唱有答，好似赛歌，各显口才，以词曲多者为贤。特别是各类喜宴上的敬酒歌，虽是赛歌，但充满欢乐、融洽的气氛。歌词中也常常夹杂着乡土的文化，如一句自我比拟的"鸭子下田初学脚"，暗含自谦和风趣，让人忍俊不禁；而一句"茶饭弄得喷喷香，洪江香得到安江"，又盛赞了主家的待客之道。在宴会活动中，整个喜宴上歌声不断，众亲友沉浸于欢乐的敬酒歌声中。

---

① 黔阳县民间文学集成办公室：《中国民间歌谣谚语集成湖南卷（黔阳县资料本）》，1987，第224—225页。

敬酒歌①

敬媒人

这杯酒来黄又黄，媒人来了有良方；这回大媒做得好，才子佳人配一双。

恩鸽不忘梧桐树，饮水不忘挖井人；感谢媒人多得力，聊备淡酒表寸心。

敬正客

银壶筛酒酒又红，请你正客坐当中；正客请在上席座，我来筛酒唱诗文。

我小小鸭子初学叫，未曾学得凤凰声；鸭子下田初学脚，阳雀树上正开声。

银壶筛酒酒又黄，贵客坐起好屋场。行到宅场打一望，只见双凤来朝阳。

茶饭弄得喷喷香，洪江香得到安江。双杯美酒你领情，家发人兴万年长。

敬新人

一杯酒，敬新郎，贺喜新郎入洞房；新郎喝我这杯酒，同偕到老天地长。

二杯酒，敬新娘，新娘坐在龙凤床，龙凤床上生贵子，早生贵子入学堂。

谢主

这杯美酒清又清，歌台上面喜盈盈，一同喝个双喜杯，恭贺主家万事兴。

谢客

酒杯筛酒酒又清，粗茶淡饭待贵宾；这次怠慢莫要怪，下次好事再

---

① 黔阳县民间文学集成办公室：《中国民间歌谣谚语集成湖南卷（黔阳县资料本）》，1987，第41、47页。

欢迎。

（五）散花歌

民间凡求雨、求嗣、求财、求寿、禳灾、驱傩、祛病、祭庙等，均由巫师在祭祀仪式中登坛演唱，而流行最广的要属丧歌中的散花歌。散花歌是安江地区丧俗中出殡前夕祭奠亡灵的仪式歌。开头必由巫师在灵前置一花瓶并绕棺三圈，一边散放鲜花，一边唱盘花歌。什么都可以盘，盘古人、盘历史、盘神仙、盘小菜、盘动物、盘孝经……总之，世间的一切都可以盘唱，一问一答，难解难分，通宵达旦。其中，也有许多农耕事项被传唱。[①]

散花歌

四月里来忙插秧，处处农民下田忙；

有田亡人不能种，你看心伤不心伤。

十想十靠歌

人在世上靠父母，万物生长靠太阳；

禾苗还靠水来养，鱼靠水来水靠塘。

盘动物

什么力大又听话？耕牛力大又听话。

什么鸟催人快种田？布谷声声催种田。

这些散花歌可谓是无所不包，被誉为民间的百科全书、知识宝库，被传唱至今。

安江稻作文化区的劳动人民在稻作生产过程中创作了丰富的民间歌谣。20世纪80年代中后期，黔阳地区（今怀化地区）及黔阳县收集整理出版了大量歌谣，其中包括许多与稻作民俗密切相关的民间歌谣形式，有田歌、情歌、童谣、礼仪歌等。歌谣在表现手法上多以抒情为主，篇幅可短可长，许多歌谣音韵齐整，或婉转悠扬，或雄浑高亢，富有独特

---

① 黔阳县民间文学集成办公室：《中国民间歌谣谚语集成湖南卷（黔阳县资料本）》，1987，第55、66、79页。

的艺术魅力。至今，仍有一些民间歌谣在安江乡村传唱。

三、农事谚语

农事谚语是人们在长期的生活和生产实践中对自然现象、农业生产和人生哲理的经验性总结，也是人们集体的口头文学结晶。农事谚语主要包括气象类农事谚语和生产类农事谚语。

（一）气象类农事谚语

农业自然经济是靠天吃饭的经济形态，尤其是在生产力相对落后、科学技术不甚发达的时期，"天"的阴晴冷暖和雨雪寒暑成了制约农业生产的重要因素，因此，在安江一带民间流传的谚语中有大量关于天气、天象的谚语。

农事谚语一般短小精悍，节奏感强，朗朗上口，在语言修辞上采用了叠字、叠音、押韵等手法，以及夸张、比喻、比拟、排比等修辞格来增强表达效果：

冬闷晴，春闷落。（叠字）

群星闪光急，明日雨很急。（叠字）

云吃雾雨，雾吃云晴。（叠字）

茅屋烟雨，瓦屋烟晴。（叠字）

天上云起鲤鱼斑，地上晒破青石板。（叠音）

今冬无霜，来年遭荒。（押韵）

死水起泡，大雨就到。（押韵）

久雨现星光，明日雨更旺。（押韵）

夏至见晴天，有雨在秋边。（押韵）

月落乌云长，半夜听雨响。（押韵）

东虹日头西虹雨，虹在南方涨大水（xǔ）。（押韵）

重阳无雨看十三，十三无雨一冬干。（押韵）

高脚南风吹断溪。（拟人）

不怕阴雨下得久，只要西方开了口。（拟人）

星子稀，干断溪；星子密，雨滴滴。（押韵与排比）

先响雷，后下雨，落下不过半勺水。（夸张）

通过长期的观察，人们发现动物物候与降雨之间存在着紧密的联系，因此以更直观、具体的形象表达出来：

蚂蚁穿线，大雨必现。

燕子打团，雨在眼前。

鸡进笼晚，准备雨伞。

燕子低飞蛇过道，大雨转眼就来到。

子规叫到六月头，田中无水不须愁。

此外，还有大量有关气象谚语和农业生产的谚语相结合，更是农家人重视农业生产的体现，这类农业气象谚语数量也颇多：

芒种芒种，赶忙播种。

立春冒淋，五谷冒行。立秋冒晴，收禾着淋。

清明要晴，谷雨要淋。

立夏不下，犁耙高挂。

大落大收，细落细收，不落不收。

云走罗翁，蓑衣无用；云走供溪，快背蓑衣。

云朝下，干死癞蛤蟆；云朝上，打烂田坝塘。

雷打春，忙不赢；雷打冬，十间牛栏九间空。

天上鲤鱼斑，晒谷不用翻。

这些气象谚语是安江地区人民祖祖辈辈在农业生产过程中经过反复的观测所总结的规律性论断。他们不仅必须根据天象来安排农事，经年累月地外出劳作也对他们提出了具备天象预测基本常识的客观要求，气象谚语无疑成了农家生产生活的指南针。

（二）生产类农事谚语

在传统农业生产中，除了要关注气象物候的影响因素，更需要充分发挥人的主观能动性。为此，安江地区人们不断总结农业增产增收的经验教训，在农事谚语中多有体现。其一，注重不违农时。比如，"一日春工十日粮，十日春工粮满仓"；"栽田如同赶考，收禾如同抢宝"；"栽田莫躲雨，打禾莫躲阴"。其二，崇尚精细化管理。比如，"人勤地不懒"；"田间管理如绣花，一丝一毫不能差"；"作田冒得巧，多犁多耙多锄草"；"三分在种，七分在管"；"农家三种宝：猪屎、牛粪、红花草"；"若要吃饱饭，良种年年换"。

在传统农耕社会的历史条件下，农业是衣食的主要来源，"重农"是生活所需，所以农人视农业为安身立命之本，不乞求天降横财不劳而获，只想靠辛勤劳动用双手获得收成。大量与农事有关的谚语可以说是帮助沅江流域农人维持生计的"参谋"和"军师"，直到今天老一辈的乡民仍不愿意离开土地，而大量农谚也能如泉涌般从他们口中说出。事实上，当地大部分农事谚语都是通过口耳相传的方式传承至今，并在当下的稻作农业生产生活中仍发挥着不可忽视的作用。

四、龙灯舞艺术

（一）草龙舞

安江地区舞草龙的历史非常悠久，自古就有"群龙草为先"的民间传说。草龙是群龙之首，因为稻为"五谷之王"，用之扎制草龙，相较于其他材料，更能表达人们对神灵的敬意，更能实现祈求风调雨顺、五谷丰登、六畜兴旺的美好愿望。

草龙因龙用稻草扎成而得名。草龙的造型古朴独特、制作讲究，主要用稻草扎制，另外还会用到竹竿、竹片、麻线等材料，工具是普通的砍柴刀、锯子以及剪刀。稻草龙的制作主要有选料、备料、挫草绳、削竹、编织、组装等步骤。编织稻草龙的材料是当地晚稻收割后珍藏的上好稻草，干鲜，秆黄，形态笔直修长，柔韧而耐用。制作时由两名经验丰富的行家相互协作，一人手握草把，一人束草为绳，穿插扎制。

舞龙灯时，舞龙者手持用稻草编织的草龙，在领队的指挥下，进行串灯、滚灯等各式动作。他们头戴草帽，肩披草蓑，腰系草裙，脚着草鞋，甚至光着膀子。舞灯时伴有爆竹声、锣鼓声，还有人们吆喝叫好的声音。一般当地舞草龙者多为青少年，而且各种龙灯之中以草龙灯为最尊贵，其他任何龙灯遇上了草龙灯都要避让。

（二）雪峰断颈龙舞

当地传说，雪峰"断颈龙"是为了纪念中原的泾河龙王，它随汉族南迁至雪峰山区，代代相传。"断颈龙灯会"将传说和历史故事演化为一个带有祭祀色彩的民俗活动，龙灯由"万岁牌""宝珠""龙头"和十三节断开的"龙身"组成，其中"万岁牌"象征皇上，"宝珠"象征宰相，"龙头"和"龙身"象征被宰相魏征误斩为十三节的泾河龙王。

龙灯是用竹扎纸糊的亮灯，灯内用蜡烛照明，整个龙身用一条白质龙衣将十三个竹篾篓连接起来。龙灯队每次出灯前，都会先到村里祠堂祭祀祖宗乡神，然后浩浩荡荡出发，前面由牌灯引路。龙灯一般在晚上舞，舞动时龙头追着宝珠四下盘旋，龙身上下翻滚，光影穿梭，配以激昂的辰河高腔锣鼓乐曲，场面颇为壮观。

每到一家，龙灯便会在堂屋转圈，专门有讲好话的人会讲祝贺主人的好话（贺新春、贺龙孙、贺华堂等），主人则拿出糖果瓜子烟分发，再封一个红包，有些主人家有时也会回好话，如果舞龙灯的好话讲不过主人家回的好话，那可是拿不到红包的。龙灯舞完后，一般要"燃灯"，把龙灯点上火后扔到溪里，来年要舞龙灯则重新编织。也有些地方不燃灯，来年接着用。

灯会活动期间，有的龙灯队配有数十上百盏的散灯，如狮灯、花灯、蚌壳灯、故事灯等，还有采莲船等，阵势更庞大，围观者众多，成为当地乡村最受欢迎的民俗文化活动。该项龙舞艺术已于2008年成功申报为省级非物质文化遗产。

（三）板凳龙舞

板凳龙舞也是当地民间较为常见的一种龙舞，相传由"舞龙求雨"

的祭祀活动演变而来。传说很久以前，民间遇上了大旱，东海的一条水龙不顾一切跃出水面，下了一场大雨，但水龙由于违反了天条，被剁成一段一段，撒向人间。人们把龙体放在板凳上，并把它连接起来，称其为板凳龙。舞板凳龙的习俗也由此产生。龙身就是农家用的普通长木凳，一般用红绸扎花系在凳子上，也可用纸画龙贴在凳上代表龙头。

板凳龙有多种耍法：有独凳龙，一人便可玩，两手分别执凳子前后腿；两人玩时，一人执两条前腿，另一人执两条后腿；三人玩时，前两人各以侧手执腿，后一人双手执两腿；舞动时，按照规定套路，合着鼓点，有规律、有节奏地舞动各种样式。有多凳龙，由五至十一人组成，每人各举一凳，为首者是龙头，最末者为龙尾，其余为龙身；另由两人举宝珠逗引龙行进，节节相随，时起时落。有时一条龙从头到尾有数十上百条板凳相连，每条板凳上都扎着各色花灯，琳琅满目，五彩缤纷。经典的板凳龙动作有"二龙抢珠""黄龙穿花""二龙戏水""金蝉脱壳""黄龙盘身"等。

板凳龙舞还有干龙和湿龙之分，干龙主要为娱乐，湿龙则为求雨。湿龙所到之处，百姓必泼水助威，舞者一身湿透。

（四）五彩龙舞

当地市镇中最为常见的彩龙舞是根据传统龙灯舞演变而来。它是一种颜色艳丽、多用于白天起舞或表演的龙灯。由于不点蜡烛也不装彩灯，一般不在晚上舞，或者只在街灯绚丽的街道上起舞。地方文旅部门为了弘扬传统文化，每年正月里都会组织一些彩龙的舞龙表演，十几条甚至数十条舞龙队走街入巷，伴随着耍狮、划彩船、挑花灯等传统民俗活动，营造着春节喜庆的群众文化氛围。每到舞龙之时，围观的群众会里三层外三层地将舞龙队围住，并伺机触摸龙头或从底下钻过龙身，以示吉庆有余。

安江地区的民间龙灯舞既体现传统农耕社会的节庆习俗，也渗透祭祀、礼仪活动的遗风，人们寄望通过舞龙灯活动来祈求风调雨顺、五谷丰登。

第四节　民间观念与信仰

一、对稻米的崇拜

我国是一个传统的农耕国家，食米文化历史悠久，有三分之二以上的人口以米饭为主食。安江一带流传的古代传说中有神农教民播五谷。据《齐民要术·耕田第一》记载："神农之时，天雨粟、神农耕而种之……然后五谷兴。"《史记·货殖列传》记载了"楚越之地，地广人稀，饭稻羹鱼"。湖南省文物考古研究所研究员贺刚研究发现，在安江盆地高庙遗址距今 7400 年前的文化层中存在碳化稻谷粒，并在高庙先民的石器上发现了薏米和稻属作物的淀粉粒，这是湖南湘西地区迄今为止年代最早的稻作文化遗存，这足以证明安江盆地周围地区、沅江中上游一带已经形成史前稻作文化。

高庙遗存出土的精美石斧，是中国发现的最早农用工具之一。在沅江流域的五溪大地上，考古学家们发掘出距今 5000 年左右的稻作文化遗址达 12 处之多，溆浦枫香遗址就出土了蚌镰，中方荆坪遗址出土了石镰。无论是蚌镰或是石镰，无疑与收割稻、麦、粟等有穗类农作物有关，这说明在高庙文化时期五溪先民已开始种植水稻等粮食作物。高庙遗址所在的安江盆地，位于雪峰山下，冬暖夏凉，潮湿多雨，雨量充沛，水资源丰富，土壤富含多种矿物质，是天然的稻作场所。

高庙是座新石器时代贝丘遗址，这里是目前国内少见的大型远古宗教祭祀场所，它位于沅江一级台地上，曾深埋地下数千年，直至 20 世纪末才得以挖掘，大量宗教祭祀艺术品不断出土，司仪、牲祭、人祭、窖藏与议事会客场所等设施一应俱全，其中位于北区中部最高处的是至高无上的高庙祭坛，由主祭（司仪）场所、附属建筑（议事厅或休息室和附设的窖穴）以及祭祀坑共三部分组成，已揭露面积 700 多平方米。祭祀坑内出土有经火烧过的牛、羊、鹿和龟等动物骨骼和螺壳，个别坑中有人祭遗存，出土陶器上大量装饰有太阳（天帝）、八角星、獠牙兽面（龙）、凤鸟等神灵图像，在司仪场所发现了两侧对称的双柱环梯建筑遗迹，据考证它是供神灵上下天庭的"建木"天梯。这种祭祀按着一定的仪式，向神灵致敬和献礼，以恭敬的动作膜拜，请神灵赐予人们丰富的自然资源和食物，达到单靠人力难以实现的愿望。

安江地区流传于民间的崇拜风俗也极具宗教意味：大米具有驱邪的神奇力量，婴儿受惊吓，要盛一杯大米，用婴儿衣服包住，念一些咒语后，放在婴儿枕头边，第二天早上拿起来看看，如果米沉下去一点点，就认为达到收惊目的；小孩子晚上睡不着哭闹，需要拿个小布袋，放入大米和其他山上采的天然植物，一起缝制挂在胸前，叫压惊包，可以镇邪安神；某个房间"不干净"，就用大米拌食盐或茶叶做成"盐米""茶叶米"在房内抛撒，可以去邪；盖房子要用盐米在作为基础的土地上抛撒后，才可以动土；结婚那天洞房门上要挂上一些东西，其中有一个米筛子和一个米袋子，就是用于避邪；甚至遇到一些不顺利的事情，有的人会用"问米"来占卜。可见流传至今的民间习俗里，大米被认为有一种神奇特殊的力量。

二、对土地的信奉

安江地区的人们认为载育万物的土地具有神性，因而试图取悦它，以求庇护，于是将土地的自然神性拟人化，希望人寿年丰，天下安宁。在这里，地公、地母就是土地神的象征，代表土地的神祇，是管理土地的最高权威，受到人们的献祭，并出现了大量专门祭祀土地神的庙宇。这体现了中国传统社会"尊天亲地"的农业文化，不仅是人们追求农业发展与进步的动力，更是古代先民企盼农业生产风调雨顺、大获丰收的精神寄托。

社日在中国历史上传承达数千年之久，是中国古代农业社会最盛大的节日。社为土神，《说文》："社，地主也。"社日，顾名思义是以祭祀土神活动为中心内容的节日。唐宋时期，社日达到全盛状态，社日的欢愉成为唐宋社会富庶太平的标志。在社日，儿童兴高采烈，妇女停下手中的活计，有了难得的闲暇，宋代妇女还有社日回娘家的习俗。成年男子更是社日活动的主角，他们共祭社神，分享社酒、社肉，笑语欢歌不绝。人们借着娱神的机会，击鼓喧闹，纵酒高歌。鼓与酒成为社日公共娱乐的两大要素，鼓是召唤春天的法器，社鼓犹如春雷，唤醒大地，催生万物。

在安江地区，几乎无村不建土地庙，无家不供土地神。人们认为，土地神是掌握土地和庄稼的神灵，它能够保佑禾苗壮大，能够防御风雹虫害，只要虔诚地供奉之，便会获得丰收。各种祭典极具农业神性，以促农种，以报秋实。这种崇拜绵延不绝，流传盛远，土地庙也成为当地人生活中的一种参与和创造，构成了具有价值的文化景观。

三、对雨水的祈求

水是所有生物不可缺少的东西，给人类的祸福远远超过其他自然物，因而成为人类最早产生并延续最长久的自然崇拜之一，水崇拜是由水与生命、农作物生长密切联系而产生的对水的种种神秘力量的崇拜。在高庙人的眼中，沅江及雨水就是神的恩赐，于是他们对赐给他们的各种形态的水顶礼膜拜，唯恐不恭，因为这里的沃土和水源，逐渐使他们过上了农耕定居的生活。除了天上的太阳、地上的泥土以外，水成为人类生存最重要的因素和最强大的自然力。

传统的农业社会靠天吃饭，如果久旱不雨，就会造成农作物低产，出现大面积饥荒，所以雨水对于农业的发展是至关重要的。在农作物遇到大旱的情况下，人们都会祈求上苍下雨，来解决农业生产和生活的需求。人们将掌管下雨的神称为"雨师"，可见农耕文明对降水的依赖，祈雨包含了中国古人对上天的敬畏。

唐宋以后，从神话中脱胎出来的龙王崇拜逐渐取代了雨师的位置，龙王掌管水利，是统领水族的王，被古人称为龙王爷。龙王庙的普建开始于宋，在民间广泛兴起龙王信仰，人们无比虔诚，小心翼翼地祷告着久旱逢甘霖。传说龙王能行云布雨、消灾降福，象征祥瑞，所以民间以舞龙的方式来祈求平安和丰收，渐渐地这种求福就成为民间的一种文化。

四、对丰收的渴望

稻作总是借助于世代相袭的土地及天时人和，才能成就一年的丰收。丰，茂也，盛也，甲骨文的"豐"像豆形的盛器中装满一串串玉环，表示富足；丰，描述了收获最美好的状态和结果，承载了人们殷切的期盼。对丰收的期待，贯穿在中华民族的历史长河中，是被顶礼膜拜的意向。中华儿女早已把对"丰收"的愿景，分解在生活的片段之中，形容一个人一无是处，是"四体不勤，五谷不分"；而五谷中的"黍"，在古代曾被当作长度度量，"100粒恰合一尺"。《礼记·月令》载："是月也，农乃登谷，天子尝新，先荐寝庙。"《荆楚岁时记》亦云："十月朔日……今北人此日设麻羹、豆饭，当为其始熟尝新耳。"后来，这种习俗沿袭下来，便是五谷神生日。由于人们对自然的崇拜，便想象冥冥之中有一位能主宰五谷生长的女神，称之为"五谷母"。

在历代的名篇佳作里，对丰收的礼赞，更是被反复吟诵，千古流传。"稻花香里说丰年，听取蛙声一片。""夕雨红榴拆，新秋绿芋肥。""锄禾日当午，汗滴禾下土。谁知盘中餐，粒粒皆辛苦。""喜看稻菽千重浪，遍地英雄下夕烟。"等等。自古以来中国就有庆丰收的传统，从远古先民的"祭年"庆典，到历代帝王亲耕的"籍田礼"，千百年间人们通过不同的方式庆祝丰收，祈盼丰收。

每年春节期间，洪江民间都会用上好的稻草精心扎成稻草龙，走村串户舞动，祈求国泰民安、五谷丰登、人畜平安。还有些村民在夜间坐在篝火前，"稻草龙"以大地为舞台，苍穹为背景，繁星做照明，在田野上左右腾挪，上下翻飞，鞭炮声、呐喊声、欢笑声，声声不断，庆祝丰收、祈福平安的习俗一直流传至今。

2018 年 9 月，首届"中国农民丰收节"在湖南省洪江市境内的安江农校纪念园里举行，这里就在高庙文化遗址附近，有着几千年厚重的传统农耕文化。袁隆平院士曾在安江农校工作生活了 37 年，并在这里培育出了世界闻名的杂交水稻。活动以"世界稻源　活力常在——杂交水稻从这里走向世界"为主题，以稻作文化为核心，以农民参与为亮点，通过不同文化艺术形式，如山歌、原生态表演等形式，结合来自田间地头、富有乡土特色的比赛表演内容，充分展现了当地农民时代新风貌，充分展示了洪江市"稻源"特色，"隆平精神"也得到了深入注解。活动还特别设立了由袁隆平院士授权的"袁隆平农民丰收奖"，用于表彰当地各方面突出的优秀单位和个人，进一步营造关心农业、关注农村、关爱农民的良好社会氛围。

五、对农事的执着

农事节日产生于农业生产和生活需要，来源于征服自然和改造自然的实践，发端于充满原始自然崇拜的农耕活动，是农耕民族的世界观在生产与生活中的反映，节日中的许多活动也是人类认识自然、适应自然和利用自然的仪式。高庙遗址发现的禽兽动物纹形陶器和象牙、石头等各种雕刻及八角星图像，与当时人们的方位观和天圆地方宇宙观有直接的联系，是方位天文学的典型符号，与周易八卦存在渊源关系。一些文化事象，并没有文字的记载，都是通过节日习俗口传心授、耳濡目染一代代地传承下来的，这些事象带有理智的主观和情感体验色彩，人们从来没有产生过任何的怀疑，反倒成为这里的一种信仰，并奉为一致的行为准则，这是一种灵魂式的敬仰，更是村民承传的一种集体情绪。

民俗处处透露着对自然的敬畏，流传于民间的主要农事节日有如下几种。

一是迎财神。现流传民间的"迎财神"，是在正月初五通过燃放鞭炮的方式迎接财神的到来，清人顾铁卿的《清嘉录》描绘了当时的情形："五日财源五日求，一年心愿一时酬；提防别处迎神早，隔夜匆匆抱路头。""抱路头"亦即"迎财神"。迎接财神会高声诉念："大财小财，八方来财；养财蓄财，年年添财；招财进财，和气生财；正财横财，恭喜发财。"然后供上牲醴，鸣放爆竹，烧金纸膜拜，求财神爷保佑一年财源广进。

二是龙抬头。农历二月初二，此时阳气回升，大地解冻，春耕将始，正是运粪备耕之际。俗话说："二月二，龙抬头，大家小户使耕牛。"据说二月二是东方苍龙抬头的日子，人们通过种种形式表达对春天到来的喜悦，寄托人们祈龙赐福、保佑风调雨顺、五谷丰登的强烈愿望。传说伏羲氏"重农桑，务耕田"，每年二月二这天，"皇娘送饭，御驾亲耕"，自理一亩三分地。后来黄帝、唐尧、虞舜、夏禹纷纷效法先王。到周武王，不仅沿袭了这一传统做法，而且还当作一项重要的国策来实行。这是基于过去农村水利条件差，农民非常重视春雨，庆祝"龙头节"，以示敬龙祈雨，让老天保佑丰收，并寄予美好愿望，故"龙头节"流传至今。

三是敬土地神。三月三，因即将动土种庄稼，故求土地神保佑庄稼苗壮成长，无灾无害，秋后获得丰收。流传于洪江市的三月三，每年都会在黔阳古城景区举行民俗文化节，来自全国各地的上万名游客和当地群众齐聚这里，品尝地菜蛋蒿菜饭，观看女子成人礼大典，参拜土地神，共享民俗文化盛宴。农历三月三，洪江市民间吃荠菜煮鸡蛋的习俗已流传甚久，传说此法可以祛风避虫、祈祷健康，还因"荠菜"与"聚财"谐音，每年这个时候，老百姓纷纷倾家而出，采摘荠菜煮鸡蛋，讨个"聚财"的吉利。在随后的成人礼仪式上，加笄、赐字、醮酒、拜谢、聆训等程序进行得一丝不苟，吸引了不少游客。在祭拜土地爷的吉时，将半熟的三牲、果品、金衣符纸、茶三杯、酒三杯加上五路财神金、土地发财金，再焚香祭拜。在香火将要着完时，点火焚化金纸与疏文，疏文一定要念诵一遍才能焚化，以招来财气，生意兴隆，保平安、保收成。这寄托了劳动人民祛邪、避灾、祈福的美好愿望，也就成为洪江市三月三独有的标志。

四是敬秧神。四月，会择吉日插秧，举行开秧仪式，村民会拿酒肉香纸祭秧神，预祝秋季水稻丰收，然后才能下田扯秧去栽。一般先由长者焚香点烛，放鞭炮，祭土地神；接着聚餐，饮开秧酒；然后由德高望重的长者或家长，至水田中插第一棵秧苗，晚辈边唱插秧歌边插秧，"小满开秧门，夏至关秧门"，种下的是希望，收获的是喜悦。插秧后不久就要进行一次除草拔秧的田间劳作，目的是给秧苗松土，称为"薅秧"。薅秧的动作极为简单机械，或用脚踩或用手拔，人们一边薅秧，一边拉家常、谝闲话，或者打情骂俏等。渐渐地，这些相互的交流就成为简单机械劳作中不可或缺的一部分，也就慢慢演变成了"薅秧歌"——"太阳高，阳雀飞，秧鸡子，咕咕叫，催人薅秧草。清水流，地儿肥，杂草深，稗子长，看得人心慌。左脚踩，右脚薅，剩下了秧苗苗，收成年年好！""秧歌撩春，田园永丰"，农民祭拜五谷神，期待好收成。

五是尝新节。农历六月六，在稻穗即将熟的时候，农家人从田里采摘少许稻穗，搓成米粒，煮成新米饭。然后杀鸡宰鸭、设置酒宴、招待客人，全家人按老幼顺序围坐在桌边，等最年长的尊长尝了第一口后，大家才依次动筷尝新。辛苦劳累了半年的人们，尝新节是难得的歇工放松的节日，人们尽情欢娱，举杯畅饮，企盼丰年。人们都会在节日的前一天到田里捉鱼、摘禾苞或谷穗回家，第二天将一株新谷穗插在神龛上，余下的谷穗去壳后掺在陈米里煮熟后祭祖，祈求祖先保佑五谷丰登。

另外，还流行着崇尚红色符号的民俗。妇女产下婴儿后，向亲朋报喜时，对方会回赠一些鸡蛋、糯米或肉之类。回赠品上面一定要有红色点缀，以示庆祝新生命的到来，增添喜庆、吉祥的氛围。红色是血液的颜色，也代表生命的符号，是对生命的原始崇拜和敬畏。

第六章　安江稻作文化影响下的
杂交水稻研究

安江农校位于安江盆地的中心区域，安江农校是名副其实的"杂交水稻发源地"和重要农业文化遗址，安江农校的杂交水稻研究深受安江稻作文化的影响。杂交水稻的开创者和总设计师、被国际上誉为"杂交水稻之父"的袁隆平，最早在这里成功培育出杂交水稻。杂交水稻的成功被世界公认为作物育种史上的重大突破，它的应用不仅解决了中国粮食自给的难题，也为世界粮食安全做出了卓越贡献。

第一节　杂交水稻诞生的背景

一、困难时期的理想信念

安江地区位于湖南省西部，总面积 21 万多平方公里，古为荆州之区域，唐为龙标县，宋 1080 年置黔阳县，县治历为黔城，1949 年后移驻安江镇。1953—1974 年，安江曾是黔阳专区所在地。安江自然资源丰富、气候温和，安洪河谷盆地土地肥沃，农业是主产业，占总产业的比重超过 50%，是重要的粮食产地。然而如此风水宝地，在民国时期水灾不断、烟土泛滥，地主的严重剥削压迫，加上匪患连绵，老百姓普遍忍饥挨饿。

中华人民共和国成立初期，人民政府每年都要发放救济粮赈灾济贫。

三年国民经济困难时期，人们粮食定量标准进一步降低。当时安江地区物资更是紧缺，物价上涨，黔阳县人民政府采取主要消费品实行计划定量凭票供应。以上率下，当时安江的食堂为了缓解饥饿，出现了"双蒸饭"，这样蒸出来的饭很松很胀，本来二两米加水蒸煮得到一碗饭，再加水蒸一次后变成一碗半饭。通过这种方法来增加供应量，其实质都是加水增量法。

安江农校当时给学生的粮食供应更是按年龄定量，年龄越小，定量越低。袁隆平的学生谢长江，个小定量低，饿得好几次早操起床都没力气，袁隆平还以为学生生病了，知道情况后沉默良久，嘴里说不出话来。中餐时用自己的饭票给谢长江打了一大碗米饭，谢长江后来成为绥宁县的政协主席，也没有忘记袁老师的一碗饭的救命之恩。袁隆平还亲眼看到师生实习地硖州公社农村社员把晾干的红薯藤煮一锅当饭吃，内心十分难过。为了防饥荒，当时的巧妇家里都保留着一个节粮惜粮的办法：每餐煮米饭时，把用量筒量好的定量米放进煮饭缸之后，再从中抓取一把米放进另一个桶里存起来，叫作每餐节约一把米，支援国家搞建设，实际上是积少成多为了备饥备荒。

袁隆平当时正处青壮年时期，爱运动，饭量大，饥饿使得袁隆平热量不足，夜里睡觉总是手脚冰凉，久久难以入眠，挚爱的游泳项目也停止了，因为没有饭吃，实在没有力气游泳。好在是学农的，能够识别更多的野果和野菜，偶尔断炊时能弄点杂七杂八的"野味"应付，但身边也没有半斤米的余粮。学校附近的乡村，饥饿的人成群结队，袁隆平亲眼看见过饿死人的人间悲剧。少粮、惜粮、节粮的岁月里，粮票、杂粮、野菜等成了一代人难忘的回忆，多产粮、广积粮、吃饱饭、吃大米饭成为老百姓的第一期盼。战胜饥饿、吃上饱饭成为全国人民最基本的也是最难的生活追求，这也是以袁隆平为代表的杂交水稻研究团队的初心与动因。袁隆平当年也是常常梦里吃上了饱饭乐滋滋，梦醒来饥肠辘辘。

袁隆平回忆说，"身处困难时期，大家成天都想能好好吃饭"①。袁隆平的初心"让天下人都有饱饭吃"就是在这样的历史社会背景下产生的。

二、遗传育种的探索研究

杂交水稻研究的学科背景来源于两个权威学派的遗传学理论。一个是苏联生物学家米丘林、李森科学派的遗传学理论，当时国内遗传学领域由他们的遗传学理论占据绝对统治地位，尤其是"向苏联一边倒"的年代，苏联体制和意识形态凌驾于一切教学和科研之上，米丘林、李森科的遗传学理论成为国内大学的教科书，其理论基础是"无性杂交"学说。他们认为"无性杂交"可以成功地改良品种或创造新的品种，即将两个遗传性不同的品种的可塑性物质进行交流，从而创造新的品种，该理论否认基因的存在。现代科学看来，米丘林、李森科的遗传学说有其合理性与适用性，但一味地强调后天的、外部的环境因素和客观原因，忽视先天性的内在的根本原因，并将基因学说作为唯心主义、形而上学进行批判，这就导致了我国著名遗传学家、袁隆平的老师管相桓先生所说的"只见树木，不见森林；只见量变，不见质变"。

在当时米丘林、李森科的遗传学理论成为教科书、对苏联模式迷信般崇拜的指导下，好学、喜欢寻根究底的袁隆平做了红薯与月光花嫁接、番茄嫁接马铃薯、西瓜嫁接南瓜等植物遗传试验。袁隆平的试验首先从红薯开始，指导思想很明确：红薯也是我国的重要粮食作物，通过嫁接使红薯增产缓解饥饿问题。试验目的很具体，把月光花嫁接到红薯上，通过月光花的光合作用强、制造淀粉多的优势来提高红薯的光合作用，以提高红薯的产量，增加红薯的淀粉。试验结果表面上取得了巨大成功，嫁接的月光花红薯，上面结了种子，下面长出了红薯王，地上地下双丰收，其中有一个红薯王 17.5 斤。在闹饥荒的年代，很多人认为他的这些

① 袁隆平口述，辛业芸访问整理：《袁隆平口述自传》，湖南教育出版社，2010，第 42 页。

成果已经找到了增加作物产量的方法，为此袁隆平作为典型还参加了1960 年在武冈县召开的全国农民育种家现场会。但是月光花嫁接红薯的种子第二年播下去以后，月光花照样在地上开花，地下的根就不再长红薯了。接下来袁隆平还做了番茄嫁接在马铃薯上的试验，收获时上面结番茄，下面长马铃薯，还真是一举两得。他还把西瓜嫁接到南瓜上，结果长出来一个形状既不像西瓜也不像南瓜、味道也既不像西瓜也不像南瓜的怪物。番茄与马铃薯嫁接的种子种下去以后，上面结不出番茄，地下长不出马铃薯。南瓜与西瓜嫁接后的种子第二年的结果表现也是一样。

以上的试验，按袁隆平的话说，表面成功，但结果"试验失败"，因为嫁接取得的种子都不能通过种子遗传下去。① 一句话，通过嫁接这种无性杂交的方式，根本无法获得优良变异的种子，要继续高产，就必须重复地进行再嫁接，这样实际上无法一劳永逸地获得优良品种的高产。一系列的试验证明了米丘林、李森科学说的致命缺陷：当代嫁接是可以的，但根本不能遗传。总结了失败的原因之后，袁隆平不顾当时理论学术界的巨大意识形态压力和政治风险，慢慢学习思考和试验当时被视为禁区的遗传学理论——孟德尔、摩尔根遗传学理论。

当时遗传学界另一个权威学派是孟德尔、摩尔根遗传学派。袁隆平是 1958 年通过《参考消息》获知 DNA 双螺旋结构遗传密码获得诺贝尔奖，国外的遗传学研究进入了分子水平，由此他认识到孟德尔、摩尔根遗传学说是真正的科学，并用它来指导育种，从而抛弃了米丘林、李森科的"无性杂交"学说。用他自己的话说："从 1958 年起，我觉得还是应走孟德尔遗传学、摩尔根遗传学的路子，那才是真正的科学。"② 当时农业教育系统把摩尔根遗传学当作唯心的东西，不能公开看摩尔根派的书，袁隆平只能用《人民日报》把书遮住。好学迷惘中的袁隆平所表现出的对"米丘林、李森科学派"的怀疑无疑是对当时中国主流遗传学理

① 袁隆平口述，辛业芸访问整理：《袁隆平口述自传》，湖南教育出版社，2010，第 40 页。
② 袁隆平口述，辛业芸访问整理：《袁隆平口述自传》，湖南教育出版社，2010，第 41 页。

论的挑战。这种挑战是需要有极大勇气的，承担着巨大的风险，有时甚至要付出生命的代价。当时知名度较高的知识分子许多都被打成"右派"，袁隆平也被戴上"宣传资产阶级反动遗传学说""修改毛主席'八字宪法'"受到猛烈批判，差点跌入命运的深渊。

"文革"初期，黔阳地委派来的工作组进驻安江农校，工作组决定把袁隆平定为批斗对象，特意查了他的档案，打算新账老账一起算。没想到袁隆平的档案里存放着一份红头文件——那是国家科委九局发给湖南省科委的公函，湖南省科委又转发给安江农校，责成安江农校支持袁隆平"水稻雄性不孕性"研究。工作组组长举棋不定，把握不准：袁隆平是走资本主义道路的批斗对象呢，还是保护对象。请示知识分子出身的时任地委书记孙旭涛，孙书记当即拍板"当然是保护对象"。就这样，一场批斗袁隆平的暴风雨，被国家科学技术委员会的公函压下去了。袁隆平抓紧来之不易的机遇，全力投入杂交水稻研究。

三、人生际遇的成功实践

知识、汗水、灵感、机遇，袁隆平总结的八字成功秘诀成就了杂交水稻科学研究。[①]

袁隆平知识渊博，读书涉猎范围很广，除了专业书、专业文献资料以外，中国的、外国的、古代的、现代的，只要是名书名作，他都喜欢，而且记忆理解能力超好。由于读书范围很广，袁隆平知识面很宽。因为出生于知识分子家庭，袁隆平很喜欢中国传统文化，熟读过四书五经、中国四大名著，喜欢唐诗宋词，爱好古典文学，酷爱英语且知识和技能运用自如，擅长小提琴，特别喜欢吟诗写诗。早年的立志抱负诗、青年爱情诗、中年感怀诗、成名后的砥砺诗、晚年的怀念母亲诗，还有生活

---

① 中共中央宣传部宣传教育局等：《用一粒种子改变世界的人——袁隆平》，学习出版社，2008，第50页。

中的幽默打油诗，水平与水准相当之高。他平时还喜欢与人调侃找乐子、编段子，记忆能力极强，模仿地方语言惟妙惟肖，知识面相当宽厚。他爱看国外名著，像《战争与和平》《泰戈尔情诗》《莎士比亚四大悲剧》《简·爱》《呼啸山庄》《钢铁是怎样炼成的》等，且喜欢读英文原版的。袁隆平对哲学很感兴趣，对传统哲学、西方哲学有自己的独到见解，尤其对马克思主义哲学的指导功能高度重视，对中国的传统哲学有独到的研究与见解，他学习过中国哲学史、西方哲学史，恩格斯的《自然辩证法》，毛泽东的《实践论》《矛盾论》等著作，认为学习哲学对于从事自然科学的研究很有指导意义。在攻克杂交水稻关的过程中，唯物辩证法给他帮了大忙，启发了他的思路。

袁隆平的成功离不开他一生的勤奋和付出的汗水。爱迪生有一句名言："天才是百分之九十九的汗水加百分之一的灵感。"袁隆平的勤奋一直是广大师生广为传颂的佳话。给学生上课时，为了在显微镜下观察细胞壁、细胞质、细胞核的微观构造，他刻苦磨炼徒手切片技术。十余次没有成功，他就上百次地切；百余遍观察效果不理想，他就上千次地实践，一直得到满意结果为止。许多夜晚，他独自待在实验室里做实验，凌晨一两点都没去休息，空寂荒僻的校园里，实验室的灯光在静夜中弥散。为了杂交水稻早出成果，他夏季秋季在安江的试验田育种，冬天要到气温高的海南去试验。这样下来，一年到头都顾不上休息，因此袁隆平说，我不在家，就在试验田，不在试验田，就在去试验田的路上。试验田里的秧苗、禾苗比他的儿子还亲，仅是三系杂交育种的十年里，袁隆平几乎没有回家过一个春节，爱人生三个小孩，没有一次在家陪伴，父亲母亲病逝都不在身边尽孝。年逾九旬的袁隆平还坚持下田。袁隆平最早的助手之一尹华奇研究员说，跟随袁老师杂交水稻育种四十多年，这四十多年袁隆平至少干了九十多年的事。

袁隆平说育种是一门应用科学，它是要实践的，硬要到田里去，肯定是要流汗的，天天在田里暴晒，天天汗水湿透衣背。从育种到制种再到生产上推广试验，每一个环节都是极为烦琐而细致的劳作。从浸种、中耕、除草、喷药防病防虫、杂交授粉，最后收获种子，一环扣一环，一轮又一轮，风里来，雨里去，无风无雨便是天天大太阳晒。袁隆平经常脚指头被水泡烂，流脓又流血。田里水深了，怕禾苗被水淹死；水浅了，怕禾苗被干死。深夜学术研究、撰写论文还不忘去田里巡查一次，比真正的农民还要辛苦许多倍，几十年如一日。袁隆平自我体会说，长年杂交水稻育种研究，要经得起"九得"的考验：晒得（不怕太阳晒）、淋得（不怕淋雨）、热得（不怕田间闷热）、冷得（不怕天冷）、吃得（胃口好不挑食）、饿得（不怕无法正点下班挨饿）、站得（不怕稻田站立干活累）、走得（腿勤不怕走路）、忍得（不怕受委屈）。

安江的杂交水稻科学构想的灵感，来源于袁隆平的一次选种发现。1961 年 7 月的一天，袁隆平在安江农校大田里选种时，发现了一株"鹤立鸡群"的稻株，长得特别好，稻穗大，籽粒饱满，下坠得如瀑布一样。细数一穗，有 230 多粒，由此推算，亩产可达 1000 多斤，对比当时一般稻种产量高出一倍。袁隆平当即做了记号，成熟时收获了种子。第二年把收获的种子进行了播种，得稻株 1000 多株，内心满怀期望能够有奇迹出现。但当抽穗时，袁隆平大失所望，发现稻株高的高，矮的矮，参差不齐，没有一株比得上父代。不甘心失败的袁隆平陷入了沉思。他一遍又一遍地思考，突然来了灵感：水稻是自花授粉植物，纯种是不会分离的，这株为什么会分离呢？这是不是孟德尔、摩尔根遗传学上所说的分离现象呢？突然一下，他灵光一闪，思维产生了火花，推断去年发现的那株"鹤立鸡群的水稻"是"天然杂交水稻"，心中不由一阵惊喜。通过进一步的思考，他认定水稻具有杂交优势，从此萌生了培育杂交水稻的念头。方向明确了，水稻杂交是有优势的，如果能找到利用杂种优势的方法，就可以实现水稻增产。

渊博的知识储备，超乎常人的勤奋努力，在灵感的启发下，袁隆平悟出了水稻属自花授粉作物，颖花很小，而且一朵花只结一粒种子，如果用人工去雄再杂交的方法获取种子，少量实验可以，但要大量在生产上进行是不行的，这是杂交水稻在世界上未能实现突破的关键。要解决这个问题，最好的方法就是要培育一种特殊的水稻——"雄性不育系"（母水稻），天生的"寡妇"水稻，袁隆平把它叫作"女儿稻"。这种水稻雄花没有花粉，要靠外来的花粉繁殖后代。有了不育系后，就可以解决不用人工去雄就可以大量生产第一代杂交种子的问题。袁隆平先后两次自费到北京请教名师，查询了国外大量的文献资料，借鉴国外杂交玉米和杂交高粱的经验，终于在自己的脑海里形成了杂交水稻的育种设想：利用水稻的雄性不育性，培育出不育系、保持系、恢复系，通过"三系"配套的方法，代替人工去雄杂交，生产大量的种子用于大田生产，达到增产粮食的目的。在知识、汗水、灵感的贮备下，袁隆平最终获得了一次又一次的机遇，成为世界杂交水稻之父。

四、农耕区域的文化生态

安江地处雪峰山系，属亚热带大陆季风湿润气候区，尤其是气候的垂直差异非常明显，不同海拔气候特征不尽相同。错落有致的山地、丘陵、平原、沟谷和盆地，以及多重性、丰富性的山地气候，营造了一个适宜植物竞相生长和变异的"物种天堂"。据研究发现，这里存在一个神秘的物种变异活跃区，该区域以安江镇为中心，顺沅江南北走向呈长三角形，用地图分块测算面积为 68 平方千米，众多生物变异多发生于区域内的河谷洼地和山间盆地，因而这里历代物产丰盈，珍品迭出，堪称"神奇物种遗传变异活跃区"。[①] 在这个变异区，仅黔阳柑柚种类就达 70 多个品种。其中，栽培面积大、产量高、质量好的有冰糖甜橙、大红甜橙、安江香柚、石榴柚和金秋梨等 5 个本土优良品种。其中优良品种冰

---

① 唐光斌：《怀化——怀抱天下化五溪》，社会科学文献出版社，2019，第 58 页。

糖甜橙家喻户晓，本品种系实生苗变异而成。1935年，龙田乡长碛村农民段幼旬上山砍柴，发现一棵茁壮野生橙树，挖回后经专业技术人员育成。由于冰糖甜橙品质优良，适应性强，后来成为全省重点发展的品种。1966年10月，在全省柑橘鉴评会上冰糖甜橙名列第一，1977年1月在北京召开的全国优质柑橘鉴评会上被评为第一，1978年在全国科学大会上被授予选种成果奖，1985年又获全国优质农产品金杯奖。优良品种大红甜橙，原产安江镇中山园村，亦系芽变而成，20世纪50年代由安江农校教师肖隆寿选出，1977年1月在全国选育种鉴评会上评为第9名，1978年获湖南省科技成果奖。安江香柚是黔阳传统的地方优良品种之一，相传是封建王朝的贡品，亦称"贡柚"。安江鼎鼎有名的金秋梨，祖先也是来源于物种变异，是日本梨品种"新高"的变异品种，金秋梨的出现结束了南方梨"质优不耐贮，耐贮质不优"的历史，1994年金秋梨荣获"全国星火科技精品展示会"金奖。安江物种的丰富性、优良性、变异性，为20世纪40年代农科主任罗紫崖育成水稻品种万利籼、袁隆平1964年发现天然雄性不育株、邓华凤1987年发现天然光温敏核不育株、肖杰华80年代发现棉花雌雄异熟株提供了地域上的良好生物生态环境。

　　安江历史悠久，处于稻作文化的核心区域，还有着深厚的农耕文化、贬谪忧患文化、敬畏尊重自然的祭祀文化和民族融合文化的沉淀，为袁隆平成就杂交水稻事业，提供了必不可少的文化营养。考古学家在距安江农校两公里处的岔头乡岩里村高庙一带，先后发掘出土了大量新石器时代的文物。经考古发现，距今7400多年前，高庙先民已经在这里敬畏自然、祭祀祖先、种植水稻。同时，距安江不远的中方县高坎垅遗址，也出土了4500多年前的大量农耕器物。袁隆平开展杂交水稻育种研究，是传统农耕文化在现代条件下的传承和延续。

　　袁隆平对为他写传记的作者讲过："对我影响最大的有三个人，屈原、李白和我的母亲华静！"屈原满腔爱国情怀，却"信而见疑，忠而被谤"，被流放五溪蛮地，尽管"路漫漫其修远兮"，却不改"吾将上下而求索"之志。李白才高八斗，也曾经被流放夜郎之地，却依然豁达豪放。袁隆平在安江农校工作的初期，也曾遇到人生的困顿和挫折，屈原、李白的情怀和意志影响了他，更有母亲华静的直接培养。华静女士毕业于教会学校，在袁隆平幼年的时候就教他学英语，又告诉他：一粒种子可以结出很多种子。这为袁隆平走向科学世界打下英语基础，也给幼小的袁隆平心里播下了造福人类的"种子"。

安江又是一个多民族聚集区，各民族人民在长期的生产生活实践中，互相学习、借鉴和交融，形成了多元的融合文化。安江盆地人民淡泊名利的品质、自强不息的精神、团结协作的理念，使袁隆平能在这穷乡僻壤工作生活得安心满足，他把自己的三个儿子先后取名为定安、定江、定阳，在名字中嵌入安江、黔阳的地名，足以说明袁隆平对安江感到很"安心满足"。他在安江生活工作了 37 年，对安江的一山一水、一草一木都产生了深厚的感情，养成了从来不怨天尤人，从不计较别人过失，从不与任何人发生纠纷的品性，他的豁达、包容、胸怀、与人为善与安江人民的多民族融合团结传统是息息相关的。

第二节　杂交水稻在安江研究成功

20 世纪 60 年代初期，袁隆平正式选择"杂交水稻研究"作为自己的科研课题。此后，在安江农校这片土地上，袁隆平带领他的助手经历长达十年的坎坷和磨砺，终于实现了籼型杂交水稻的"三系"配套，并育成第一个杂交水稻强优组合南优 2 号，随后杂交水稻在国内外得到大面积应用推广。1981 年三系籼型杂交水稻获中华人民共和国成立以来第一个特等发明奖。20 世纪 80 年代后期，他带领团队又育成了两系杂交稻并在全国大面积推广。2014 年 1 月两系杂交水稻获国家科技进步特等奖。安江作为杂交水稻领域两个国家最高奖的起始地，是名副其实的杂交水稻发源地。

一、艰难无比的酝酿过程

（一）研究起点

袁隆平最初在安江农校试图用孟德尔、摩尔根学说开始育种研究，他最早研究的不是水稻，更不是杂交水稻，而是红薯和小麦。他在红薯增产上花了不少心血，但他不久便感悟到我国无论是南方还是北方，红薯不是主粮，只有大米一日三餐吃不厌，此后他不再专注红薯的育种研究。

袁隆平也曾考虑开展小麦的育种研究，因为小麦是世界三大谷物之一，由此他查过许多资料，参加过全国的小麦育种会议，进行过不少的调查研究。后来他认识到小麦从来不是湖南的主粮，湖南九成以上的粮食都是水稻。1960 年 8 月，中共中央发出了"全党动手，全民动手，大办农业，大办粮食"的指示，文件中写下了"民以食为天，吃饭第一"的话语，袁隆平深深感受到农业育种工作者的重任，开始专注水稻的高产育种研究。由于水稻是中国南方最广泛的农作物，也是我国农业科技人员最广泛的研究对象，前人育种早已开始，有的取得了可喜的成就，但大部分都是因为受传统遗传学理论的桎梏而碰壁。美国著名遗传学家辛诺特、邓恩和杜布赞斯基合著的《遗传学原理》，是一部遗传学入门教科书，该书明确指出水稻是自花授粉作物，自交无退化、杂交无优势，从此自花授粉植物"无优势论"成为权威定论，成了禁律或禁区。基于种种情况，袁隆平也曾举棋不定，犹豫过研究水稻育种能否取得突破。

真正触动袁隆平开始笃定研究水稻高产育种的是 1960 年 8 月，当时正处我国国民经济困难时期，袁隆平响应中央大办农业的号召，带领 40 多个学生到农村"深入农村，支援农业，搞教学、生产、科研相结合"

的农村实习。实习的地点是离学校不远的硖州公社秀建大队，当时要求与农民同吃同劳动，袁隆平住进了生产队长老向的家里。老向精明能干，因闹饥荒，老向骨瘦如柴，一心想着的是如何多打点口粮。一个大雨天老向跑了几十里山路，从雪峰山的八面山斛回一些种子，以多年从事农业生产的丰富经验对袁隆平感叹道，水稻生产"施肥不如勤换种啊！""袁老师，你是搞科研的，能不能培育一个亩产八百斤、一千斤的新品种，那该多好啊！"① 水稻、良种、种子，这些关键词立刻在袁隆平脑海里聚焦，让袁隆平顿悟：要选择水稻、选择良种、选择种子作为自己的研究方向。

（二）研究方法与研究路线

选择好自己的科研课题后，袁隆平的研究方法前期主要是观察与优选法，即仔细观察稻穗，留存优良饱满产量高的种子。后期主要是实验室观察、盆栽试验、品种试验、杂交育种试验、远缘杂交试验、对比试验、区间试验与区域试验等。在正式决定走水稻杂交育种之前，袁隆平也像老农一样进行了普通常规水稻田间选种，将前一年穗长、粒多、优良饱满的稻种选出来作第二年的种子，试验结果发现，产量对照非优选种子确有较大增产。他还进行了直播试验与科学密度试验，亩产对比传统方式增产90到100斤，效果明显，但进一步增产的潜力非常有限。尽管如此，袁隆平最终还是认定并坚定了水稻增产必须从种子开始。

水稻是典型的自花授粉作物，雌雄同花，花器很小，人工去雄难度大，加上稻田用种量大，用人工去雄的杂交的方法生产杂交稻种是不可行的。如何才能实现水稻杂交优势利用呢？袁隆平借鉴国内外的育种经验，最早设计出通过"三系法"来实现水稻的杂种优势利用，其基本培育步骤如下：

第一步，要找到雄性不育株，即母禾；

第二步，找到一种特殊水稻品种作父本，即雄性不育保持系，用它

---

① 袁隆平口述，辛业芸访问整理：《袁隆平口述自传》，湖南教育出版社，2010，第45页。

作父本给母本授粉，使其后代保持雄性不育特征；

第三步，选择一个稻种与不育系杂交，使其后代恢复生育能力，即恢复系。三系配套，便可制种与生产。原理如下图。

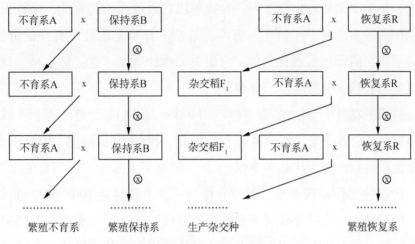

注：符号x表示杂交，符号 ⊗ 表示自交

三系法杂交水稻系统

二、三系杂交水稻的研究

（一）勇闯三系配套关

第一步，袁隆平老师痴心寻找母禾——雄性不育株。袁隆平从没有见过天然雄性不育株，找过众多中外资料也无迹可寻。他只好用最原始的办法，到稻田里一株一株去寻找。这是名副其实的大海捞针，自然界的概率约三万分之一、五万分之一。最初的寻找时间开始于1964年夏天。他身子弯成90度，脑袋在潮湿闷热的稻浪中一穗一穗扫描观察，脚下是滚烫的热水，脸热得通红，背晒得起泡掉皮，每天从上午10点左右到太阳下山，一日接一日地寻找。连续寻找十四日，7月5日下午2点，功夫不负有心人，他终于在安江农校洞庭早籼稻试验田里寻找到了自己毕生第一株雄性不育株。他当时感觉在做梦，手发抖。他采下部分花药拿回实验室镜检，在高倍放大镜下观察，证实了这是一株天然雄性不育株。因为一株数量太少，没有群类性和代表性，他按照同样的方法，第二年继续艰难寻找，共发现了 6 株雄性不育株。这 6 株像命根子一样的稻株，是杂交水稻的生命密码，袁隆平用它通过人工的方式，培育出单一功能的母本品系——雄性不育系，雄性不育系是雄性不育株的群体，袁隆平叫它们母水稻或女儿稻，它丧失了雄性功能。有了母水稻，就不用反复再去找水稻的雄性不育株了。

袁隆平花费了 2 年光阴，观察了 140000 万个稻穗，终于得到 6 株雄性不育材料。接下来，经过 4 年精心培育，授粉的品种达到 1000 多个，南繁北育得到杂交后代品种 3000 多个，积累了大量的培育不育的材料。这一阶段的工作艰苦卓绝，却没有得到一个不育度达 100% 的理想不育系。也就是说，真正合格的不育系没有育成，此时杂交水稻三系的关键的第一步一时无法突破，历时 6 年还是处于徘徊不前的境地。这时候讽刺袁隆平的言论也如种子一样到处散播开来，并传言说"三系，三系，三代人搞不成器"……

山穷水尽之际，袁隆平总结了 6 年的育种实践，细细查找不育系不育度没有实现 100% 的原因，断定自己的思路没有出错，那问题出在哪里呢？绞尽脑汁地思考后，袁隆平又一次悟出了灵感，原有的水稻杂交试验，一直没有跳出栽培稻的圈子，即水稻品种的亲缘关系太近，下一步尝试重点走远缘杂交技术路线进行试验。

第二步，助手李必湖、冯克珊按照袁隆平远缘杂交路线设想，1970 年 11 月 23 日在海南三亚南红农场沼泽地里发现并找到天然野生的水稻雄性不育株——"野败"，为杂交水稻三系配套攻克保持系难关找到了根本突破口。果然，按照袁隆平的思路，助手们利用"野败"材料经过全国协作攻关，历时 3 年终于育成不育度达 100% 的不育系及相应配套的保持系。

第三步，袁隆平及其研究团队利用野败材料育成的不育系，广泛利用不同水稻品种与之测交，历时 1 年育成恢复系。

（二）智闯优势关和制种关

杂交水稻"三系"配套成功代表的是理论与实验研究的完成，并不表示生产上就能大面积推广应用，要进行大面积推广还必须解决稻谷产量高的"优势关"和制种产量高的"制种关"。

"三系"实现配套突破以后，稻谷产量优势几乎没有表现，而其他优势十分明显。禾苗长势特别好，诞生了所谓的"三超稻"，即禾苗长势超父本、超母本、超对比品种，但是验收稻谷产量只有100多公斤。面对这种尴尬局面，专家们又急坏了，认为杂交水稻米不养人，糠不养猪，草不养牛，没有推广价值，说明杂交水稻还是失败的。袁隆平在杂交水稻科研项目验收几乎又要被"枪毙"之时，沉着冷静，显示出了卓越精湛的专业水平与观察分析能力，他充满自信地细心解释：从表面看是失败了，没有高产量；但从本质看是成功了，因为后代生物优势明显，只要改善方法，生物优势可以表现为产量优势。① 经过改变育种方向，第二年产量优势得到实现，杂交水稻产量优势关涉险取得突破，大幅度提高产量问题迎刃而解。

杂交水稻大田生产需要大量的杂交种子，然而初期通过"三系配套"收获的杂交水稻种子产量很低。第一年制种两亩田，仅收获了17斤种子，如此低的制种产量，无疑导致杂交水稻在生产上推广的成本巨大，这又是一个几乎令人绝望的难关。又是通过一年多的攻关摸索，终于探索出了通过父本与母本分期播种保证花期相遇、赶粉等一系列配套方法，闯过了三系法水稻的最后一关——制种关，亩产种子60斤。后来又不断取得100斤、200斤、300斤的突破，解决了大田生产的种子难题。

籼型杂交水稻"三系"配套研究成功后，又闯过优势关和制种关，杂交水稻研究进入一个更新、更高、更广的新阶段，一直延续至今天。

"更新"，最先用于大田生产的杂交水稻品种是袁隆平及其研究团队育成的"南优2号"，随后新品种如雨后春笋不断涌现，全国的杂交水

---

① 袁隆平口述，辛业芸访问整理：《袁隆平口述自传》，湖南教育出版社，2010，第104页。

稻新品种已达 1000 多个。安江作为杂交水稻的发源地，先后育成高产、优质的代表组合品种有威优 64、威优 16、威优 48、威优 49、威优 314、威优 438、威优 402、威优 191、八两优 100、金优 102 等共 100 多个，单个亩产都是 1000 斤以上，推广到全国 16 个省区共 6 亿亩。

"更高"，亩产节节攀升，不断提高。最早的平均亩产 500 公斤，随后每隔几年增长一个台阶，700、800、900 公斤，2014 年袁隆平的超级稻 "Y 两优 900" 在溆浦县做百亩示范片栽培，经国家农业部专家组验收亩产达到 1026.7 公斤。

"更广"，推广面积最早由安江进而到南方省份，再到长江以北、黄河以北进而到全国；再由中国走出国门推广到美国、印度等国家及南美、非洲国家，现已辐射到世界近 50 个国家和地区；品种由前期的单一晚稻品种推广至中稻和晚稻等诸多品种；品质由前期的一般米质到现在的优质和特优米质。

三、两系杂交水稻的研究

两系法杂交水稻从 1987 年正式列入国家 "863" 计划开始，此后分别闯过不育关、繁种关、优势组合关，至 1995 年 8 月，袁隆平又一次向世界郑重宣告："我国历经九年的两系法杂交水稻研究已取得突破性进展，可以在生产上大面积推广。"

三系杂交水稻成功以后，袁隆平并没有躺在功劳簿上，而是提出了"杂交水稻育种的战略设想"。即杂交水稻要从三系法向两系法方向发展，杂种优势水平由品种间到亚种间再到远缘杂种利用而不断提高。两系法杂交水稻研究成功以后，袁隆平又将重点转向了超级杂交水稻的研究。

1973 年我国"三系"法杂交水稻宣告配套成功当年，湖北省农业科技人员石明松在晚粳稻中发现了三株自然雄性不育株。这种突变株，在夏天的时候是雄性不育的，可以用来制种；但是到了秋天却是正常的，因而可以自我繁殖，省掉了保持系，简称"两系法"。经过科研人员联合攻关，1985 年最早育成粳型光敏核雄性不育系"农垦 58"，为两系法杂交优势利用立下了首功。

1987 年 7 月 16 日，袁隆平的助手邓华凤在安江农校三系籼型杂交水稻的试验田中发现了一株"怪怪的母稻"，经过转育育成籼型光温核雄性不育系"安农 S-1"。其功能像"两栖动物一样功能强大"，在高温长日照条件下，表现雄性不育；在平温、短日照条件下，又恢复到正常可育。利用这一生态遗传学特征，在夏天日照长、温度较高的时候，我们可以用恢复系来给它授粉，直接生产杂交稻种子；在秋天或者春天温度比较低、日照比较短的时候，它就可以恢复正常，可以自己繁殖后代不育系。这样就省掉了保持系，一系两用，两系法杂交水稻就此育成。

石明松与邓华凤两个人育成的两个不育系的不同点在于一个"温"字，即温度，正是这一根本差别，邓华凤的这一"安农 S-1"成为袁隆平科研团队的第一个两系法母本，为袁隆平的两系法杂交水稻研究打开了突破口。随后袁隆平带领研究团队，攻克了两系法研究中的关键技术难题，创立了光温敏不育系育性转换光温作用模式，提出选育实用光温敏核不育系不育起点温度低于 23.5 ℃的关键技术指标，研究并提出核心种子生产程序和冷水串灌系列繁殖等重大技术，两系法杂交水稻研究终于取得成功并推广应用。目前，两系杂交水稻推广区域遍布全国南方稻区 16 个省（自治区、直辖市），安徽、湖南两省的两系杂交水稻种植面积超过了三系杂交水稻。截至 2012 年，两系杂交水稻累计种植面积 0.33 亿公顷，增产稻谷 100 多亿公斤。2013—2015 年，新增 10 个两系法杂交水稻组合被农业部确认为超级稻主推品种，3 年累计推广面积约 0.13 亿公顷，总产 13433 亿公斤以上，增产稻谷近 746 亿公斤；总产值超过 2000 亿元，增收近 90 亿元。①

---

① 袁隆平：《中国杂交水稻发展简史》，天津科学技术出版社，2020 年，第 62、63 页。

如果说三系法杂交水稻为中国人开启了自己养活自己的时代，那么两系法杂交水稻则为中国开启了更高产、更优质、更高效的杂交水稻新纪元。杂交水稻育种，三系法是"经典的方法"，两系法是中国的独创。两系法的优越性首先是简单，不要保持系，育种程序简化，节约了大量人力物力财力和良田；其次是选到优良组合的概率大大提高，具有更广阔的应用前景，比三系制种增产16.5%，比三系品种增产粮食20%左右，米质普遍较好。

此外，一系杂交水稻目前仍处探索阶段。一系法杂交水稻目前进展缓慢，袁隆平认为通过常规手段难以搞成一系，必须与分子生物学技术结合起来，这需要走很长的路。

第三节　杂交水稻福泽世人

"仓廪实而知礼节，衣食足而知荣辱"，粮食是民生最大问题。中国的粮食安全，是世界粮食安全的"稳定器"和"压舱石"。杂交水稻的育成和推广，为我国乃至世界粮食生产做出了重大贡献，是农业科学史上的一座里程碑，在中国农业史上写下了光辉的篇章。

一、对经济社会影响深远

杂交水稻的发明与推广应用，为水稻的大幅度增产开辟了一条崭新的有效途径，取得了巨大的经济效益和社会效益。美国著名农业科学家唐·帕尔伯格费赞扬道："袁隆平为中国赢得了宝贵时间，他在农业科学上的成就让我们远离了饥饿的威胁，引导我们走向一个丰衣足食的世界。"2001年2月20日，袁隆平被授予首届国家最高科学技术奖。

（一）吃饭难题得到解决

最先感受杂交水稻魔力的是安江人民。第一个"三系"杂交水稻组合品种"南优 2 号",增产效果一鸣惊人。1974 年,袁隆平及其研究团队利用三系育成的杂交水稻强优势组合"南优 2 号"在安江(安江农校)的试验田作为中稻试种,亩产突破六百斤大关(628 斤)。袁隆平的大学同学张本在贵州金沙县试种 4 亩,亩产竟然超过 400 公斤。黔阳县农科所试种 8.94 亩,平均亩产 437.5 公斤。又拿该品种作双季稻大田种植 20 亩,平均亩产 511 公斤。随后,"南优 2 号"开始在产粮大省推广,这是中国杂交水稻的一个重要里程碑。1976 年,杂交水稻终于实现在全国大面积推广,粮食总产量得到大幅度提高。随着改革开放后联产承包制的推行,中国人的吃饭问题基本得到解决。

据统计,从 1976 年至近年,袁隆平院士研究的杂交水稻,已累计推广 90 多亿亩,增产粮食 8000 多亿公斤。平均亩产由推广前的常规稻 250 公斤提高到 800 公斤以上,平均每个中国人每年粮食标准达到 400 公斤以上,全中国人吃上了饱饭(温饱型粮食标准 400 公斤/人,小康型 450 公斤/人)。大量的农业劳动力得以从土地上解放出来,从根本上改变了"八亿农民搞饭吃"的局面。

(二)**农业产业规模发展**

杂交水稻的问世,使粮食生产能力得到大幅度提高的同时,还带动了养殖业、加工业等诸多农业支柱产业的规模发展。如杂交水稻制种业迅速发展,逐步形成了杂交水稻种子从品种(组合)选育到种子生产、加工、销售、推广一体化产业,各级种子公司与杂交水稻同步发展,成为农业部门规模大、发展快、活力强的支柱产业。又如,杂交水稻的普及,粮食总产量大大增加,为发展畜牧业创造了条件,广大农村出现了"六畜兴旺"的局面。再如,随着杂交水稻制种面积的不断扩大,加上大田栽培上的需要,使植物生长调节剂喷施剂量提高,"九二〇"、多效唑、增产菌、谷粒饱等植物生长调节剂,也因杂交水稻生长的各个不同时期的需要,逐步扩大生产规模并形成产业。同时,杂交水稻生产规模的扩大,推进了水稻产业集约化发展,极大地带动了种子加工机械、农药生产加工、有机肥料、饲料、食品加工、包装机械及自动计量仪器等相关产业的发展。

（三）农村劳力获得解放

随着杂交水稻的普及推广，亩产持续增高，粮食连年丰收，农民从靠天吃饭实现了旱涝保收，一般一季杂交中稻就足以满足一年的粮食需求，从而使大量农村劳动力从土地中解脱出来，为农村劳动力的转移创造了现实条件。一方面，广大农民纷纷进城务工，渗透到国民经济各个行业，成为我国产业大军的主力，推进了城镇化建设进程；另一方面，广大农民从城市带回资金、技术和市场经济观念，为新农村建设注入了活力。在国际产业的分工体系中，低廉、丰富的劳动力资源成为我国参与国际贸易的禀赋优势，使制造业迅速崛起，我国也因此被冠为"世界制造中心""世界工厂"。

（四）全球播撒粮食种子

1979 年 5 月，美国西方石油公司下属的圆环种子公司将从中国引进的 3 斤杂交种子带回美国试种对比，中国的杂交水稻比美国的对照良种增产 50% 以上，一时在美国种业界引起轰动。在得克萨斯州试种的"威优 6 号"杂交稻，亩产 1510 斤，比当地对照良种增产 61%，被美国人惊呼为"东方魔稻"。圆环种子公司终于下决心引进中国的杂交水稻技术，从此杂交水稻跨出了国门，这是中国农业第一个技术转让合同，连美国这样发达的资本主义国家也向中国购买技术，令国人十分骄傲和自豪。1994 年 3 月 9 日，中美两国又达成《中国湖南杂交水稻研究中心与美国水稻技术公司共同开发和经营两系杂交稻的合作协议》，袁隆平始终引领世界杂交水稻的核心前沿技术。鉴于袁隆平的卓越贡献，2006 年袁隆平当选为美国科学院外国院士，这是中国农业科学界首位入选美国科学院的外籍院士。

亚洲最先引进杂交水稻的是稻米主产国菲律宾。2001 年 8 月，菲律宾总统阿罗约亲自为袁隆平颁奖——拉蒙·麦格赛赛奖，感恩表彰袁隆平的杂交水稻为菲律宾农业做出的杰出贡献。

印度有悠久的种稻历史，吃大米人口八九亿，但印度每年大约有350万儿童因为饥饿死亡。袁隆平为印度成功培育了适合当地生态条件的杂交水稻组合，现已推广到300多万亩。印度由原来的粮食进口国，现在已成为粮食出口国。

泰国以产稻米著称于世，2001年泰国从中国引进杂交水稻品种，对比当地品种平均增产30%至58%，2004年泰国政府为感谢袁隆平的贡献，授予袁隆平"金镰刀"奖。

越南从中国引进杂交水稻后，由于增产粮食幅度大，越南由原来的粮食进口国一跃成为仅次于泰国的世界第二大粮食出口国。2005年5月，越南政府为感谢袁隆平的贡献，专门授予袁隆平"越南农业和农村发展"荣誉徽章。

非洲把袁隆平的杂交水稻称为"绿色希望种子"。近年来，中国的杂交水稻在马达加斯加、几内亚、马里、赞比亚、塞拉里昂、利比亚、尼日利亚均取得了惊人的效果。喀麦隆老百姓最喜欢吃的粮食是大米，过去平均每星期只能吃两次，引进杂交水稻以后，粮食产量一下比当地原有产量增长了3倍以上，人们每天吃上了大米。为感恩杂交水稻，马达加斯加全国发行的货币，采用了杂交水稻的高产美图。

自2001年开始，南美水稻主产国巴西、乌拉圭、阿根廷等国家开始种植中国的杂交水稻，产量远高于当地良种，显示了良好的发展前景。

目前，中国的杂交水稻已被引进到50多个国家和地区，遍布世界五大洲各个地区。据有关统计，杂交水稻从20世纪90年代末走出国门至2007年，推广总面积就达200多万平方公里，增产稻谷50亿公斤，为解决世界贫困人口的饥饿问题做出了突出贡献，受到联合国粮食及农业组织（简称联合国粮农组织）和发展中国家领导的高度赞扬。

二、对农业科学贡献卓著

袁隆平的卓越贡献不仅在于帮助解决人类粮食危机，而且在学术理论和方法上也有着重大突破和创新。我国的杂交水稻较美国、日本等国起步晚，科研设备也不及发达国家，为何杂交水稻能首先在我国获得成功，并一直保持国际领先地位？从学术方面来说，是由于以袁隆平为代表的科研团队在学术理论、创造能力、科学方法上不断创新。袁隆平创立了一门崭新的杂交水稻育种和栽培新学科，一生出版《杂交水稻学》《杂交水稻育种栽培学》等专著 7 部，发表高水平论文 60 多篇，获国内外重大奖励 20 多项，丰富和发展了农作物遗传和育种理论。

（一）实现水稻杂种优势利用理论

袁隆平早在 1966 年的《科学通报》第 4 期发表了名为《水稻的雄性不孕性》的论文，以科学事实和科学实验为依据提出了"水稻具有杂种优势现象"，打破了经典遗传学上的"自花授粉作物杂交无优势"论，并提出了通过培育雄性不育系保持系和恢复系的"三系"法途径利用水稻杂种优势的设想，并获得成功。

袁隆平总结出的"三系"选育和配套理论，设计了相关的技术方案，特别是悟出了通过扩大、激化杂交亲本质核矛盾选育不育系和保持系，通过缩小、缓和杂交亲本质核矛盾，获取恢复系，实现"三系"配套的理论。在这一理论指导下，通过李必湖发现的"野败"，与栽培稻的远缘杂交转育，育成了不育系和保持系，打开了"三系"配套的突破口。接着又从亲缘关系入手，在东南亚一带水稻品种中测交筛选出恢复系，从而实现了"三系"配套。特别是他主持编著的中国第一部《杂交水稻育种栽培学》[①]，全面系统地总结了杂交水稻的育种、繁殖制种、栽培中的理论和实践问题，创立了杂交水稻学这门崭新的学科。

---

① 袁隆平、陈洪新等：《杂交水稻育种栽培学》，湖南科学技术出版社，1988。

（二）提出杂交水稻战略发展理论

1987 年，袁隆平发表了具有里程碑意义的重要论文《杂交水稻的育种战略设想》。论文指出："现在的杂交水稻只是处于发展初级阶段，她还蕴藏着巨大的增产潜力，具有广阔的发展前景。"[①] 并高瞻远瞩地提出了杂交水稻育种的阶段发展战略，即三系法为主的品种间杂种优势利用、二系法为主的亚种间杂种优势利用、一系法远缘杂种优势利用。杂交水稻每进入一个新的阶段都是一个新的突破，从而使水稻的产量获得一个更高的水平。袁隆平提出把光温敏不育基因和广亲和基因结合起来，通过亚种间杂种优势利用，进一步提高产量和米质，同时简化种子生产程序，降低成本。并针对两系不育系在盛夏低温时出现的育性波动现象，及时提出选育实用的水稻光核不育系的战略，使两系法杂交稻培育成功并应用于生产，而且使其他作物如高粱、棉花、油菜、小麦等的两系法研究也获得了极大的启发和借鉴。目前，这一战略设想始终是杂交水稻研究发展的指导思想。

（三）创立超级稻育种理论

袁隆平总结了 40 年的育种经验，分析了国内外超高产育种的现状和未能实现的原因，提出了超级稻稻株形态模式和"必须把形态改良和杂种优势利用结合起来"的超级杂交稻培育技术路线。在稻株形态模式上，他纠正了过去设计中"重库轻源"的倾向。他指出在关注"扩库"这一重点的同时，更要特别重视"增源"；还强调指出，有效增源是实现超高产的关键环节，综合为"四良"超级育种体系——良种、良法、良田、良态。依照这一理论和技术路线，超级稻的育种研究取得了一个又一个新的育种和生产突破。

---

① 　袁隆平：《杂交水稻的育种战略设想》，《杂交水稻》1987 年第 1 期。

三、给后人留下了宝贵的精神财富

袁隆平留给后人的巨大精神财富，与杂交水稻物质成果一起，永载史册。

（一）独特的精神品质

在长期从事杂交水稻研究、应用、推广的工作与生活实践中，袁隆平锤炼了科学的人生观、价值观和科学精神，形成了独具特征的精神品质。这些精神和品质的内涵是什么呢？2021 年 5 月 23 日，受中共中央总书记、国家主席、中央军委主席习近平委托，湖南时任省委书记许达哲专程看望了袁隆平同志的家属，转达习近平对袁隆平同志的深切悼念和对其家属的亲切问候。习近平高度肯定袁隆平同志为我国粮食安全、农业科技创新、世界粮食发展做出的重大贡献，并要求广大党员、干部和科技工作者向袁隆平同志学习，强调我们对袁隆平同志的最好纪念，就是学习他热爱党、热爱祖国、热爱人民，信念坚定、矢志不渝，勇于创新、朴实无华的高贵品质，学习他以祖国和人民需要为己任，以奉献祖国和人民为目标，一辈子躬耕田野，脚踏实地把科技论文写在祖国大地上的崇高风范。

2021 年 5 月 31 日中央农村工作领导小组办公室农业农村部专门发出通知，号召向袁隆平同志学习。要认真学习袁隆平同志爱党爱国、矢志不渝的坚定信念；要认真学习袁隆平同志一心为民、胸怀天下的伟大理想；要认真学习袁隆平同志自立自强、勇攀高峰的科学精神；要认真学习袁隆平同志朴实无华、淡泊名利的高贵品质；要认真学习袁隆平同志一生为农、脚踏实地的崇高风范。

（二）突出的精神特质

袁隆平的精神品质与人格魅力内涵深刻，内容丰富，主要特征是"三扎根与三敢于"：扎根田畴，扎根科研，扎根理想；敢于实践，敢于奉献，敢于创新。

扎根田畴，袁隆平的口头禅是：我不在家，就在试验田；不在试验田，就是在去试验田的路上。离开了农田我就会感到无所事事，如果哪一天不能下田了，那是我最大的失落。

扎根科研，袁隆平的口头禅是：我平生最大的兴趣在于杂交水稻研究，不干行政就是为了潜心科研。

扎根理想，袁隆平的口头禅是：发展杂交水稻，造福世界人民；让天下人都有饱饭吃。

敢于实践，袁隆平的口头禅是：黑板上是种不出水稻的。

敢于创新，袁隆平的口头禅是：科学研究的本色是创新，没有创新就不要搞科研。人是要有一点精神的，要干出一番事业没有一种初生牛犊不怕虎的拼搏精神是不行的。

敢于奉献，袁隆平说：联合国粮农组织 1990 年以每天 525 美元的高薪聘请我去印度工作半年，我丝毫不为所动。我想中国人口那么多，需求还在增长，国家需要粮食啊！我把联合国教科文组织给我的奖金和获得的其他部分奖金拿来设立"袁隆平奖励基金"，目的是要鼓励杂交水稻的不断深入研究，实现我的两个梦："禾下乘凉梦"和"杂交水稻覆盖全球梦"！

2004 年，袁隆平评选为"感动中国年度人物"，颁奖词对袁隆平的人格精神给予了高度评价：他是一位真正的耕耘者。当他还是一个乡村教师的时候，已经具有颠覆世界权威的胆识；当他名满天下的时候，却仍然只是专注于田畴，淡泊名利，一介农夫，播撒智慧，收获富足。他毕生的梦想，就是让所有的人远离饥饿。

（三）伟大的精神丰碑

1999 年 10 月 26 日，人民大会堂举行了一批小行星命名仪式，其中由河北中国科学院兴隆观测站发现的小行星被命名为袁隆平星。国际天文学联合会为袁隆平星的命名，专门发布了小行星第 35490 号通报。袁隆平星原来的暂定编号为 1996SD1，国际性永久编号为 8117。暂定编号 1996SD1 中的 SD 正好是中文"水稻"的汉语拼音字头的缩写。袁隆平能获此殊荣，不仅是对他和他的助手们成就的充分肯定，也是整个中华民族的光荣与骄傲，更是对袁隆平的永久怀念，诠释着袁隆平的科学思想、科学精神与高贵品质与日月同辉。

为了教育我们的后代不忘袁隆平的杰出贡献，袁隆平的事迹《喜看稻菽千重浪》被编进中学教材。新版生物教材，也把袁隆平院士写进了教材之中。《生物学 必修 2 遗传与进化》中的科学家访谈模块，用大篇幅的图文介绍伟大的生物科学家袁隆平院士，集中介绍了袁隆平的思想和他的业绩。袁隆平的感人事迹感动了太多的人，描写袁隆平的小说、报告文学、传记数不胜数。2009 年 3 月 19 日，由史凤和导演的电影《袁隆平》在中国大陆正式上映。电视专题片《功勋》——《袁隆平的梦》于 2021 年 9 月 26 日先后在中央台和湖南卫视、北京卫视、东方卫视、浙江卫视、江苏卫视播出，优酷网、爱奇艺、腾讯视频也同步播出。

2021 年，安江农校纪念园袁隆平事迹陈列馆开始对外开放。袁隆平曾生活、求学、工作过的江西德安市、重庆市、湖南长沙市等地也均建有袁隆平事迹陈列馆。袁隆平的科学思想和崇高品质，已经成为各地爱国主义教育的重要资源。

第七章　安江稻作文化遗产保护与发展

安江稻作文化是沅江流域的重要农业文化遗产资源，史前高庙遗址和安江农校纪念园是两个重要里程碑，见证了沅江中上游河谷盆地悠久的稻作文明发展演进历程。安江盆地是湖南稻作农业的重要区域，重视其稻作文化资源发掘，坚持保护与利用并重并用，可以更好助力边远山区农业文化遗产保护与利用。

第一节　安江稻作文化遗产类型及价值分析

洪江市安江盆地位于湖南省的雪峰山西麓、沅江干流中上游，作为杂交水稻发源地而闻名于世，是被民俗学家林河誉为"上下七千年，古今两神农"的典型稻作文化区。在这片以安江盆地为核心的稻作文化区内，苗、瑶、侗、土家等原住民民族与历代汉族移民融合发展，共同创造了品类丰富多样的稻作文化遗产。

一、安江稻作文化遗产的主要类型

根据农业文化遗产的分类理论，结合对安江稻作农业文化遗产核心特征的分析，我们大致可以将其分为稻作起源类、稻作文献类、稻作聚落类、稻作梯田类、贡米生产类、稻田生态类、稻作民俗类等 7 个类型。这种分类方法，既融合了农业文化遗产的基本类型，也凸显了自身的鲜明特征。当然，这些类型之间会存在有相互交叉的情形。

（一）稻作起源类

一般来说，稻作起源类农业文化遗产的特征是重要稻作品种与技术的起源和悠久漫长的水稻栽培历史。[①] 比如江西万年稻作文化系统。这类系统往往也是农业发展历史上的重要里程碑。洪江市境内属于稻作起源类的农业文化遗产有两处：高庙遗址和安江农校纪念园。

高庙遗址位于洪江市安江盆地西北缘，是全国重点文物保护单位，遗址地处沅江北岸的一级台地上，现存面积约 3 万平方米。湖南省文物考古研究所对其先后进行三次发掘。考古学专家在 7400 多年前的文化遗存中发现了碳化稻谷粒和稻属、薏米的淀粉粒，以及大量刻画精美纹饰的白陶"神器"。高庙先民的生产方式以渔猎、采集为主，辅以畜养动物和种植作物。在高庙文化时期，攫取式的渔猎和采集是高庙先民主要的生业方式，并已经开始了对禾本科植物的种植和驯化。薏苡、高粱、橡子、栗子、莲藕、水稻都是当时先民的食物资源，并使用磨盘和磨棒脱壳碾磨加工食物。根据高庙文化时期的土壤中孢子花粉和植物硅酸体分析，这一时期的水稻种植已进入起步阶段。高庙遗址的成功发掘，显示了新石器晚期沅江流域原始农业从渔猎时代正逐步迈向耕作时代，这是一个划时代的转变历程。

与高庙遗址仅有一水之隔的安江农校纪念园是我国杂交水稻最早发源地，也是全国重点文物保护单位。而将这种活态的、与群众生活密切相关的文化载体列入文化遗产保护，在全国范围内屈指可数。2017 年出版的《湖南农业文化遗产》一书中，将"安江农校"收录在"农业景观"专题中做了专门介绍。[②] 当然，我们并不会因此仅从农业景观的视角来解读安江农校，它背后的历史价值和科学价值都具有划时代的意义。

---

① 闵庆文，张碧天：《稻作农业文化遗产及其保护与发展探讨》，《中国稻米》2019 年第 6 期。

② 湖南省政协文史学习委员会：《湖南农业文化遗产》，中国文史出版社，2017 年，第 61—62 页。

　　1953 年，袁隆平从西南农学院毕业，分配到安江农校从事教学及科研工作，并着手农业育种研究。1960 年，国家正值国民经济困难时期，袁隆平在实地调查中发现，当地农户最迫切需要的是水稻良种，于是将育种目标由红薯转移到水稻良种研究。1961 年 7 月，袁隆平在安江农校大田里选种时，发现了一株"鹤立鸡群"的特异稻株，随后根据实验推断其为天然杂交稻稻株，进而形成研究水稻"雄性不孕性"的思路。1964 年，袁隆平在洞庭早籼稻品种中发现了第一株"天然雄性不育株"；他于 1964、1965 两年在安江农校和附近农田检查了几十万个稻穗，找到了 6 株雄性不育株，随后进行杂交水稻优势利用研究。

　　1966 年，袁隆平撰写的研究论文《水稻的雄性不孕性》发表在《科学通报》第 4 期，引起了中外科学界和政府的高度重视。此文成为国内杂交水稻研究的"先声"之作，为杂交水稻的成功选育奠定了理论基础。1967 年，杂交水稻研究被列入湖南省重点科研项目，由袁隆平与助手李必湖、尹华奇组成的中国第一个杂交水稻研究小组在安江农校成立。1970 年，袁隆平助手李必湖在海南找到一株花粉败育的野生稻——野败，为杂交水稻研究成功打开了突破口。1973 年，籼型杂交水稻三系配套成功。1976 年，杂交水稻开始在全国大面积推广种植，创造了提高粮食产量的奇迹。国际同行将杂交水稻称为"东方的魔稻"，将袁隆平称为"杂交水稻之父"，将安江农校称为"杂交水稻发源地"。

　　2008 年，袁隆平院士亲自题写"杂交水稻发源地——安江农校纪念园"。目前，安江农校纪念园仍保留了 20 世纪 40 年代以来建设的各类教学及科研设施，园内古木参天，果树成林，稻田成片，环境幽雅。这里既见证了袁隆平及其团队从事杂交水稻研究、掀起世界"绿色革命"的奋斗过程，也是人类稻作文明阶段性历史发展的物证，是一处珍贵的稻作农业文化遗产。

　　（二）稻作文献类

　　稻作文献类农业文化遗产，是指从古至今流传下来的各种版本的记载稻作农业的文献资料。稻作文献类农业文化遗产主要为历代史书、方志、民间族谱及口述资料等。

史书与方志是记录稻作历史发展的最确切文献资料。沅江中上游地区的安江盆地在远古高庙文化时期曾有过惊人的文化成就和原始稻作农业的初始发展,但这段历史仅有考古遗址和遗存为佐证,并无文献记载。夏、商、西周时期,沅江流域五溪地区属于荆州的范围;春秋战国时期,随着楚国的兴起和扩张,便在沅江中上游设置了黔中郡作为军事边郡,成为此区域最早的行政建制。东汉时期学者班固所著《汉书·地理志》记载有"楚有川泽山林之饶,火耕水耨,民食鱼、稻,以渔猎、山伐为业",呈现了当时沅江流域半农耕半渔猎的农事生产状况。自秦汉时期到宋代,中央王朝对沅江中上游少数民族边郡区域长期施行"羁縻"政策,自宋以后才逐渐成为中央王朝的直接统辖之地。北宋自熙宁七年(1074)收复沅江中上游"羁縻州",废除原"羁縻州"而设置沅州,并施行招募流民的屯田之法,① 此举促进了当地的农田垦殖与社会发展;元丰三年(1080)始设黔阳县,隶属沅州。据清代地方县志记载:"黔阳多山居,所谓鱼利无几焉,而物产之宜,则有可纪者。谷之属为稻,凡数十种。"② 明代初期至清乾隆元年(1736)的沅州隶属于辰州府,据当时《辰州府志》记载:"黔阳凿渠灌田,稻米香白异常。"③ 光绪年间的《黔阳乡土志》则记录有"谷、米由沅水输出,分销于常德、辰州等处"④ 之语。这些史书和方志的珍贵记录,大体呈现出黔阳及安江一带作为优质稻米产区的传统稻作农业发展脉络。

民间族谱中对于稻作农业的记载更趋向于耕读文化的传承。清代名臣左宗棠为黔阳易氏清代四修谱题词:"易姓在楚,推望族,黔阳尤大,代有积学励行之士,辈出其间。"易氏族谱中的家训《劝戒》强调第一

---

① 张雄:《中国中南民族史》,广西人民出版社,1989,第173—175页。
② 《黔阳县志》卷十八《户书五》,同治十一年(1872)刊本,第1页。
③ 《黔阳县志》卷十八《户书五》,同治十一年(1872)刊本,第1页。
④ 黄东旭:《黔阳县乡土志》第二篇第六章《本境之商务》,清光绪三十二年(1906)刊本。

为读书，第二为务农，其中记载有"世道先重农，无农缺米粮……奉劝我族人，农事深思想"等语，体现了当时传统农耕社会的重农思想。此外，大量民间族谱中还收存有记录农事生活的文章辞赋等，其中较有代表性的是清代黔阳贡生危汉南撰写的《过访寨头村记》。散文中记叙了"秋七月既望"，寨头溪上"早稻初登，黄云如盖"，"村落环村皆山，惟一径可通，土地平旷，禾黍茂密"，其中有烟火数百，"村内旧相识，闻余往日相邀，致杀鸡为黍以待客，且言世居此数百年，不杂他族……俨有晋遗民风焉"，[①] 以细致的笔触刻画了一幅具有晋朝武陵遗风的农耕乡居风俗画。

民间口述资料也是记录农耕文化不可或缺的珍贵史料。20世纪80年代，黔阳县对民间歌曲、歌谣、谚语和民间故事进行了规模较大的采录和整理工作，汇编了《湖南民间歌曲集（黔阳地区分册）》（1980）、《中国民间歌谣、谚语集成 湖南卷（黔阳县资料本）》（1987）、《中国民间故事集成 湖南卷（黔阳县资料本）》（1987）等民间口述资料文本。其中收录了大量与稻作农业相关的民间文化资料，比如，民间歌曲中的挖山歌、插田歌、车水歌和薅田鼓都是直接形成于农耕生产中的民间口头艺术创作；"牛是农家宝""田间管理如绣花""勤施肥不如勤换种"一类的农事谚语，是人们在长期的农业生产实践中的经验性总结；《张郎和张妹》《断腰田》《和尚开田》等民间神话故事，则是人们在农事生活中所积累的富有想象力的口头文学结晶。

（三）稻作聚落类

稻作聚落类农业文化遗产的显著特征是以种植水稻为主营产业的传统村落。洪江市目前共有24个村入选中国传统村落名录，多临近安江及雪峰山一线，这些传统村落均属于稻作农业聚落，其形成和发展与稻作农业息息相关。

沅江中上游的湘黔边地，秦汉唐宋时期这里大多被视为少数民族刀

---

① 黔阳《复修向氏家谱》卷二，民国十年（1921）续修。

耕火种的"五溪蛮地",元明以后作为重要的"古苗疆走廊"(湖南经过贵州连接云南的官道),大量的汉族移民迁徙流入,并带来了先进的耕作技术,在当地定居和农业垦殖。由此,当地形成了为数不少的农业聚落,洪武年间编户为二十二里(每里十甲、一百一十户)。为了便于农田开垦与灌溉,这些农业聚落大都选在靠近溪河的肥沃之地,并多以"水"来命名,如大崇溪、稔禾溪、湾溪、黎溪等,这些里甲便构成了乡村聚落的基础,许多地名沿用至今,其中包括以香米闻名的深渡苗乡花洋溪村。而且,传统古村落中保存有大量农耕时代的传统木构民居、祠堂、学堂、桥亭等设施,在民居中也随处可见手工制作的犁耙、刀斧等农耕用具,以及各式各样的陶制品、竹编制品等,均体现了传统稻作农业孕育的独特乡土文化。这些山地稻作聚落是乡村传统建筑、农业景观与稻作民俗文化的重要载体。

(四)稻作梯田类

稻作梯田类农业文化遗产的特征是在梯田上进行水稻种植,多具有森林—村落—梯田—水系"四度同构"的生态结构和精巧的水土资源管理技术。[①] 其中,雪峰山系的稻作梯田便是中国南方山地稻作梯田的典型代表。

安江盆地位于雪峰山脉中段,雨量充沛,四季分明,非常适宜水稻生长。由于周边山地居多,历代以来梯田开垦面积约占总耕地面积60%。人们先是在河岸边开垦耕地,随着生产力水平的提高、人口的增长,便从河谷走向溪谷,从溪河平坝走向山地丘陵,经过世代的开垦拓荒,营造出独特的山地梯田种植系统和稻田景观。雍正年间《黔阳县志》记载了两个开垦梯田的事例,乡民对山坡、斜地、溪涧之地,通常采用"挖高填低"和"用力担砌"的方法开垦成田。[②] 由于梯田位于高地山丘之上,进行灌溉还需将溪涧之水通过水圳引入农田,间以竹筒、木枧导流,

---

① 闵庆文、张碧天:《稻作农业文化遗产及其保护与发展探讨》,《中国稻米》2019年第6期。
② 《黔阳县志》卷五《徭役论》,清雍正十一年(1733)刊本,第21页。

水便从上往下流，从一丘灌入另一丘，构成天然的自流灌溉工程。如此，高山梯田的一处大水圳便可以灌溉农田数千亩。而且，山坡上梯田层沓，就层级而言最高级可达数百级，当地称为"千层田"。众多的梯田在雪峰山茫茫林海和云海掩映下，构成了一道神奇的梯田景观。位于雪峰山高山区的稻田，因地势海拔高，气温较低，当地乡民称为"冷水田"。高山冷水田中的稻谷一般生长周期长于河滩平原区域，所生产的稻谷品质也更加精良。

（五）贡米生产类

贡米生产类农业文化遗产的核心特征是其名贵珍稀的稻米在历史上曾作为"贡米"。[①] 沅江流域已经被列为中国重要农业文化遗产的有新晃侗藏红米种植系统、花垣子腊贡米复合种养系统。当地花洋溪香米也属于珍稀的贡米生产类农业文化遗产。

据清代《辰州府志》记载，"黔阳凿渠灌田，稻米香白异常"。[②] 当地县志中也记载有供洪乡四里之地"野秀粳香"，灌溉的水源"古称贡溪河，因当时花洋溪所产香米水运至京都纳贡，故名"。此米香味特浓，在煮饭时，只要丢下几十粒，就能满锅清香扑鼻，米饭油润细腻，甘甜可口。此香米出产自花洋溪村团寨中央的一丘稻田，自然生长，无须育秧播种施肥撒药。由于其稻秆相对普通水稻要高出三分之一，所以需要在稻子成熟季节将三五株稻禾束拥而立，防止倒禾。由于原生香米的产量有限，非常珍贵，20 世纪六七十年代，村里农户曾经停种了产量过低的香米，不曾想，第二年香米又自己从田埂上长了出来。村民舍不得，又重新留种，小面积种植。如今，村里组织了专业合作社，正尝试将花洋溪贡米扩大种植，并进行多渠道推广。

（六）稻田生态类

稻田生态种养是传统农耕技术的关键要素。稻田生态类农业文化遗

---

① 黔阳县地方志编纂委员会：《黔阳县志》，中国文史出版社，1991，第86页。
② 《黔阳县志》卷十八《户书·物产》，同治十一年（1872）刊本，第1页。

产的核心是借助稻田种养结合来构建共生互益的稻田生态系统。这类文化遗产主要有"稻渔共生""农林复合"等传统耕作系统。

稻渔共生模式，当地较常见的形式有"稻鸭""稻鱼""稻螺"的共生模式。比如稻田养鸭，在稻田备耕和水稻郁闭至收割前期，都可以适时放养田鸭。在稻田生态系统中引入鸭，既能增加稻田生态系统的生物多样性，又可有效控制病虫草害，还能增加养殖收益；而以血粑炒鸭则是当地的一道特色名菜。在稻田中饲养鱼和田螺可以增加稻田肥力，改善土壤结构，减少稻瘟病害。稻渔共生的稻田生态系统体现了当地传统农业中的"天人合一"思想和农耕生态智慧。

农林复合模式是一种有着悠久历史的耕作模式。《汉书·地理志》中曾介绍楚地人民的农耕模式为"火耕水耨"的生产方式。而这种生产方式实际上就是古老的轮荒耕作制度，也是一种典型的农林复合生产方式。① 即是通过火耕"炼山"来实现粮林轮作或间作，以改善山地土壤肥力和提高利用效率。清朝康熙年间黔阳知县张扶翼撰写《木奴说》，曾分析当地山地种植宜柑、宜橘、宜栗、宜柿、宜桐、宜桑，亦宜蜡，应大力推广种植。至清朝末年，木材、茶油、桐油均成为当地的大宗输出品。及至目前，洪江市乡村仍常见稻橘、稻柚、稻油、稻豆等农林轮作或间作的模式。这是当地乡民在适应自然环境下，长期摸索出来的一种适应湘西南山地的稻作农业耕作模式。

（七）稻作民俗类

稻作习俗类农业文化遗产，是指长期的稻作农业发展中形成的生产生活习惯风尚，它凝聚着特定的审美情趣与价值理念，主要包括生产习俗、生活习俗和民间信仰。

一是生产习俗。稻作生产习俗是在以稻作农业为主要生产活动中产生和遵循的民俗。洪江的农耕历史悠久，在漫长的农业社会发展时期，

---

① 胡展耀：《中国山地民族混农林复合文明的历史记忆库——黔湘桂苗侗民族混农林文书特质辨析》，《原生态民族文化学刊》2013年第3期。

乡民通过世代传承和经验积累，形成了一些特定的稻作生产习俗，比如"开秧门""关秧门"。水稻秧苗移栽前，先要在田边祭祀农神，摆放祭品进行祷告。待当日插秧收工后设宴聚餐，并饮酒划拳唱酒歌。数天后，水稻秧苗移栽工作全部完成时，再举行"关秧门"仪式，洗尽栽种用具，准备好酒好菜，举家庆贺。这些习俗说明了水稻种植在乡村生活中的重要价值和文化内涵。

二是生活习俗。当地乡民以米饭为主食，并偏爱和擅长制作各种美味的米制食品，如米粥、米粉、米糕、米花、米饼、粽子、糍粑、血粑、汤圆、米酒、甜酒等等，反映了长期稻作生产积淀而成的具有地方特色的饮食文化。当地乡民重要的生活礼俗，如三朝礼、婚礼、寿礼、葬礼、分家等，都与稻米有着千丝万缕的联系。给婴儿打三朝时，要蒸甜酒分发给亲戚朋友；女儿出嫁时，娘家人要为她举行"吃庚饭"仪式；每年儿女为老人做生日都举行一个"添粮增寿"仪式。在这里稻米已经成为一种具有精神理念的象征物，从而演变成民俗礼仪的附着物，成为生命的代码和象征。

三是民间信仰。当地的农事节日中有许多民间稻作信仰。如农历四月初八，这一天是牛的生日，不管有多忙，都要让牛休息一天；农历六月六，家家户户都祭拜田神，祭拜祖宗，祈求水稻丰稔；农历十月初二，也叫过小年，标志着一年真正的农闲时节到了。一到正月新年，长达十天的"雪峰断颈龙灯会"是当地百姓过大年的主要文化生活。家家户户摆上供品，点上香纸蜡烛祭龙，迎接龙灯入户，以期新的一年风调雨顺、五谷丰登。"雪峰断颈龙舞"是古老而神奇的非物质文化遗产，也是研究传统文化民俗的活标本。

由此分析，沅江中上游地区安江及周边的稻作农业文化遗产历史悠久，原生性强，且类型丰富完整，对构建稻作农业文化遗产保护体系具有很好的基础，而且对其进行合理开发和利用也具有较大的便利条件，这是安江稻作农业文化遗产资源具有的独特优势和价值。

二、安江稻作文化遗产的多功能价值

最近二十多年来，科学家们陆续发现稻作农业具有多功能性，这为我们重新认识稻作文化遗产的多功能价值提供了新的视角。安江盆地及稻作文化区有着丰富的稻作文化遗产，以科学视角来审视它的价值，主要体现在以下五个方面：

一是生态与环境价值。稻作文化遗产系统具有优质的种质资源，如花洋溪贡米是带有显著野生稻特性的原生栽培稻品种，保留有长芒、高秆、红色外稃等特征，是研究当地稻种生物多样性的标本。另一方面，传统稻作中的稻鸭共生系统，能够较好地控制稻虫草害，提高土壤肥力。稻作梯田类农业文化遗产通过精巧的水土管理技术实现了水土保持和水源涵养功能。

二是经济与生计价值。安江盆地良好的生态环境赋予了稻米和其他农副产品优良的品质，保障了遗产地农民的粮食安全，也为他们提供了特色农产品的商机。比如，近年来生态稻米产业成为当地一个重点投资领域。此外，富有地域特色的山区乡村景观，为生态旅游业发展提供了有利条件，增加了乡民的生计选项。

三是社会与文化价值。安江稻作文化遗产蕴含的农耕习俗、民间艺术等厚重人文底蕴，是增进乡村社会人际和谐的必要保障。同时，稻作文化遗产也是发展休闲农业与生态旅游的重要资源，对于推进乡村文化振兴和城乡协调发展具有现实意义。

四是科研与教育价值。安江稻作文化遗产系统中蕴藏着大量的农业科学问题，如高庙文化时期的早期农业文明发展，杂交水稻技术的形成与发展，花洋溪香米的品种特性和生长环境，山地梯田景观的形成与演变等，这些问题具有开展多学科综合研究的价值。而且，这些稻作文化遗产的研究成果，对青少年一代也有重要的科普教育意义。

五是示范与推广价值。安江盆地作为杂交水稻发源地，"杂交水稻文化"应是最具有示范与推广价值的文化品牌。借助"杂交水稻文化"的推广，安江稻作文化系统中独特的农耕文化、乡村民俗、文化景观、稻米产业等重要资源则可以借力向更大范围推广。

第二节　面临的机遇和挑战

近年来，农业文化遗产保护越来越受到党和政府的高度重视。习近平总书记曾在中央农村工作会议上指出："农耕文化是我国农业的宝贵财富，是中华文化的重要组成部分，不仅不能丢，而且要不断发扬光大。"2018 年 1 月，《中共中央 国务院关于实施乡村振兴战略的意见》中提出："切实保护好优秀传统农耕文化遗产，推动优秀农耕文化遗产合理适度利用。"[①] 之后，2019 年至 2022 年的中央一号文件都延续了要持续保护"优秀农耕文化遗产"和"农业文化遗产"的基调，并提出要将"保护传承和开发利用结合起来，赋予中华农耕文明新的时代内涵"。[②] 从中央层面的指导性意见来看，农业文化遗产的保护与发展面临着更高更新的要求，这既是机遇，也是挑战。

一、面临的机遇

随着我国乡村振兴战略的全面推进，传统稻作农业文化遗产的保护与发展迎来更大的机遇。其一，新时代生态文明理念逐渐普及。新时代生态文明建设是人与自然和谐发展的必然要求，也是传统农业遗产中的生态文化和生态智慧焕发生机的最佳平台。其二，粮食安全是国家

---

① 《中共中央关于实施乡村振兴战略的意见》，人民出版社，2018，第 17 页。
② 《中共中央 国务院关于全面推进乡村振兴加快农业农村现代化的意见》，人民出版社，2021。

安全的核心。国家从战略层面不断强调粮食生产的重要性，以及从政策层面提升粮食的供给保障能力，为广大山区稻作农业的勃兴注入了新的生机。而且，后疫情时代粮食生产问题将长期列为各级党委和政府部门的重要议题并得到广泛支持。其三，乡村振兴战略全面推进。国家推进的乡村振兴战略总要求与农业文化遗产的保护与发展有很高的契合性，一方面，农业文化遗产中蕴含的丰富产业资源、优美生态景观、醇厚民风民俗、悠久历史传统，都是推动乡村振兴的有效资源；另一方面，乡村振兴战略的全面推进也为发掘、保护和传承农耕文化遗产提供了有力支撑。而且，随着越来越多重要遗产地成为乡村振兴的示范点，其农业文化遗产被发掘和推广的成功经验也为稻作农业文化遗产保护提供了极佳范例。

二、面临的挑战

机遇与挑战并存，新时代的新要求也必然对现存的问题提出新挑战。其一，保护意识亟待提高。由于农业文化遗产是一种新的文化遗产概念，基层政府对农业文化遗产保护工作还较为陌生，对这项工作的推动力度也有待提升。而且社会公众对此了解不足，也普遍缺乏保护意识。由于以往缺乏对农业文化遗产的有效保护措施，当地富有特色的传统稻作农业文化正逐渐丧失某些特质。其二，组织管理存在缺位。从地方政府来看，农业文化遗产保护工作才刚刚起步，应当如何有效保护和组织管理还面临诸多难题。其三，工作制度机制缺失。农业文化遗产的保护，要构建多方协同参与的制度机制，而这种制度机制的构建需要政府来主导完成，比如保护规划的编制、申报项目的筹备、部门工作的协调等，迫切需要以制度来保障实施。

第三节　保护与发展对策思路

针对安江稻作文化遗产保护与发展面临的机遇和挑战，应积极采取如下对策思路。

一、加强宣传教育，增强保护意识

任何一种类型的文化遗产从被理解到广泛认同，再到积极保护和合理利用，基本都经历了一个渐进的、逐渐被承认和不断推动的过程。而农业文化遗产作为传统农耕习俗式微的产物，人们对其多元价值的认知更是缺乏认同感。因此，当地在稻作农业文化遗产的保护中，应通过多渠道的宣传教育，增强社会对农业文化遗产的保护意识。

其一，加大宣传力度。要深挖稻作农业文化遗产的精神内涵，运用现代展示手段对稻作文化遗产中的生物多样性、传统知识、技术体系、独特的文化景观等进行充分展示，增强社会群众对乡村文化的认同感、自豪感，并及时了解发掘和保护工作的进展情况，不断总结经验，加强宣传推介，营造良好的社会环境。

其二，注重教育推广。在当前社会环境下，要使稻作农业文化为社会大众所接受，必须注重教育推广。可行的思路是：一方面，针对城乡成年群体开办乡村社区"耕读学堂"，开展耕读教育，传承并创新传统农耕文化，广泛培养民众的农业文化遗产保护意识；另一方面，与国民教育相结合，针对学生群体开设农业文化遗产保护的实践课程，并编写地方农业文化遗产乡土教材，将学校课堂作为农业文化遗产的传习场所，而学生可以成为乡土农业文化的优秀传习者。

二、加强组织管理，凝聚保护合力

稻作农业文化遗产的保护涉及多个部门，迫切需要各部门联合起来，形成统一战线，构建遗产保护的"共同体"。

其一，设立组织机构。中国重要农业文化遗产的保护主要由农业农村部负责，也涉及文化、文物、建设、林业、水利、国土等主管部门，此外还广泛吸收各个学科和方向的专家学者，对重要农业文化遗产的项目申报、组织、管理和后续保护工作开展指导。一些地方政府也在此基础上探索新的管理模式。比如，浙江省在青田稻鱼共生系统项目中，成立了以农业厅为依托的农业文化遗产保护委员会，以青田县政府为依托的项目管理委员会，并设立专职机构、专业人员、专家工作室进行长期动态管理。[①] 洪江市可以学习借鉴相关经验，由政府领衔成立农业文化遗产保护工作的专职机构，协调各个相关部门开展保护工作，共同凝聚工作合力。

其二，做好基础工作。在农业文化遗产的保护中，农业行政管理部门要肩负起发掘保护稻作农业文化遗产的牵头作用，会同有关部门对辖区内的农业文化遗产进行系统普查，摸清遗产底数，做到心中有数。要组织专家对普查的农业文化遗产，尤其是稻作农业文化遗产进行价值评估和分类整理，建立遗产数据库。对具有重要价值的稻作起源类、稻作梯田类、贡米生产类、稻田生态类、稻作聚落类、稻作民俗等农业文化遗产，要对其历史、文化、经济、生态和社会价值进行科学研究，深入挖掘精神内涵，为传承遗产价值、探索遗产利用模式提供借鉴。

[①] 田阡、苑利：《多学科视野下的农业文化遗产与乡村振兴》，知识产权出版社，2018，第375页。

三、完善工作机制，形成动态保护

地方政府应从战略和全局出发，把农业文化遗产发掘保护与推进乡村振兴战略有机结合起来，切实发挥政府各部门在稻作农业文化遗产保护中的多方协同参与机制作用，形成动态保护模式。

其一，编制保护规划。农业文化遗产的保护需要规划先行和政策保障。地方政府在文化遗产调查、评估的基础上，制定本地区农业文化遗产保护利用战略规划，同时将保护农业文化遗产纳入地方国民经济和社会发展规划纲要。规划应以遗产的整体性保护为核心，提出具有前瞻性的战略目标，以及可以分期实施的具体目标和保护措施，有重点、有步骤地实施稻作农业文化遗产的动态性保护。

其二，推动项目申报。目前，包括湖南新化紫鹊界梯田在内的"中国南方梯田系统"已被列为"全球重要农业文化遗产名录"；浙江青鱼共生系统、江西万年稻作文化系统、贵州从江侗乡稻鱼鸭系统、湖南新晃侗藏红米种植系统等稻作文化遗产均已列入"中国重要农业文化遗产名录"。洪江市作为杂交水稻发源地，稻作文化历史悠久、内涵丰富、效益显著，同样具有重要的保护价值。因此，地方政府要重点发掘和保护稻作农业文化遗产，并加大对此项工作的指导和申报力度，争取将其列入中国重要农业文化遗产名录。

其三，创新工作机制。地方党委和政府应切实发挥好在稻作农业文化遗产保护工作中的引领作用，在文化遗产的保护管理机制上，应充分倡导"政府主导、多方参与、分级管理、利益共享"的原则，加大对稻作文化遗产的保护与发掘力度。要按照"在发掘中保护、在利用中传承"的思路，结合本地实际情况，以带动农村经济社会可持续发展为出发点和落脚点，积极探索和完善保护稻作农业文化遗产的政策措施，拓展工作思路，形成稻作农业文化遗产保护和传承多方参与机制，推动动态保护与适应性管理，实现遗产地文化、生态、社会和经济效益的统一。

四、探索发展模式，合理开发利用

稻作农业文化遗产既需要保护，也应该合理开发和利用。保护稻作农业文化遗产的主要目的，在于合理利用这些宝贵的资源，促进乡村的可持续发展。

其一，发展生态农业。即使用现代农业的专业视角来分析，中国传统稻作农业也实质上就是一种永续的生态农业。[①] 生态农业的关键是充分利用物质循环再生、涵养土壤肥力的原理，生产更多优质的农产品。例如，雪峰山区的水稻梯田，能够有效减少水土流失和对土壤肥力造成的损失，对于涵养水土与保护生态的作用毋庸置疑。而常见的"稻渔共生"农业模式，既能增加稻田生态系统的生物多样性，又有助于控制病虫草害，还可以提高农业生产效益。另外，水稻与豆类作物的间作、水稻与油料作物的轮作等，都可以增加土壤中的有机质来源，增强土壤的肥力。这是当地村民在适应自然耕作环境下，长期摸索出来并延续至今的有效耕作模式，为现代高效生态农业的发展提供了重要借鉴。而且，花洋溪贡米作为当地重要的稻作农业文化遗产，可以借助其遗产品牌效应和传统农业技术发展多功能的高效生态农业，提升其文化附加值，这是农业文化遗产开发利用的一条重要途径。在保护与发展方式上，地方政府应积极采取生态绿色补贴和生态品牌保护等多种手段，实现农业文化遗产资源的生态增值。

其二，发展创意农业。由于文化创意产业具有很强的渗透力，能以多种形式与农业文化遗产相融合，形成不同的创意农业开发模式，其基本模式便是"资源转化为资本模式"。[②] 在此种模式下，是以创意农业的

[①] ［美］富兰克林·H. 金：《四千年农夫——中国、朝鲜和日本的永续农业》，程存旺、石嫣译，东方出版社，2016，第237页。

[②] 李明、王思明：《农业文化遗产学》，南京大学出版社，2015，第234页。

手法将农业文化遗产资源转化为推动传统农业发展的资本。比如，可以充分利用洪江市丰富的稻作农业传统聚落资源，采取"民办公助"或"公办民营"等方式，鼓励各类乡贤开办乡村农耕文化博物馆和生态博物馆，收集、展示各种农耕用具、非遗技艺、农业文化遗产故事和乡土宗族文化，并借助"自然教育""耕读课堂"等活动进行推广。亦可整合各类创意农业文化资源，融入文学、艺术、演艺、科技的创作元素，设计"稻作文化"主题的摄影大赛、文艺演出及民俗节庆活动。通过文化创意元素提升农业产业的文化附加值，增强文化的在地性和体验性，实现新的产业增值。

其三，发展遗产旅游。稻作农业文化遗产具有突出的旅游价值，因而发展稻作农业文化遗产旅游是重要的开发利用方式。对于稻作农业文化遗产旅游而言，稻作农业起源与农耕文明发展历史是必不可少的旅游元素。洪江市作为高庙文化的最早起源地和杂交水稻的最早发源地，在开发稻作文化遗产旅游上有着得天独厚的优势。而这两处源地都聚集在安江盆地，仅有"一水（沅江）之隔"，是展示数千年农耕文化变迁于咫尺的遗产旅游亮点。可以依托袁隆平院士名人效应，以及安江农校厚重的杂交水稻文化底蕴，创建安江稻作文化特色小镇。加快安江农校纪念园国家 4A 级旅游景区、杂交水稻国家公园、高庙文化遗址公园、安江游船码头等建设，将安江打造为农耕文化旅游区，积极融入大湘西生态文化旅游线路。并借助 VR（虚拟现实）技术手段设计"稻作文化"数字博物馆，深度开发各类农业文化遗产"研学项目"，让游学者在遗址场馆中获得"身临其境"的优质体验。通过发展农业文化遗产旅游，可以激活生态农业、文化创意和休闲旅游的产业业态，实现农业、文化和旅游三者的融合发展。

附录一　安江稻作文化史料汇编①

第一节　方志文献史料

一、雍正版《黔阳县志》②

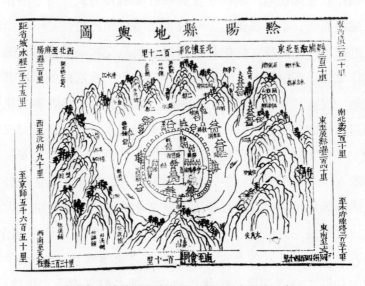

康雍年间的黔阳县地舆图（安江司在县域以东）

（《卷一·黔阳县地舆图》第 3 页）

---

① 全面整理和汇编史书方志、民间文化中与安江稻作文化相关的史料。

② 雍正版《黔阳县志》：此刊本为清雍正十一年（1733）黔阳知县王光电依据张扶翼于清康熙五年（1666）编纂、于栋如于清康熙二十六年（1687）增刊的县志辑辑，今国家图书馆藏有该刻本，共计十卷。洪江市史志办整理出版的《雍正黔阳县志·校注本》（线装书局，2017），用不同字体标注了不同时期的编纂和增补内容，并整理保存有电子版本。

沿革论

禹贡荆州之域，春秋时属楚，秦为黔中郡地。汉为镡城县，属武陵郡。梁置龙标县。隋属辰州。唐贞观（627—649）中，析龙标县，置于朗溪之侧，为朗溪县，属溆州，即今沅州。天宝（742—756）初，更名黔江，五季不入版图。宋熙宁（1068—1077）间，平为黔江城。元丰（1078—1085）中，并镇江寨，升为黔阳县，隶辰州府。元明仍旧名。本朝因之。编户旧五十八里。永乐（1403—1424）间，并二十二里，今为坊一、里二十。至康熙三十二年（1693），新编永兴、永宁、永定三里，共二十四里。

（《卷一·沿革论》节选，第4页）

山川论

西南为山川之所盘纡，近邑之胜山则赤宝、虎头、牛坡、金斗，踞其四维；远则罗翁，四面斗绝，盘礴数百余里，屹然称巨镇焉。水则大江东注，源出牂牁，芷水回澜，来自镇、沅二水，环流会为黔江，此其大者也。若夫别之：以为岩洞衍之，以为陂塘出之，以为云雨滋之，以为灌溉。意所谓山不在高，水不在深者欤？惟著其详于民事者，而名胜未尝不概焉。则其在此不在彼也。不其然欤？作山川志。

罗翁山：在城东南一百六十里，周回五百里，四面险绝。山有鸲鹆，鸣即雨。昔有罗翁隐此山，有道术。土人祈请辄应。绝顶有池，广数里。夜阴霾，或有物如明月游水上。南有沙溪与武阳江合流，今为西溪。宋熙宁（1068—1077）间，土豪舒光明于此据寨为乱，瑶人破之。山西北有地平广数百亩，岁旱，此处独稔，号曰熟坪。

钩崖山：在城北七十里。削峰插空，峰垂如钩，中有泉窝。每祈雨于此，取水辄应。人谓之"钩崖圣水"。

金龙山：在城南一百里。山势峻拔，下有空岩出风，岩外有竹数竿，偃如扫，土人异之。

梁山：在城东六十里。下有石洞，洞口有池。土人遇旱，祈祷多应。

古佛山：城东一百五十里，石保乡一里，湾溪南。遇岁旱，祈雨有应。上有聂、刘二仙迹。有古寺，后废。

马脑山：在县东八十里。为安江雄镇，立浮图①于其上，左右山形有如龙虎。土人立寨其上，以避苗害。

崖山：供三新市上。旧有天柱寺，宋熙宁（1068—1077）间建，今废。

双石岩：城东南九十里。屏风崖下，有二石并峙水中，传云："石根随水高下。"土人神之，舟莫敢忤犯。上有洞，祈雨辄应。洞泉冷而甘，取为酿，谓之安酒。景泰（1450—1457）间，苗弗靖，人多避其上，因筑双崖城。

烂木坑：供三。山顶上有水一池，大旱不竭，久雨不盈。天旱取水，祈雨辄应，传为婆婆大圣。

黔江：沅水，发源牂牁，至沅合舞。自北逆行而西，曲屈二百余里，南至于黔。其自西南来会者曰"渠水"，渠之西为清水江。清水之源，自贵筑入粤西界，由夜郎至通洲与渠水合，东至于黔，与沅合流，始名"黔江"，东注达于洞庭。

大源溪：城东五里。源长不竭，灌溉中庄田亩。

大龙溪：城东南一百里，源出罗翁山。

小龙溪：城东九十里，源出柘木岩。

稔禾溪：城东南一百六十里，供洪乡。源出罗翁山，灌溉甚饶，西北流入黔江。

淇溪：城东北一百七十里，石保乡。

大洑潟滩：在洪江下五里。其水倾潟而回溇，因名。

小洑潟滩：在大洑潟下十里。

碗盏滩：在小洑潟下十里。

黄丝滚洞滩：去碗盏滩十里。中泓抝折，舟行最险。

---

① 浮图：指佛塔。

高潚洞滩：城北三十里，其水迅下，折而复留，因名。险与黄丝等。黔邑山水奇险，入铜弯而土滩多，流急，横岩截江，间不容舟，山川之险于斯而极。不能悉载，载其尤者著于篇。

唐家溜：城北五里。有倒树挺生水底，舟触辄覆。康熙三年（1664）冬，一日溺死二人。知县张扶翼募善水民张元好汩水以藤缚其根株，亲督民数百人拔之，害除。

铜弯：城东一百六十里。县之东界。

损洞：县西南五十里。舟行最险。雍正八年（1730），知县王光电奉藩宪杨，命工铲凿，水势稍平，民称便益。

白梁界：路通安江子三。杨师伦、子景寿，相继修路四十里、庵二，以憩行旅，后废。七世孙师沫继修。

供溪：供三，寨头，源出武岗。有陂①数十处，可资灌溉。昌龄诗"源水通波接武冈"即此。

清水塘：城东三里。深澄莫测，旁多怪石，四时不竭，溉润良田颇多，大旱取水、祈雨多应。传云："与江水相通。"常有田器从江水流入塘内，人异之。

竹坪堰：城北二十里。

蒋家堰：城北七十里，黎溪。

将坪丁家堰：城东南一百六十里。

何家陂：城北十五里，烟溪。

大车陂：城南二十里，竹滩穰坪。

大溪口陂：城东五十里，大溪。

大黎溪陂：城北七十里，黎溪。

龙田陂：城东八十里。

熟坪陂：城东南一百里。

婆田陂：城东南七十里。

---

① 陂：池塘。

大崇溪陂：去县一百二十里。

木杉溪陂：去县一百二十里。

陂塘，所以潴①水泉，滋灌溉也。黔邑山高水急，土瘠而硗②，雨多则苦潦，若十日不雨则又苦旱。陂塘之胜，惟熟坪、稔禾、将坪、淇溪、烟溪、大源诸处，水源颇裕，灌溉亦饶。而熟坪、稔禾，源出罗翁，田畴尤美。自王、马二贼盘踞之余，瑶人乘乱为梗，十数年来，昔之所谓良田美池，今乃卒为汙莱③矣。其余陂塘，源小易竭，天小旱辄已大涸，原神一乡为尤甚。

若因其源泉而益疏导之，度其高下而益陂潴之，时其蓄泄而益调剂之，则凡有源者皆足资也。诗曰："相其阴阳，观其流泉。"夫阴阳、流泉，此利之在天地者也。若相与观，则全在乎人事矣，今有司者之事矣！

（《卷一·山川论》节选，第9—15页）

形胜论

黔阳，舞水在右，渠水在左，重峰列嶂，负山临江，水陆之险备矣！所谓岩邑者非欤？

上扼滇黔，下控湖襄，南临交广，北塞溪峒，二水合流而注湖会汉，群山环耸而削玉凌空，故其为胜也。

（《卷一·形胜论》节选，第16页）

风俗论

楚山水湍悍，俗尚轻慓，自古记之矣！黔阳士朴女愿，民务稼穑，不为逐末④；工习伎巧，不为情窳⑤。在辰郡中号为易治，其由来远矣！

若夫都里婚姻而论财，其弊至于忍杀其子，女而不育，亦云憋矣。又其甚者，民间遇丧，聚众击鼓，歌唱达旦。审其音节，亦为哀死而作。

① 潴：蓄积。
② 硗：地坚硬不肥沃。
③ 汙莱：指田地荒废。
④ 逐末：指经商。古以农业为本务，商贾为末务，故称。
⑤ 情窳：懒惰。

然是五溪余习也，何为至今不去耶？旧志称其"居丧，一于哀戚意者"，礼义出自贤者，故一变而至于道也欤。至所称遇病，先于祈祷。楚俗信巫而好鬼，固其习俗使然乎？作风俗志。

黔土壤沃饶，民性悍直，士竞儒，人文颇盛。男不商贾而专务耕耘，女厌冶容而颇事蚕织。居丧一于哀戚，遇病先于祈祷，牛马夜纵，盗贼犹稀。若乃不尚盖藏，而习好忿争、纵博、偷安。而人乏远虑，则又俗之一变也。

（《卷一·风俗论》节选，第 16—17 页）

邑署论

安江巡检司署在安江，县东九十里，今仍旧。洪武（1368—1398）初，设卢黔驿，今废。

（《卷二·邑署论》节选，第 4 页）

武备论

安江堡：城东九十里，土民避苗其上，亦名"双崖寨"。今并废。

（《卷二·武备论》节选，第 9 页）

桥梁论

安江渡：城东九十里。知县张扶翼修。设渡船并渡子。

（卷二·桥梁论》节选，第 12 页）

坊乡论

第一都（一里）：在城坊之东北，界出中庄，则一都之西境也。邑山高田小，坊里皆然。惟一都之烟溪、黄松，接塍连陌，平畴腴衍，乃强半为未归并之军屯。勘其田，则在都邑之内；而诘其利，则远输于屯卫。然陂堰之利、土膏之腴，称沃壤焉。其俗淳简，易治。近于城坊，惟近故同也。

第二都（二里）。其第一里渡舞水而西，迤而北，悉其地也。溯渠水而南，折而西，则为第二里。两里土宇最为狭小，又田易旱，故俗多俭啬，无大户以为之梗，故风多淳。自一里之四、五、九甲，二里之六、十甲外，户口无几。每轮遇里役，其力不能独任。一里衰益多寡，视其丁粮以为盈缩，使勉力以赴，急公之义而不以单弱自废，则在司牧者之善为权也。

原神乡（一里）：在县西南，其东北与二都两里接壤，南则靖之会同，西南则靖之天柱，西北则沅州界也。其市托市，在渠水之右。古城在渠水之左，烟火为饶。其田无泉源、陂塘可资灌溉，其禾宜早，其陆地宜棉，其植宜桐油。早旱，则苦无禾，以无晚禾为之续也；若雨多，则又苦潦，棉不秋实。又近附县城，熟多荒少。自兵燹之后，户多浮赋，以故乐岁，民恒苦饥。

顺福乡（二里）：其直与一都为邻者，顺福乡之第二里也。顺二图中，复多顺一里之田。故其户甲残弱，视顺一里而强。讫中方渡芷水而北，顺一之诸甲在焉。而二、九甲为大，土多沃壤，故俗尚义而近奢。此二里者，以其路为自沅州出安江之捷径。兵燹时，乱兵多出其途，荼毒为甚，故里甲多残缺焉。

供洪乡（四里）：在县东南，一都之尽。而迤北，出黄松，则顺福乡界；迤而东南，由白梁界入，则子弟乡界；稍迤而南，则供洪乡第二里也。……由供二而南渡大江，则供洪一里也。溯江而南，上为寨头，供洪第三里。兵燹时，居民人保其中，稍称完聚。此二里者，急公、奉上，近为本乡之冠。迤而南，讫于罗翁，则为供洪第四里，稌禾、熟坪皆其地也。田畴尤美，唯潦则稍歉。

子弟乡（七里）：俱附近安江，在县东南。通乡惟子一、子二地狭而户小。合石太三里为下十里，以其去县皆远，又在县下流也。安江适居其中，因即其地设巡司焉。盖凡县之鞭长不及者，该司承而督之，以成其臂指之势，此设官之大义也。又子四、子七俱附近瑶山。时平，则纳粮于官；乘间，则蹿出为盗。安江地扼其冲，此又设官之大虑也。安江，烟火千家，带江负山，土地腴衍，屹然称名镇焉。其人文、风土之胜为诸里最。所产有安酒，柑、橘、枣、栗之腴，亦为诸里最。自前季末，王、马二贼入据供洪之罗翁山，密迩子弟乡，时时出掠，远近为墟。瑶民又复伺间窃出行劫，遂使桑麻、文物之野，悉为榛莽、狐兔之区，而子弟一乡之受害，又为诸里最矣！以故自顺治十五年（1658）再入版图以来，千丁之户甚至靡有孑遗焉，亦足悼也。然考黔邑土田之美，亦惟子弟乡为最。垅大而源长，种宜晚禾。盖稻性宜湿而暑，垅大则暑多，源长则不竭。晚禾入场迟于早谷，然早谷实而多秕，晚禾不然，故将恒倍也。土田既腴，愿耕者众，招抚流亡，以成辟土之功，相助为理，以无负朝廷设官之意，则安江司官有不得辞其责者矣。至其为俗也，淳而易治，俭而不㑗。唯婚聘用金、歌以哀死，有都里之风焉。

石保乡（二里）：其第一里在江之南，一甲陇溪，东与辰溪界，东南果树三甲，与溆浦界。由安江至新路，由新路入鹅笼，则九甲也。九甲素多悍民，与太平不异，然今稍驯柔矣。沿江北岸折而入子弟乡三里之阳坡，出大源溪为淇溪，则石保第二里之一甲也。山产铁而性微劣，不胜煅。民多而业苦少。由淇溪而前，讫于铜湾，各甲相去以咫。中与辰溪、沅州错壤而居，故其风土稍杂。其赴府近而便，多就讼焉。其俗悍，大姓为梗，与一里之九甲，子三之二甲为等。

太平乡（一里）：在县东南，其东与溆浦之龙潭司接壤，其西南则武冈之小坪也。四面皆为瑶山，中夹一溪，逆流而西，群水皆东，唯此溪独西。太平之民夹溪而居。由石一三甲果树弯越溆之龙潭界折而入溪，则太平一甲、七甲也，沿溪而下为三甲、四甲。太平一甲，惟一、三两甲为大，一甲住鼓楼坪，三甲分衙里、梅田、中团三房。是两甲者，族大而骄，然驭得其理，其急公、奉上，力足以为诸甲之倡……知县张扶翼曰："太平一乡，去县二百余里，在瑶山之中，水逆而西行，独与瑶人为伍，多悖德焉，亦其地气使之然也。其治之之道，在宽以抚之，择其父兄之贤者与能者使督率之，民亦不敢背法而非为，近事其效也。独其所至苦者，去河最远，商贾不通，谷米远出河下，计其人工往来，非数日不达，所得仅足以食其工，无赢余以易鱼盐、纳租赋，故恒苦贫。

土物宜葛，而粗①、疏②市不之贵，一应赋役皆不得以时土纳职，此故也。然遇岁饥，此乡独饶，而所谓利者亦未尝不在焉。

（《卷三·坊乡论》节选，第1—9页）

市镇论

地之废兴，岂不以时哉！黔邑旧有托市，烟火千余家；安江控制子弟、石、太十里，屹为巨镇。自明季兵燹之余，狐鼠荆榛，客土散亡，无复市镇之旧矣。

康熙六年（1667）春，各省客民自洪江群来受廛，迁市供洪乡。诛茅荒山之下，聚者千家，若不谋而合者。乃为之经画庐宇，以居货贿，披山通道，以达行旅，而从者如归矣。因思凡民之情，因而导之则易。夫以托市、安江之旧也，余欲复之，而不能以兹地之越在草莽也。一朝而聚者千家，地之废兴岂不以时哉。

市，所以容也。市不容利，商乃外次，国又何利焉？余欲有告于后之有是邑者，亦曰："勿与知，慎勿扰而已。"作市镇志。

富顺新市在供洪乡三图大溆潟下，旧名崖山脚，今易兹名。山盘水溆，平阿旷远。康熙六年（1667）正月内，洪江客民始谋迁市于此，具呈到县内，云："不假招徕，愿受一廛，以为赤子。"知县张扶翼以舍旧图新，非人之情，谕令复业。商民曰："我公仁人也，父母在，是子将焉往。"锄荆构茅，不避风雨。众日以庶，各省之民，又相区画，择地让美，以听畀予。知县张扶翼乃往劳之，给示安插，与之约曰："听尔贸迁，官不与知。"众心益劝。

安江镇子弟乡旧设巡检司，今仍旧。居民数千家，悉为土著，今废。

（《卷三·市镇论》节选，第10—12页）

田赋论

田亩，财赋所自出也，上与下交资焉。黔邑山多田少，无所谓万亩

---

① 粗：糙米，粗粮。

② 疏：粗布。

盈郊也。额田二千三百一十八顷一亩零耳。地与山塘十之二三，然山多硗确，亩无长源。故当其盛也，患在人满而山艺为地，遂而载粮于山，及今兵燹之余，又患在土满，而田卒为莱，因而赋缺于亩。

且农夫一岁所入，计亩而登愚，上腴不过亩得数石耳，凡服食、器用、公私、程课，悉取资焉。且邑小而冲，政繁徭重，民无赢余。又力穑之外，不事商贾。以故年丰则苦谷贱，稍歉则民有饥色，委曲调剂，俾不至困绌，是在司牧者力为节宣耳！是故牧此者，恒至难也。

夫惟本富之源未饶，而朱砂、鹿麝之属又非地之所产，制职贡焉。丁粮外派，又有徭役、匠班、鱼课、杂钞焉。则兹之亩二千三百一十八顷零者，上之所以养乎民者在是，上之所以资其养于民者，亦在是也。作田赋志。

按康熙四年（1665）《新订全书》额载，原额田二千三百一十八顷一亩三分八厘六毫。每亩科米二升二合六抄三撮四圭五粒虞。共科秋粮米五千一百一十四石三斗三升八合三勺。每石折征银一两三钱二分二毫九丝二忽五微四纤三渺四漠。额征银六千七百五十二两四钱二分二厘五毫四丝五忽十微三尘五纤八渺。除节年开垦外，荒粮四千一百二十六石四斗三升三合三勺五抄；无征银五千四百四十八两九分九厘三丝二忽六微四尘五纤八渺七漠四茫；成熟粮九百八十七石九斗四合九勺五抄。实征银一千三百四两三钱二分三厘五毫一丝三忽八尘九纤九渺二漠六茫。

原额地二百七十八顷三十亩三分一毫。科则不等。科秋粮米一百八十五石五斗二升八合七勺九抄五撮二圭，额征银二百四十四两九钱五分二厘二毫八丝一忽八微四尘五纤六渺。科夏税大小二麦八十二石九斗七升二合一勺七抄五撮。科则不等。额征银四十二两三钱八厘四毫七丝一忽六微。全荒。科桑丝五斤五两一钱三分三厘三毫四丝。夏麦内带派，全荒，科苎麻五十四斤一十二两八钱。于夏麦内带派，全荒。

原额塘一十二顷四十亩二分一厘六毫。科则不等。科粮米二十七石三斗六升二合四勺三抄八圭。额征银三十六两一钱二分六厘四毫一丝一忽一微六尘二纤七渺。全荒无征。

康熙元年（1662），奉旨归并沅、靖二卫，屯田一百三十九顷三十三亩七分五厘七丝。科则不等。科秋粮米五百七十五石六斗八升四合二勺九撮。额征银四百六十八两九钱九分七厘四毫七丝二忽一微六尘。

除节年开垦外，荒芜田一百二十八顷五十四亩八分五厘二毫四丝四忽五微五尘，荒粮五百二十二石九斗六三合四勺一抄四撮六粒四粟，荒芜无征银四百三十两七钱六分四厘九毫四丝三忽四微九尘三纤三渺四漠。新旧成熟田一十顷七十八亩八分九厘八毫二丝五忽四微五尘。成熟粮五十二石七斗二升七勺九抄四撮九圭三粒六粟。实征银三十八两二钱三分二厘五毫二丝八忽六微六尘六纤六渺五漠六茫。

地亩另派九厘辽饷，额银九百四十五两二钱二分七厘九毫二丝五忽。除荒芜无征银七百六十九两九钱四分六毫八丝九忽六微三尘三纤一渺六漠五茫。实征银一百七十五两二钱八分七厘二毫三丝五忽三微六尘七纤八渺三漠五茫。归并屯卫，原额辽饷银四十五两四钱九厘六毫五丝四忽三微八尘六纤六漠，除荒芜无征银四十二两一钱七分六毫八丝四忽九微三尘一纤五渺七漠，实征银三两二钱三分八厘九毫六丝九忽四微五尘四纤四渺九漠。

丁田外派湖洲杂课、商税钞额征银，共一十二两一钱七分八厘七毫一丝。遇闰加银一两六分六厘九毫四丝七忽。除荒实征银八两二钱。《全书》载"渔户、商人出办"。今自兵燹后，还定安集之下，所谓渔户者，几人也。至于商人一项，黔邑从无市镇贸易之所，而商人犹存其名。且邑在万山之中，江流一线，悉皆砂石，又无有所谓湖洲者。康熙四年（1665），更订《全书》，以其旧有额载窃欲去之而不可，甚矣，例之为病也。

辰郡之在楚省，开复独后，被兵最惨，荒芜最甚者，惟黔邑为冠。盖其再入版图也，在顺治十五年（1658）戊戌五月而后。而钱粮征解，则以十六年（1659）为始。其初熟粮仅八十石零耳，续增至五百八十石零，多浮赋矣。此黔邑草昧再辟之一会也。今节年招垦，尚未及十分之二。然则，生聚而教养之，与民休息，是诚有司之责也，夫是仅有司者之责也夫！

（《卷四·田赋论》，第1—5页）

户口论

旧志载："户：弘治五年（1492），二千一百二十二户；十五年（1502），一千九百一十八户。口：弘治五年（1492），一万二千九百一口；十五年（1502）一万一千六百八十七口。"此弘治年间之大略也。然前此后此者，无稽矣。夫勤而稽远不如近而稽今，为实而有征也。

黔邑，隶于籍者额丁二千五百一十七丁。方其盛时，不丁不籍者，奚啻十倍之。以十倍，三千五百有奇之丁男，耕而食夫二千六百余顷之田亩，而不闻口分多而世业少者，何耶？岂非人多则致人之力必勇，业少则治业之功必勤欤？当是时也，一夫不耕则饥，一女不织则寒矣。是故，无尺寸之壤不治也，则无一民非民也。猗欤盛矣。自兵燹来，壮者死，徙殆尽，幼者则又稚而未长也。康熙元年（1662），编增人丁一千三百八十丁有奇，而不丁不籍者，所余又几何也。改辟改聚，意者其在斯乎？作户口志。

原额人丁三千五百一十七丁。每丁派银二钱四分四厘八毫二丝四微六尘七纤三渺。额征银一千二百一十二两七钱三分三厘五毫八丝三忽七微二尘六纤。逃亡人丁二千一百三十六丁五分，无征银七百三十六两七钱八厘九毫二丝八忽八微三尘九纤四渺五漠，见在，并康熙元年（1662），审增人丁一千三百八十丁五分，实征银四百七十六两二分四厘六毫五丝四忽八微八尘六纤五渺五漠。归并沅州卫，户口、人丁见在，并审增屯丁二十三丁五分，实征银八两一钱三厘二毫八丝九微八尘一纤五渺五漠。靖卫人丁原无归并。

以上地丁、条辽、杂税，通共额银九千七百六十八两四钱六分三毫三丝六忽五微九尘七纤七渺一漠。除荒无征银七千七百五十五两五分一

225

毫五丝四忽一微五尘七渺三茫。实征银二千一十三两四钱一分一毫八丝二忽四微四尘七纤七茫。

（《卷四·户口论》节选，第5—7页）

（增）田赋

原额并新增田二千三百一十八顷一亩二分八厘六毫，内除节年开垦外，荒芜田一百四十二顷七十八亩八分三厘六毫。

于康熙五十二年（1713），升科[①]一千二百三十八亩一分六厘六毫四丝。于康熙五十七年（1718），升科一千三百九十六亩八分九厘八毫六丝四忽。于康熙五十九年（1720），升科八千八百九十七亩八分六厘一毫五丝四忽。于雍正三年（1725），升科一千二百五十八亩八分三厘四毫四丝六忽。于雍正六年（1728），升科一千四百八十七亩七厘四毫九丝六忽。每亩科秋粮米二升二合六抄三撮四圭五粒。该米五千一百一十四石三斗三升八合三勺。每石征银一两三钱二分二毫九丝二忽五微九纤三渺四漠。实征银六千七百五十二两四钱二分二厘五毫四丝五忽七微三尘五纤八渺。

原额陆地并新增地共一百六十一顷八十亩九分六厘八毫，内荒芜地八十三顷一十六亩二分三厘一毫七丝。于康熙五十七年（1718），升科八百一十三亩五分七厘三毫八丝四忽。于康熙五十九年（1720），升科五千一百八十二亩一分七厘五毫五丝。于雍正三年（1725），升科七百三十三亩一分五厘八毫九丝。于雍正六年（1728），升科一千五百八十七亩三分二厘三毫四丝六忽。每亩科秋粮米一升一合三抄一撮七圭三粒八粟。该米一百七十八石五斗五合。每石征银照前则例。该银二百三十五两六钱七分八厘八毫一丝四忽三微二尘五渺。

原额山乡并新增地九顷五十五亩三厘六毫。全荒无征。于康熙五十七年（1718），升科九十三亩四分二厘七毫六丝五忽。于康熙五十九年

[①] 升科：明清定制谓开垦荒地，满规定年限（水田六年，旱田十年），就按照普通田地收税条例征收钱粮。科，指科税。

（1720），升科五百九十五亩九厘八毫七丝。于雍正三年（1725），升科八十四亩二分二厘四毫五丝三忽。于雍正六年（1728），升科一百八十二亩二分八厘五毫一丝二忽。每亩科秋粮米七合三勺五抄四撮四圭七粒二粟。该米七石二升三合八勺。每石征银照前则例。该银九两二钱七分三厘四毫六丝七忽五微二尘五纤一渺。

原额塘一十二顷四十亩二分一厘六毫，内除节年开垦外，荒芜塘二顷一分。于康熙五十七年（1718），升科一十九亩五分七厘五毫七丝八忽。于康熙五十九年（1720），升科一百二十四亩六分九厘三丝。于雍正三年（1725），升科一十七亩六分四厘八丝。于雍正六年（1728），升科三十八亩一分九厘三毫一丝二忽。每亩科秋粮米三升二合六抄二撮六圭三粒三粟。该米二十七石三斗六升二合四勺三抄八圭。每石征银，照前则例。该银三十六两一钱二分六厘四毫一丝一忽一微六尘二纤七渺。

……

以上田地、塘二千六百二十五顷五十八亩二厘六毫三丝，实载秋粮米五千三百六十四石三斗二升一合一勺二抄八撮一圭六粒三粟。额征银七千八十二两四钱七分二厘二毫二忽九微六尘二纤四渺九漠九茫。该征九厘饷银九百五十一两八钱九厘一毫二忽八微一尘四纤七渺一漠二茫。

（《卷四·（增）田赋》节选，第16—20页）

本县经费款项

安江巡检：俸银三十一两五钱。除荒外，实征银二十六两二钱七分九毫七丝二忽。书办一名，工食银七两二钱。顺治九年（1652），裁银一两二钱。康熙元年（1662），全裁皂隶二名，每名工食银七两二钱。顺治九年（1652），每名裁银一两二钱，存银一十二两。除荒外，实征银一十两一厘六毫三丝九忽。

安江渡头铺二名（铺司①），每名银三两六钱，闰银六分。

安江河一名（渡夫），银二两，闰银三分三厘三毫。

---

① 铺司：古时驿站的主管人员。

巡检弓兵一十八名，每名银三两六钱，带闰银六分，共银六十五两八钱八分。顺治十四年（1657），裁半。存银三十二两九钱四分。除荒外，实征银二十七两四钱五分四厘五毫。

（《卷四·（增）田赋·本县经费款项》节选，第34、38页）

物产论

谷之品：稻、黍、稷、豆、粱、秫、麦、脂、麻、荞。余考谷有五者，何也？盖谷有先后、早晚之不同，高燥下湿之异性。备之，所以为救也。岁有旱潦，因而谷有稻、粱、菽、麦、麻、荞之不等。稻处一，而黍、稷、豆、粱、秫、麦、麻、荞之类八，多其备者，所以多其救也。余观旧志所载，悉著其名。是昔人所为物土而宜之者也。今坊乡佃艺唯早、晚、中三禾而已，其余无称焉。设有叹旸之不时，无其备矣，何以多其救乎？多方而教之艺，先事而预为之备，是在司牧者矣！

（《卷四·物产论》节选，第44—45页）

徭役论

徭役之法，盖莫善于"一条鞭"①也。民按亩出银，以时纳于公，此外皆自治其私之事矣。若夫民既按亩以输，值于官有大徭役，官复起而督之民，是立法未尝不善，而行法者积久而弊生也。

黔邑之力役于卫府，户役纳银于官，载在旧志者，今已不可考矣。然不可不知其数也。独是民既轮值于官，遇大徭役，名虽官，实则民也，民乃重困耳。国家之制，有田则有赋，有丁则有徭。论田出赋，论丁起徭往役，义也。百姓虽劳，乌可已哉。黔邑之先遇大徭役，如大兵出师、还戍，家口迁移，谷草、人夫供应，悉照邑分办。

开辟之初，黔邑熟粮五百八十石零，户口一千三百八十丁零耳。需夫多者数千余名。顺治十七、十八年（1660—1661），王师取滇、黔，分买料谷八千石零，草四十八万束。官既不支，民多逃匿。若守此而不变，孑遗之民有死徙而之他耳。何者？完郡大邑，地广民众，力固赡也。今以熟粮五百，

---

① 一条鞭：明代田赋制度，清代因之。

畸户千丁之黔邑，而与完都大邑絜强而比力，是责不胜矣。匹雏之孱夫，而与乌获、孟贲竞任也，必不支矣。元年（1662）内，王师凯旋，驻沅。乃得请于兵宪邓，转奉偏沅部院周批详："军需各项，悉以州县之丁粮为准。"是役也，黔邑仅买谷八百石零，草二万六千束零，夫一百余名。嗣是，西山用兵，役夫十余万人，一照各郡县见差，丁粮均派，义不独累。黔民乃庆更生之会矣。

……

伏乞宪台毅然敕州查卑县版籍、额粮，是何年月日，奉何上明文拨入州驿？叩恳照后开粮石，尽数拨还本县当差。则原神一里赋税，当一县之半，此一里之民皆安心不逃，则流亡之民必以乡土为乐国矣！

其一则请缓五年尽垦之严限也。民聚则土辟，土辟则民富，民孰不欲富？而力有未充。责以五年全垦，势必万万不能。民既万万不能全垦，严限已迫，督责岂能稍宽。见在之民苦于督责之严，而流亡之民又以脱然无累，为苟且迁延之计矣。

伏乞宪台毅然转请，念辰属之入版图在各省各府之后，则今日之责垦，自应与腹里府县于顺治元年（1644）即入版图者不同，分别年限，再示宽展，则见在之民无督责之烦扰，而流亡之民又必以乡土为乐国矣。卑职念此二者至熟矣。宽五年之严令，休其民力，杜豪强之影射，正其版图。窃以为招来之事宜，莫宜于此也。

康熙四年（1665）三月初九日，具详守宪，本月十四日，奉批据详，已经汇转矣。其内有"该县寄庄之沅州绅衿、豪民等混乱版籍，拨入州驿，殊干法纪。该县即照原开有名人犯并干审里总，拘候提审。如有不服，即申沅州拘解，可也。毋得从脱，限五日内先报。"奉此，该本县知县张扶翼曰："兴利，莫如久；去害，莫如速。盖利惟久，而民乃得有其利也，去害而速，而害乃得去也。今守宪之拨正版籍，恐其距而脱也，限以五日先报，非其义欤？"

续蒙批本府理刑府梁审，将在州之粮尽数拨归本县，按粮应差，永为定例，仍将里民代赔银两照追，分别徒杖申详守宪，转详督抚在案，而版籍以正，民累以除。

（《卷五·徭役论》节选，第7—8页、16—17页）

供报垦田照湘乡例匀补通县认恳缺额田粮批详

为钦奉上谕事，雍正七年（1729）九月十二日，奉前府宪袁批，据卑县详前事。

……

该黔阳县知县王光电，遵查黔邑地方，向有荒芜不能复则田四千六百七十二亩一分六厘。于雍正五年（1727）七月内，奉前宪汪同原任安乡县赵令，劝谕民间认垦升科，以复原额。

随据县民王镐等感戴皇恩宪德，急公认垦，业已升科，复则在案。但王镐等虽经认垦荒芜，实系沙积老荒，至今开垦无几。是急公，虽出于众心，而输，将实竭于民力。幸逢上宪体恤民隐，至优至渥。是以，前据湘邑首报田、地、塘，蒙有不作额外升科，准入额内征解之详批。

卑职自雍正六年（1728）六月内署任以来，奉檄严查欺隐，劝谕县属居民尽力开垦升科。嗣于雍正六年（1728）十月内，据各里民王万寿等供报："山坡、斜地、溪涧，挖高填低，用力担砌成田一百六十一亩零。"又于雍正七年（1729）二月内，据各里民陈之魁等供报："水打沙积老荒，挖高填低，担砌成田八十八亩七分零，俱各垦，照湘邑之例匀补。"

前项四千六百七十二亩有零，不能复则田粮免作额外升科等情节，经据详前署宪并宪台俱蒙转详在案。卑职复又不时亲诣各乡，多方劝谕开垦。今据各里民王养灏等报称："蚁等荷蒙皇上高厚鸿慈，谕令民间相度地宜，自垦自报。惟是黔邑地方已无未垦腴土，蚁等不甘自弃，将山坡、溪涧、水打老荒、斜地，其间地势稍为平坦者，挖高填低，苦力用工，成田九百二十九亩三厘五丝，不敢隐匿，理合报明。但恐日后仍覆坍压变迁，致贻额外赔粮永累。垦恩详情匀补。"

通邑四千六百七十二亩有零，不能复则田粮免作额外升科，实为恩便，等情。到县，据此卑职查得王养灏等呈报开垦田亩，卑县地方现有不能复则认垦田粮，与湘乡县首报田、地、塘不作额外升科，准入额内征解之例相符。应请将王养灏等所报垦田九百二十九亩三厘五丝，照下则升科匀减。雍正五年（1727），认升四千六百七十二亩一分六厘，复则田粮准入额内征解，以舒民力，而劝急公。理合造具清册二本，具文申赉宪台，俯赐查核转详，免其额外升科，则穷黎仰沐宪仁于无既矣！等情奉批。

（《卷五·供报垦田照湘乡例匀补通县认恳缺额田粮（批详）》节选，第18、21—23页）

祀典论

先师位：帛一，爵三，登一<small>大羹</small>，铏二<small>和羹</small>，簠二①，簋二②<small>稻、粱</small>；笾八<small>鹿脯、形盐、槁鱼、榛、菱、芡、枣、栗</small>，豆八<small>韭菹、芹菹、醓醢、菁菹、兔醢、鹿醢、笋菹、鱼醢</small>，羊一，豕一，香炉一，烛二。

山川坛：神位三，风云雷雨之神居中，境内山川之神居左，本县城隍之神居右。祭品：羊一，豕一，帛一<small>白色</small>，铏一，笾四<small>形盐、槁鱼、枣、栗</small>；豆四<small>韭菹、菁菹、鹿醢、醓醢</small>，簠二<small>黍、稷</small>，簋二<small>稻、粱</small>。

社稷坛：石主③一，埋土中。神号二，县社之神、县稷之神，以木为主，临祭设坛上。祭品同上，惟帛用黑色。

邑厉坛：每岁春月清明日、秋七月十五日、冬十月朔日，祭无祀鬼神。三祭，共银一十二两，除荒实征银二两四钱六分八毫四丝。祀之日，迎城隍神位，设坛上，设无祀鬼神牌，坊里各一，于坛下左右位祭物，上坛羊一、豕一，下坛羊二、豕一，羹饭、香烛、酒纸，厉祭米三石六斗，每石折银三钱五分，共银一两二钱六分。

（《卷六·祀典论》节选，第2—4页）

古迹论

诸葛营有四，一在渡口，名瓮城；一原神乡；一安江；一托口。俱

---

① 簠：祭祀时盛黍、稷的竹器。簠二：黍、稷。
② 簋：祭祀时盛稻、粱的竹器。簋二：稻、粱。
③ 石主：石制的神主。古代社稷用石主以示土、谷之神。

汉诸葛孔明抚绥溪洞诸蛮驻兵之所，营垒遗址犹存。

（《卷六·古迹论》节选，第40页）

安江巡检司

高大宾，华州人。顺治十八年（1661）任，致仕。

王用明，会稽人。康熙三年（1664）任。

黄之乔，浙江绍兴人。康熙十九年（1680）任。

刘必阴，山西人。康熙二十六年（1687）任。

顾麟征，浙江上虞人。康熙三十二年（1693）任。

缪英，浙江绍兴人。康熙三十九年（1700）任。

虞文英，北直卢龙人。康熙四十五年（1706）任。

张燮，山东单县人。雍正七年（1729）任。

郑辅周，直隶庆都人。雍正十年（1732）任。

（《卷七·秩官论·安江巡检司》，第11页）

农官

梁朝栋，雍正三年（1725），奉旨准给八品顶戴。

孟文杰，雍正四年（1726），奉旨准给八品顶戴。

蒋方成，雍正十一年（1733），奉旨准给八品顶戴。

自雍正七年（1729）为始，每岁停其举报，着为三年一举之例。

（《卷七·选举论·农官》，第26页）

里民二人

蒋朝宁，年九十四岁，原神乡人。善饮食，健步履。知县张扶翼岁给布米银二两，复其身。

向伯都，年八十六岁，子弟三里二甲人。本甲素称顽梗，伯都以德化其乡，善诗。岁一至县署。知县张扶翼敬礼之，与四生同岁，给布米银二两，并复其身。

（《卷七·耆德论·里民二人》，第28页）

丈粮条议

又云："查万历九年（1581），附近田亩曾经丈量，后因部限紧急，将隔远田地竟不清丈，朦胧报竣，积为弊数。此番无论远近，逐一严加清查，改正文册，可以垂久无弊。"

查本县堂上，存有万历九年（1581）清丈石碑，详述丈量成功之难。考其时日，凡五年而后毕役。盖甚言清又之不易易也。尚因部限紧急，隔远田地不无朦胧报竣。岂今日部限较缓于昔时乎，抑今人之智数远轶于昔人也？总之，成法可因万历九年（1581）之鱼鳞册，本县虽久经兵燹，尚有存者，其式亦如今日司发之式，无可异议。

今本县所造之册，挨顺都图，分别粮亩，纲领、条款纤悉毕举，册已成矣，无可议矣。愚以为不当摇于浮议，挠乱已成不可移易之模，徒滋议论之多。盖议论多，则成功少，唯断与民，可以已之，是不得不大有望于各台也。

（《卷八·文论·丈粮条议》节选，第73—74页）

积储议

积银、积谷一案，上行甚严，某敢不凛遵。实以湖之南北，自兵燹之后俱难足额。今辰郡勉强如数，诚恐自此而后遂为定例，万一年有水旱之不等，荒残之地必至缺额。盖一事之例，由不足而求至于额，似易；例已定而求减于例之内，则难。

积赎，名虽官也，实则名也。万一足额之后，有不肖有司借以行私，是赈荒之利未及于民，而备赈之害已先及之也。向使此例尚存，犹欲争之，况幸奉有小民有犯，一概的决之。旨借此以责励，官尝留余百姓，有司非甚不肖，孰敢背之？是不足额在一时，而其利益乃在数十世而不止也。明宪之前可以理争、婉赐，详达臬司，万无不允，此亦随事恩便地方之一端也。

（《卷八·文论·积储议》，第76—77页）

回滇凯师谷草人夫后议

军需，大事也；干军令，大罪也。然不视其邑之丁与粮之力，均其

233

多与寡之数，而概责之州与县。大邑粮多民众，固无不集之虞。若民少粮寡之邑，其何以应之？迨无以应，而责以违误之军令，是教之犯也。

案查去年，将军公爰入滇驻沅，喂马黔阳，派买料谷八千石零，草二十八万零，人夫、器具以是为准。黔邑熟粮五百八十石零耳，户口寥寥，视他邑最为弱小，为数既浮，万难猝应。民既逃匿，不任其役，以致前任印、捕两官，或抽刀自断，或投河求死。虽幸未陨生，而借告无从，苦无皮骨可有，此去年官民交敝之大概也。

今值将军东下，相距仅一年耳。军需之繁多，犹之昔日，而黔邑之困敝，更甚于往时。若不亟请变计，是必无邑无民矣。无邑无民，虽有印、捕两官，何所用之？

查州县丁粮有多寡之不同，因而人地有大小强弱之互异，一应军需，一照见在差粮，为差等，则事属均平，而刻期可办……

公力争再四议上，当事遂不能夺，乃改前案，以州县熟粮为派买差等。是役也，黔阳减谷七千二百石零，减草二十六万四千零，人夫、器具以是为准。故四月之内两应大师而民不扰。

（《卷八·文论·回滇凯师谷草人夫后议》节选，第77—78页）

买运赈谷纳沅议

谷以备赈，出自各台恩施。窃谓沅、黔皆赤子也，沅、泸、辰、溆、黔、麻皆逼近水次，皆应买备谷石，但不必悉贮沅仓。凡邑皆其属也，分贮州县仓廒，取数取结，以备临验，既无逆水转运之烦，又有就近支给之便，窃谓莫便于此。

（《卷八·文论·买运赈谷纳沅议》，第80—81页）

遵谕陈言条议

康熙六年（1667）五月初三日，奉上谕："民为邦本，必使家给人足，安心乐业，始可以称太平之治。今闻直隶各省人民，多有失所，疾苦困穷，深可轸念。或系官吏贪酷，朘削生民；或系法制未便，致民失业。今当如何而后使得遂其生计？凡一切关系民生利病，应行应革事宜，着内外各衙门，大小文武等官，各抒确见，陈奏勿隐，以凭采择施行，钦此。"

臣扶翼谨议：得民为邦本，欲使家给人足，在使之有余，以厚其生，则垦田之赏宜止也。有荒，州县已奉宽恩，缓五年尽垦之令矣。然州县垦田，多至百顷以上者，有纪录之赏；三百顷以上者，又有加级之赏。即以湖南而论，止此民力耳。西山方平，民气未苏，流亡未复，所垦之田焉能月异？而岁不同，乃民不加多，而田日以增者，则以州县有司，虽无虑有不垦之责，议犹竟有纪录加级之厚赏，以为之驱也。如此，则阳为劝垦之名，而阴行其督责之实，悬坐捏报之弊，将不可胜言，而民不得安矣。

臣愚以为，莫若停垦田之赏，但责令所在有司，实心招徕流移，听其尽力开垦荒芜田地。三年之后报亩起科，则田不待劝而自垦，民不待给而自足。所谓使之有余，以厚其生者，此也。又，民为邦本，欲使安心乐业，在勿多事以扰其生，则督催之令宜简也。一切奉行事例，各有专行。衙门则事不烦扰，而官民安于无事。非无事也，有事如无事也。今一事也，有承行、有转奉，恐其不力也。又有分行未已也，又有径行一羊而九牧之①矣。一起解钱粮也，有连批，有截批。完解各衙门也，有收案。分数完欠，无不了然。一有磨对，又提州县经承，批卷造册，往返无虚日。其病也，敝在官，而害及于民，夫上执简以御烦者也。

臣愚以为请饬大吏，凡事专责，奉行各衙门，转行所属州县有司，而严其程限，逾期则有揭参。钱粮完解，经管衙门按照完解分数，批差月、日、姓名，登注收案，磨核以考其成。如逾限不解不完，照依分数揭参，一省行提、批卷、差役往返磨对之烦。如此，则事省在官而利己，及于民无不安心而乐业矣。所谓勿多事以扰其生者，此也。

上有宽大之政，吏无督责之烦，民安佃作之利，家绝追呼之扰，法制既便，朘削不生，以穷弊为革弊之源，以无利为兴利之大，太平之治，

---

①　一羊而九牧之：比喻官多民少，赋税剥削很重。

可计日而跻也。

（《卷八·文论·遵谕陈言条议》，第82—84页）

谕乘时收积谷草

目今正在秋成，早禾已获，因天雨连绵，谷虽已收，草尚存野，物无弃材，浥烂可惜。今中禾方刈，天又幸晴，尔民收谷之余，即当收草。竭之，不过一时手足之力；储之，可以备公私万一之用。尔民互相传勉，各于宅傍高处乘时收积，毋得听其浥烂。次月中旬，余巡行境内，亲临视阅，所到之处如有草不收积，抛置田间者，即以惰民究治。

（《卷八·文论·谕乘时收积谷草》，第86页）

谕植桐树

黔邑山多而土少，山气能生百物，桐油又利之大者，然利在五年之后，人以其无近功，遂忽而不种。不思今日不种，后日何获？今与尔父老约，各督其子弟，乘此秋成之余力，农功既毕，即治山场，砍去杂木恶草，以火烧之。刳冻过冬，俟来春遍种桐树。桐树未成，先种芝、荞，本年亦可得利。俟桐树长成，则其利自远。是尔民之勤劳，不过此农功余闲之日月，而得利乃在数年、数十年之后。尔父老为子孙计长久，何可计不出此？

（《卷八·文论·谕植桐树》，第87页）

古　诗

初春积雨晓望江村炊烟

张扶翼

云重烟寒湿不飞，几家春爨远微微。

村人夜急官输早，山米朝迟客市稀。

乳笋篱边当土出，渔翁江上煮鱼肥。

如何不见吹嘘力，细草繁花尽旭晖。

余闻之诗言志，缀属景物，铺陈风雅，以云才人之高致淤，则可谓为有当风人之志，则未也。唐人七言律上下起结，各有其故，各致其思，非可泛然。作者［舟中无事拟］为一律正，不嫌分注其后，以见止此平平八句耳。而目之所注，心之所思，有如是之渺渺余怀也者。诗可易言哉，诗可易作哉，试妄说之。起一句"烟寒湿不飞"，是为雨寒云重，亦是开二之"几家春爨远微微"也。盖"烟寒湿不飞"，既因雨寒云重，又因创痍初起，人烟稀疏，所谓目之所注，则于彼心之所思，则于此也。三与四是承上，创痍初起，农苦赋急，又苦米贱不售，此人烟所以稀疏也。三苦在"夜"字、"急"字、"早"字，四苦在"朝"字、"迟"字、"稀"字，唯其输税要早，自不得赴市迟。赴市要早，自不得晨炊迟也。正衬晓烟。盖夜急早炊，到市犹嫌其迟，心既迫，欲早售，无奈客市又稀，此晨炊更不得而迟也。农人之心之苦，为何如哉？此之前四句，止做得"晓望江村炊烟"一截，下四句方是"春初积雨"一截。五言："田家食但是，蔬今方出土。"蔬无可炊。六言："渔人无籍无税。"食乃有鱼，今且晨炊。然农多渔少，望烟有几？遥与上"微微"作照，而所以菜小鱼肥，则又以雨多之故。盖菜茹雨多，亦苦浸淫，鱼得新水，方喜孕育。是田家常苦赋税之早，不如渔者之乐。而田家雨中之蔬小，又不如渔者雨中之鱼肥也。同一天泽，而苦乐异致，以起下七八，异幸晴霁，物各得所之意，以结一篇不尽之旨为云重，故下吹字为"烟寒"，故下嘘字、力字，见转移之易。如"何"字，见期望之久，此为作者之志也。以余有时责者，触物有怀，不敢不慎。此所以不敢自同于缀属景物、铺陈风雅者之所为也。康熙丙午（1666）正月二十五日，舟中附记。

春耕

张扶翼

向晓扶犁课石田，茸茸细草雨如烟。

也知食尽酬炊妇，未布春苗那得馈。

留别

周溥

丝纶特简出京华，几载黔阳漫驻车。

勾漏一官方百里，花城四野户千家。

南山粳稻锡繁社，西岭云霞映碧洼。

两袖清风携带去，邑中父老莫相嗟。

课农桑

黄天佑

露冕时巡紫陌头，关心民隐听啼鸠。

桑田税处勤耕织，丝满缫车粟满篝。

省催科

黄天佑

女解蚕桑男解耕，丝成稻熟庆丰盈。

别无胥吏追呼急，拜手公堂献兕觥。

（《卷九·诗论》节选，第 9、10、20、27、34 页）

二、乾隆版《黔阳县志》①

安江市

在县东南九十里，子七里②。旧以下十里去县远，控驭不及，择安江为适中处设巡栓司以领之。带江负山，烟火近千家，栉比鳞次，为区落之胜。居人汲山泉酿秌安酒以名。其他柑橘、枣栗之品，实繁而味别，亦他邑所无，故人争趋焉。

（《卷九·乡都·市镇》节选，第 9、10 页）

---

① 乾隆版《黔阳县志》：此刊本为乾隆五十四年（1789）时任黔阳知县姚文启主修，今国家图书馆藏有龙标刻本，共计四十二卷。洪江市史志办整理有《清乾隆龙标藏版〈黔阳县志〉校注本》电子版。

② 子七里：此指清代黔阳县子弟乡七里。

安江砦

《大清一统志》：在黔阳县东南九十里。又，有安江堡，亦名双崖砦。明景泰（1450—1457）初置，今裁。《宋史·地理志》：熙宁（1068—1077）间复硖中腾、云、鹤、绣、胜五州，六年（1073）以硖州新城为安江砦。《方舆纪要》：宋初，蛮置硖州，谓之硖州新城，或伪为洽州。熙宁（1068—1077）中，章惇取懿、洽，即此也。寻改为安江砦。今置安江驿于此。

按：明为安江堡，今为安江塘，沅州协，铜湾汛领之。

（《卷十·关津·安江砦》，第2页）

水递四站

黔旧有四驿，易而为站，无额设供应。遇有水路，上下差事，地方计程办公。

铜湾一站，旧为铜安驿，上通安江。

安江一站，旧为安江驿，上递洪江，洪江上递本县。

本城一站，旧为卢黔驿，上递竹站。

中方一站，其下十里为竹站，旧为竹砦驿，上通马公坪。

（《卷十·关津·水递》，第8页）

塘堰

楚南，泽国也。湖湘一带坦衍为多，故去水之害而利自溥。邑据西南上游，山高水小，硗角瘠薄，十日不雨旱，雨十日又涝。往昔营田，吏尝患此矣。然山下出泉，其源深也。因其源而疏导之，视平川利当倍焉。若塘若堰若陂，厚固堤防，以时潴蓄，行见有溪皆稔，无坪不熟。而野秀秔香，匪独供洪片壤号"境中乐邱"也，志塘堰。

县境之水，资以溉田者有二，曰"山溪"，曰"洞泉"。壅溪曰"堰"。引堰之水而入田者，曰"圳"。亦有障蓄水者，曰"陂"。通泉曰"渠"。刳木引渠之水而入田者，曰"枧"。其凿地而潴水者，曰"塘"。举具斟塘之水而入田者，曰"斛"。转轮激水，曰"车陂"，亦曰"车

239

堰"。溪亦曰"港",泉亦曰"井"。

朱琰《水利论》:周礼,地官之职。命遂人掌邦之野。凡治野之法夫,间有遂,遂上有径,十夫有沟,沟上有畛。百夫有洫,洫上有涂。千夫有浍,浍上有道。后世井田既废,沟、洫、川、浍之制不讲,而水利之政荒矣。犹有所恃以资灌者,有塘以潴水,堰以障水,陂以蓄水三者,民间之大利,而旱干水溢,得以有备无患。

沅属三邑,高原下隰,俱于万山中。溪流湍急,沙石壅淤,土少而瘠。十日雨而苦旱,三日霆霖则苦潦,故陂塘堰之在沅,视他郡为亟。若能时其濬瀹,固其堤防,以与民谋蓄洩之利,则缓急有备,而天道之恒旸恒雨,俱不足为。斯民病粒食之源庶有赖乎?昔史起之在邺,杜预之在荆,何易于之在建昌,率由此道也。

故备列塘堰诸名色,以志水利焉。

……

《沅州府志》按,《县志》载:塘六,自回龙、大莲、清水、红莲四塘而外,又有北六十里之长塘、托市之金鸡塘。堰凡三,曰"竹坪堰",曰"蒋家堰",曰"将坪丁家堰"。陂凡九,曰"河家陂",曰"大车陂",曰"大溪口陂",曰"大黎陂",曰"龙田陂",曰"熟坪陂","婆田陂",曰"大崇溪陂",曰"木杉溪陂"。数止如是,何往时营田之利独寥寥欤?

况旧所载者,今或名称互异,或湮塞过半,岂古塘废堰无?多掌录一至斯耶?然张令固尝论之矣。其论曰:"黔邑山高水急,土脊而硗,雨多则苦潦,若十日不雨则又苦旱。陂塘之胜,惟熟坪、稔禾、将坪、淇溪、烟溪、大源诸处,水源颇裕,灌溉亦饶。而熟坪、稔禾,源出罗翁,田畴尤美。自王、马二贼盘踞之余,瑶人乘乱为梗,十数年来,昔之所谓良田美地,今乃卒为污莱矣。其余陂塘,源小易竭,天小旱辄已大涸,原神一乡为尤甚。若因其源泉而益疏导之,度其高下而益陂潴之,时其蓄泄而益调剂之,则凡有源者皆足资也。"

盖其时，疆宇甫定，农工初事经营，故疏凿无机，而役起于草创，则功不能经久而不敝，非尽地利之有所限也。兹时邑无不垦之土，土无不尽之利，因其自然，则高下有必注之势，度其分合，则支干无不达之流，每乘隙以鸠工，必一成而不败。如右所列之塘堰，有灌田至百数十亩者。其次，亦不下五七十亩焉。一线所通，四时不竭，固所在多有可见山泉。咸恒倍于平川，而国无惰农，斯年无歉岁，有司土之任者，可不加之劝劳也哉？

（《卷十一·塘堰》节选，第 1—10 页）

仓储

顺治十一年（1654），诏各州府县常平仓及义仓（镇店立）、社仓（乡村立）积贮备荒。责成该道员稽查旧积，料理新储，每年二次，造册报部察。积谷多寡，分别议奏，以定功罪。自后，法制递详，凡新旧交代，存七粜三，及奖励捐输，诸例具载大清会典。雍正以来，常平亏空之处分益严，各乡皆设社仓，董以社长。

常平仓

大门旧从城隍庙门首入，乾隆四十二年（1777），知县叶梦麟改从东长街入，高其闳闼，籴粜称便，在东门内，普明寺右。贮谷一万五千零八十八石八斗七升六合三勺。又，官民劝捐谷一百零一石六升。

社仓

一、本城社仓贮谷五千零九十石四斗八升三合三勺。

一、供二里红庙社仓贮谷一百零二石二斗。

一、供三里花山寺社仓贮谷一百三十石零九斗二升八合。

一、供四里曹垅社仓贮谷一百八十六石三斗三升九合。

一、子四里安江社仓贮谷二千零八十石五斗九升三合。

一、石一里石保乡社仓贮谷六十八石零九合。

（《卷十三·赋役二》节选，第 22、23 页）

先农坛

在城东关外，原为宝山书院地，雍正四年（1726），知县王作人建祠宇五间。岁久倾圮。乾隆五十一年（1786），知县姚文起购材修建，殿宇辉煌，周垣门栅坚固，自是报赛有光焉。

祀制：为籍田四亩九分。雍正十二年（1734），奉文将籍田存贮，余谷粜售，以作祭费。原动支地丁银一两七钱八分。每岁仲春亥日以少牢致祭。又，乾隆七年（1742），诏有司岁于四月十八日为雩祭，雩旱祭也。额祭实银五两。即先农坛行礼所祭，即先农并社稷山川之神也。

（《卷二十一·坛庙一·先农坛》，第2页）

农

农家勤于垦荒而拙于备旱，劳于耕耘而逸于籽耘。邑中壤狭田少，山麓皆治有泉源者，坐收灌溉之利，而陂塘少治。其近水者截流筑坝，谓之堰田，渴则两人对升水具，斛水以润之，又或为水车，转输激水而上之，殆视抱瓮为易。

近郭之田粪之，远乡不可得粪，则壅草以葳。其法于岁前储草，以待春作，或临春翦柔条嫩叶聚诸亩，又犁土以覆，俟其腐败，然后纳种，则土腴而禾秀。又煅石为灰，禾苗初耘之时撒灰于田，而后以足耘之，其苗之黄者一夕而转深青之色，不然，则薄收。故庄家必预办此。其灰多出桐木，煅灰者二、三月间大船装载，放田户记簿，谓之"放灰"，收获之后，收灰谷，岁以为常。

各乡所产稻谷，不足供一岁之食，则杂植荞、麦、稷、菽以佐之，然亦不多。故问盖藏于此邑，鲜不病欤也。每秋收后，结伴入山，采取蕨根，漉汁作粉以充食，虽丰岁且然，盖以此御我穷冬，而留粟以供来岁耕作时饔飧也。值荒，则采者益众，附近山壑为空，竟穷搜越境，连担而归。少资，朝夕农妇饷馌之余，颇勤纺绩，然仅足备衣履之缺，无羡物获利。

（《卷二十六·风俗一·农》，第2—3页）

风俗

春

正月元旦，启门燃百子爆，祖先堂上具香烛、茶果，少长肃衣冠拜。拜毕，先父母及尊长，各以次序拜戚友，相过贺，谓之"庆节"。俗名"拜年"。客至，点茶，有留饮者，谓之"传杯"。三日不扫除，市不列肆。

立春前一日，竞看土牛、芒神，结彩亭故事，从东门外迎入县治。

至次日立春，知县鞭土牛，谓之"打春"。别捋土为小牛芒神，鼓乐送绅士家。

十三日夜，各家张灯门外，谓之"上灯"。十四日夜亦然。十五彩灯悬照，以巧丽角胜，鸣金鼓达旦，谓之"闹元宵"。其灯裁绘剪纸，像人物、花果、禽鱼，童子执之，绕街而行，又为百戏。若耍狮、走马、打花鼓、唱四大景曲、扮采茶妇、戴假面哑舞诸色，入人家演之。又，舞龙灯，沿街盘绕，箫鼓喧闐，道路鼎沸以为乐。十六日后，尚有相拜者，谓之"拜迟年"，至必饮食款客，尽欢而罢。是月逢戊日，不扫地，不汲水，谓"有避忌"云。

二月二日，俗传土地生辰。里人各酿金具牲，醮祀之。社日，农家煮社饭。《宋史》："宣仁太后，呼左右赐吕大防等社饭。"邑中至今犹仿此意，他处无有也。其法剪蒿叶和米摄干肉其中，蒸熟荐于祖，然后遍食家人，且有为亲邻馈者。社前，以纸钱挂新坟，行拜扫礼，过社则止。又有放风筝之戏，其形为鸢、为燕、为蝴蝶、为美人，系以线，乘风上之，声汪汪响于空。医家谓小儿仰视，则口泄胎毒，理或然也。

三月三日上巳节，男妇各采荠菜花簪之。俗名"地菜"。寒食，童子放纸鸢，人家挈榼上冢，剪纸作纸钱、幡胜，击竹枝插墓上，祭毕，藉草而饮。

清明，祀先祖，屋檐插柳枝，人各摘柳叶簪头上，谓可被除不祥。

夏

四月八日浴佛，寺刹建龙华会，僧家屑枣、柿干入米作糜供佛，以食徒众。

五月五日端午节，家悬蒲艾于门，研朱书灵符贴之。作粽（《岁时记》："唐时岁节有九子粽、百索粽、角粽、锥粽、筒粽、秤椎粽。"）相馈饷。妇女缠五色丝，缚茧子、艾虎，簪石榴花，佩香囊，小儿系长命缕于臂，以雄黄末涂耳鼻面额。又，切菖蒲作菜，入雄黄末于酒饮之，捣菖蒲、蒜头、雄黄末，和汁洒墙壁间，云"辟百毒"。又采百草，煎汤浴之，以治疥。沿江有龙舟竞渡之戏，尤盛于下十里（安江一带）。各村共构一长亭船置其内，划则拽下河，其船长数丈，三十六舱，排坐七十余人。有自五月初十划起者，有自十三划起者，至十五日止拽搁亭内。年年有会饮而划，率以为常。乡间又以十五日为大端午。

夏至日，咬生果，以防疟痢。

六月六日，曝衣物、书画，各寺刹晒经。

秋

七月七日，人家妇女多沐发者，是夕乞巧间有之。十日以后，家祀祖先于寝，日具羹饭。至十三日，治酒馔，设祭，夜焚纸钱楮锭于门以送之。亦有十四、十五日祭送者。十五日中元节，道书为地官赦罪之辰，僧俗多举盂兰盆会。中元夜，家户各具羹饭斋供，列于门外，或垌衢之处，祝祀伤亡野鬼毕，随捧水灯三十六向流水泛去。

八月十五日中秋节，叠麦裹糖，霜果仁为饼，谓之"月饼"，伴以西瓜、石榴、栗房、豆荚相馈送。夜则祀月，设席宴赏。或入人家蔬圃中摘瓜，抱归置之帐幔中，以兆宜男。

秋间有放鹞之俗，下十里（安江）为甚。左手牵犬，右手执鹞钻，逐于荞豆耕稼之地。忍饥渴，冒雾露，口中叱咤，乐此不罢。多出于少年之士，良可叹也。放鹞之外，有放鹰。终年畜之，饲以精肉，系以金铃，加皮盔于首，掩其目以养神，放则去之。纵犬，遇兔走雉飞，则拳送其鹰，鹰必高翔搏视，然后下击，击不中，则飏去，放者叫呼，迹追之，往往失足泥水坑坎中，伤不知痛，然固未见其时有所获也。

九月九日重阳节，文士有举登高会者，就近郭山陬结伴眺赏，酒茗之余，随意鼓琴、对弈，清游竟日始归。乡间蒸米作糍啖之，亦九日作糕之遗俗也。亦有酿酒者，谓之"重阳酒"。

冬

十月朔日为烧衣节，人家剪楮作衣，制竹丝障纸为箱箧盛之，焚于墓前，谓之"送寒衣"。

十一月冬至，邑人不相贺。十七日，为弥陀生日，寺僧顶礼作佛会。

十二月八日，以糯米酿酒，谓之"腊八酒"，各寺亦以是日浴佛煮粥，谓之"腊八粥"。二十三日，人家祀灶，团糖为小饼供之，以盘盛黑豆、寸草，为灶神秣马具，合家少长罗拜。二十四日，俗谓之"小年"。按，《月令纂》："腊月二十四日为交年。"俗盖讹为"小年"也。夜设灯于井阑、床下，谓之"照虚耗"。连日各家扫屋尘，谓之"除残"。二十五六日以后，人家具酒脯荐祖，团合食，谓之"团岁"。作米食，若黍糍、油馓、环饼、馓饵之属相遗，谓之"馈岁"（按：杜甫诗"粔籹作人情"，即此俗）。

三十日为除夕，易门贴，早设饭食荐祖，谓之"年饭"。兼数日之炊，谓之"宿岁饭"。家长分钱与家人，谓之"压岁"。达旦不寐，谓之"守岁"。

附：占候

正月元旦，温和无风，则众贼而民不病。是日宜阴，雪则主旱。谚云：岁朝宜黑四边天，大雪纷纷是旱年。立春日喜晴。谚云：且喜立春晴一日，农夫不用力耕田。雨雪，则主春寒，又主水。上元日晴，主一春少雨，宜百果。是月宜雪，不宜鸣雷。谚云：正月雷打雪，二月雨不歇，三月犁干田，四月秧上节。

二月，惊蛰日鸣雷，主五谷实，是日宜寒，谓之冻虫。春分日宜雨。谚云：春分有雨病人稀。是月，逢三卯则宜菽。谚云：二月有三卯，豆、麦、棉花处处好。霜主旱。谚云：一朝春霜十朝旱，十朝春霜食不办。

三月，清明日望晴，谷雨日望雨。谚云：清明要明，谷雨要霖。

四月立夏、小满日俱宜雨。谚云：立夏不下，高田且罢；小满不满，芒种不管。初八日宜晴。谚云：四月八日晴，担秧插茅坪。夜雨则伤小麦。

五月芒种后逢壬，为梅天。又谓之"霉天""霉头"。雨主阴霉，脚雨主旱。夏至日晴，主旱。谚云：夏至见青天，有雨在秋边。二十日为分龙日。前此夏雨时，行所及必遍。自分龙后，或及或否。谚所云：夏雨分牛脊也。次日雨，则岁熟。又，二十六日宜雨。谚云：若问熟不熟，但看五月二十六，大雨大熟，小雨小熟。是月以三旬夏至，占籴价贵贱。谚云：夏至五月头，一边吃，一边愁；夏雨至五月中，耽搁粜米翁；夏至五月尾，禾黄米价起。

六月初六日晴，主收干稻，饲牛有草。谚云：六月初六晴，牛草好收成；六月六日阴，牛草贵如金；六月六日落，牛草无一缚。小暑日风大，暑日晴，主有年。谚云：大暑日头小暑风，禾盈田垄谷盈舂。是月听子规声占岁。谚云：子规叫到六月头，田中无水不须愁；子规叫到六月中，十间仓屋九间空。

七月七夕前看河影，三日复见，则谷贱，七日复见，则谷贵。谚云：天河搭屋脊，家家有饭吃。立秋日晴，主秋旱。谚云：立秋无雨，三秋旱。处暑值丙、丁、庚、辛四日，主荞麦歉收。谚云：处暑属金，种荞一斗收一升；处暑属火，种荞一斗收一颗。

八月逢壬日，谓之沾天。中秋夜阴晴，占次年元夜。谚云：云掩中秋月，雨打上元灯。又云：中秋月暗，鼠贼多。月大尽，主有水灾，并少菜。谚云：八月小，菜园青窈窈；八月大，有饭没菜下。

九月九日喜晴。谚云：重阳无雨，一冬晴。十三日亦然。谚云：重阳无雨看十三，十三无雨一冬干。盖是日，俗谓之小重阳也。

十月朔日晴，则少雨雪。谚云：十月初一晴，钉靴卖不行；十月初一落，钉靴日日着。是月宜霜。谚云：十月无霜，碓头无糠。

十一月冬至后宜雪。谚云：雪多春谷贱，雪少年来旱。

十二月雪，谓之腊雪，兆来年丰稔。一年两春，主损牛。谚云：两春夹一冬，十个牛栏九个空。

（《卷二十七·风俗二》节选，第8—15页）

谷之属

稻

《辰州府志》："黔阳凿渠灌田，稻米香白异常。"府志按，县境稻名不一，其种有二，粘者为糯，不粘者为粳，亦作秔。粳之先熟者为籼，种自占城国来，俗谓之占。俗作粘者，误。粳稻早熟者曰"六十日占""白谷占""麻占""南京占""苗占""盖草占""油占"。中熟者曰"高山早""思南早""银谷占""懒打占""齐头占""云南占"。晚熟者曰"富贵占""垅里占""沙占""救公占""五开占""青秔占""瓜占""岩占""夺碓占""马尾占"。糯之种，有"李子糯""扫箕糯""马眼糯""牛皮糯""白广糯""粘禾糯""泠水糯"诸名。大抵名种不同，早晚各随地土所宜，不能悉记也。

麦

有小麦，即来有大麦，即牟一种，似小麦而色黄，俗名黄麦，各处多种之。疑即《本草》所谓"黄穬穬"也。又，有燕麦，俗名雀麦。

荞

《本草》：荞麦茎弱而翘，然易长易收，磨面如麦（按：荞有甜苦二种）。春种于山陆，秋收后，复种于田，最为穷民利。

菽

豆之总名。有黄豆、白豆、绿豆、赤豆、黑豆、蛾豆、眉豆、蚕豆、豌豆、豇豆、扁豆（有红白二种）、刀豆，入酱为蔬。

粟

即小米。李时珍曰"古者以粟为黍、稷、粱、秫之总称"，而今之粟在古但呼为粱，后人乃韧以粱之细者名粟。正谓此也。黏者为秫，粟

247

亦为糯，粟不粘者为秫粟。

穄子

一名"龙爪粟"，又名"鸭脚秆"。《救荒本草》：叶似稻，但差短，梢头结穗，仿佛稗子穗。其子如黍粒，大茶褐色。捣米煮粥，炊饭、磨面，皆宜。李时珍曰："其稃甚薄，其味粗涩。"

蜀黍

俗名高粱。《博物志》："地种蜀黍日久，多蛇。"《本草》："种始自蜀，故名。《广雅》谓之'芦荻'。"梁茎高丈许，似芦荻而内实药，亦似芦穗。大如帚，粒大如椒，红黑色。米性坚实，黄赤色，有二种，黏者可和糯秫酿酒作饵；不黏者可以作糕煮粥。可以济荒，可以养畜，梢可缚帚，茎可织箔席，编篱，供爨，最有利于民者。

玉蜀黍

俗名玉米，亦名苞谷。《本草》谓之"玉高粱"。苗叶俱似蜀黍，而肥矮亦似薏苡。苗高三四尺，开花成穗，如秫麦状。苗心别出一苞，苞上出白须垂垂，从则苞拆子露，颗颗攒簇，子大如粽子，黄白色。《府志》按，此种近时楚中遍艺之，凡土司新辟者，贫民率奴孥入居，垦山为陇，列植相望，岁收子捣米而炊，以充常食。米汁浓厚，饲豕易肥。近水者，舟运出枭，市酤者争购以酿，且有研碎滤汁为粉，搓揉漉汤成索以入馔者。水乡岁歉，亦易以救荒。盖为利多矣。邑境虽有种植，而闲土尚可耰锄，不妨广布其种，收实而储之仓庾，未必不愈于蕨根草实也。

薏苡仁

《本草》：二、三月宿根自生，蘗如初生芭芽。五、六月抽茎开花，结实粘牙尖，而谷薄者即薏苡也。其米白色如糯米，可作粥饭及磨面食，亦可同米酿酒。府志按，此种他志多列药品类，而《本草》收入谷部，今从之。

芝麻

有黑麻，有白麻。黑麻角巨如方，胜者名巨胜。白麻又名油麻。李时珍以为皆胡麻也，且云：胡麻取油以白者为胜。服食以黑者为良。又一种色微黄者，亦有色赤者，皆逊于白麻，然均可压油供食。

（《卷二十八·物产一·谷之属》，第1—2页）

三、同治版《黔阳县志》①

屯田

屯田之制，在明有"军屯""民屯"之称。洪武（1368—1398）初，立兵民万户，府寓兵于农，后命天下卫所、州、县军民皆事垦辟，民屯领之有司，军屯领之卫所，官给牛种、农具，亩税一斗。宣德（1426—1435）后，屯政曰废，有亩三升者，嘉、隆（1522—1572）时复亩收一斗，而逃亡益多，其后田额日减，粮额日增，又于额外增本折，而屯军益困。

国初，宝庆卫弁误报"屯饷重于民田"，屯军屡以为请格于部议。乾隆元年（1736），谕各省督、抚详加确查，定额征收，并革除额外加征。二年（1737），巡抚高其倬题奏："屯田照各州县民田三则征输。"诏可。自乾隆三年（1738）为始减免征收，永无偏累。

查旧志，黔阳于康熙元年（1662）归并沅州卫，原额屯田百一十五顷九十九亩五分一厘。同时归并靖州卫原额屯田二十三顷三十四亩二分四厘七丝，康熙二十八年（1689），归并武冈州原并靖州卫屯户陶其情田三十八亩三分九厘八毫。以上屯田，康熙四十年（1701），奉文照民田则例科征。雍正八年（1730），归拨开泰县寄庄，除拨坐溆浦县外，实存成熟屯田二十顷四亩四厘一毫一丝。同时归拨青溪县寄庄，除拨还王宗仁四户田外，实存田二十九顷五十五亩四分一厘五毫。又，雍正十

---

① 同治版《黔阳县志》：此刊本为同治十三年（1874）时任黔阳知县吴兆熙依据前两任知县主修县志完成重修，今国家图书馆有藏本，共计六十卷。洪江市史志办整理有《清同治版〈黔阳县志〉校注本》电子版。

二年（1734），清除荒芜田二十顷九十亩九分三厘五毫九丝九忽外，实存成熟田屯田八顷六十四亩四分七厘九毫一忽。以上实存屯田共百六十八顷四十亩六分六厘八毫八丝一忽，原载粮八百零四石二斗一升九合四勺一抄四撮二圭三粒四粟，内除青溪县荒芜粮二百九石九升三合五勺九抄九撮。

又，乾隆三年（1738），按照民则，比减粮六十七石三斗七升四合五勺一抄一撮五圭八粒七粟，实科秋粮米五百二十七石七斗五升一合三勺三撮六圭四粒七粟，实征条银五百零一两七钱一分一厘六毫五丝八忽四征五尘一渺二漠一茫。又，实征九厘饷银五十四两六钱九分八厘三丝八忽三征九尘五渺八漠。乾隆八年（1743），归拨施秉县原额屯田四十八亩九厘三毫六丝五忽，内除荒芜田三十四亩七分三厘三毫六丝六忽，实存成熟屯田十三亩三分五厘九毫九丝九忽，每亩征本色米一斗五升，实征本色米二石三合九勺九抄八撮五圭。照时价折银，变充饷，解同。实征丁银四分。

（《卷十四·户书一·屯田》，第5—6页）

行罗翁村略

邑多幽胜，《香杜湘帆纪程》载《行罗翁村略》云：入山数里，道险而径益幽。子桐散华，如雪微霁。重璧连璐，千岩俱白。杜鹃烂发若火，攸灼猩红在林。赤壁丹穴，复有小草细碎，受露吐香。野共敷芬，藉日增色。

凡夫蘼芜神蘦江蓠蘅杜之属，宗生族茂，靡可别识。芳于空谷，岂惟国香。峰回路转时，见屋宇槿篱，枳屋三两为邻。青草一池，鸣蛙绕村，翠衿咬咬，载好其音。草木禽鸟之无知，亦有以自乐也。使有大雅君子，济敷德威光之，重典以戢其奸，继之诗书以畅其教流，竞静一盗贼不作，桃源洞天岂远人世哉。庖丁解牛，恢恢刃游，鸡小鲜也。顿刃无芒，不见其长兴。

言及此，愧悔滋深耳。又云，遵水取道，益复奇险。俯视深谷，摇摇欲坠。杂花满山，目不敢瞬。舍舆徒走，足疲乃止。

行太平乡略

又载，《行太平乡略》云：胥吏书程，自邑治至硖州，舟行百有二十。自硖州入于山，又百有二十而赢焉。于时八月之晦，偕家弟、笃人毛丈、韵堂，登舟杯酒，对斟笑言无闷。计数月以来，往来十余度，山重水复，数见不鲜。韵堂笃人方凭船周眺，应接不暇，谓"风景之奇，得未曾有也"。

观音岩，高跨江介，无草树处，尽为黑白石。上下层叠，悉如良玉刻镂而成。水中石笋并立，鲜润明磊，常如带雨。斯其挺拔峭削，能矫然自异于众山者。

已朔日，出硖州东北行，所过山多数百由旬。舆夫盘旋，如猱升木。值雨大作，滑滑不可行。此中八九月，故多雨，不为异也。

日入暗，行四五里，不辨路径，惟闻雨声在树，水声在谷。良久，逆者至，缚草为炬，人持其一，前后照耀。突如盲人之目，刮以金篦顿入光明境矣。

自过大坪十余里，径愈险，韵堂色勃足躇，摇如将坠。惧而止，假宿逆旅，返乎大坪矣。待，予遂与笃人前进，更余，抵红庙，宿焉。

二日昧爽，治狱毕，即还过山四五重，皆蹑其绝顶。云气片片，出襟袖间。白含日光，泾孕雨气。数步之间，后人不见前人衣。履石磴千级，周折上下。前人巅顶，乃在后人足底。然而形像仿佛，若有若无，乃如黄昏之月，微见人影，清风徐来。时有罅，既过之后，旋合为一。溪谷百仞，多有田畴庐宇，至此茫茫，尽为云海。时闻下界鸡犬鸣吠，而已至大坪。

韵堂笑而相逆，谓："我自云中来也。"予亦自诧，为神仙排云出，但见金银台殆近之矣。诗云：溪水迸石华，岩溜滴秋露。桐高实累卵，菝密白翻雾。山径悄无人，一线蹑樵路。时有饭牛子，迤逦入烟树。

圣觉寺古柏

又载，安江圣觉寺，古柏数百株，轮囷盘屈，传为汉唐间物。巨者，四人环抱不能合，细者亦周围数尺。浓阴蔽天，希睹曦景。诗云：大木荒唐叶倒悬，禅栖空邃磴钩连。铜柯丞相祠前柏，石室仇池洞口天。青匮匝遮云外路，绿昌明试涧头泉。疏钟动晚匆匆去，又被江声聒醉眠。

（《卷六十·志余·香杜花轩计略》节选，第15—16页）

四、《黔阳县乡土志》①

本境兵事录

宋初，绥抚怀来，相继上图入贡。历太宗、真宗、神宗而旧地之陷入蛮中者，始拨归版宇。

熙宁五年（1072），湖北提点刑狱赵鼎上言："峡州（今安江）峒酋，刻剥无度，蛮众愿内附。"辰州布衣张翘亦上书言："江南诸蛮虽有十六州之地，惟富、峡、叙仅有千户，余不满百。土广无兵，加以荐饥。近与鹤、绣、叙诸州蛮自相仇杀，众苦之，咸思归化。愿先招富、峡二州，俾纳土，则余州自归，并及彭师晏之孱弱，皆可郡县。"诏下知辰州刘策商度，请如翘言。遣章惇为访察使。未几，策卒，乃以东作坊使石鉴为湖北铃辖兼知辰州府，且助惇经制。"

明年，富州蛮向永晤献先朝所赐剑及印，来归顺。继而舒光银、舒光秀等亦降。独田氏有元猛者，颇桀骜难制。数侵夺舒、向二族地，惇遣左侍禁李资将轻兵往招谕。资，辰州流人，曩与张翘同献策者也，褊急无谋，亵慢夷獠，遂为懿洽蛮所杀。惇进兵破懿州，南江州峒悉平。遂置沅州，以懿州新城为治所。

（第一篇《本境之历史》，第三章《本境兵事录》，《摘录旧志〈苗防记〉》节选）

---

① 《黔阳县乡土志》：此刊本为光绪三十二年（1906）由黄东旭编纂完成，共分两篇，第一篇为本境之历史，第二篇为本境之地理。洪江市史志办整理出版的《黔阳县乡土志·校注本》（中国文化出版社，2016），采用原文与校注并存的方式对刊本进行了校注，并整理保存有电子版本。

实业

本境山多田少，人民蕃庶。然实业不兴，青年子弟大半皆为游惰之民，欲救其弊，非振兴实业不可。即近日现势计之：农居十之七，士居十之二，工商仅居十之一焉。

（第一篇《本境之历史》，第四章第四节《实业》）

输出品

竹、木、纸、茶油、乌油、碱水、靛，均由沅水运出，分销常德、岳州、汉口、南京等处，为本境输出品之大宗。

谷、米，由沅水输出，分销于常德、辰州等处。

（第二篇《本境之地理》，第六章第二节《输出品》）

五、1991 年版《黔阳县志》[①]

水稻品种

自 20 世纪 60 年代以来，水稻品种两次改良，都增产显著。第一次是改高秆品种为矮秆品种。60 年代中期，针对高秆不抗倒伏的弱点，首先引进矮秆良种珍珠矮，接着又引进二九青、6044、台北 8 号、农垦 58 等矮秆良种，在全县实现了水稻良种矮秆化。第二次是改常规稻为杂交稻。1972 年，安江农校教师袁隆平研究成功"三系配套"杂交水稻。1974 年试种 12 亩，亩产 438 公斤，很快在全县推广。1985 年，种植面积达 22.18 万亩，其中双季早稻 1.83 万亩，单季早稻及中稻 11.97 万亩，双季晚稻 8.38 万亩。亩产比常规稻增产 75 至 100 公斤。自 1975 年开始，连续 4 年 8 次派人到海南岛租地生产杂交水稻种子。1979 年袁隆平在黔阳进行杂交水稻"三系"种子提纯复壮，为生产大田种子提供原种，自此，县内开始自行繁育，已能自给有余。1981 年 12 月，黔阳率

---

① 1991 年版《黔阳县志》：此县志由黔阳县地方志编纂委员会编纂，由中国文史出版社 1991 年出版，分为二十五卷。洪江市史志办整理并保存有电子版本。

先提出"杂交水稻组合配套",在沙湾乡老屋背大队、硖洲乡溪边大队连续试验 2 年,收效均好。

本地品种和从外地引进推广的良种如附表:

本地水稻品种一览(表一)

类型	品种名称
早稻	矮脚红、早禾、沙粘、白壳早、白脚早、六十早、八十早、早云南粘、麻节早、麻阳早、练牛黄、百日早、油粘早、南天早、浏阳早
中稻	白麻粘、红麻粘、黄麻粘、黑麻粘、迟南岳粘、早南岳粘、晒线禾、西粘、宝庆禾、选粘、老迟禾、棒棒粘、云南粘、三百粘、观音粘、五口粘、须谷、东岳粘、中迟禾、秤杆粘、迟禾、祁东粘、红谷、碎叶粘、下河禾、贵阳粘、粳杆粘、洋麻粘、马尾粘、冰水粘、野禾、矮子麻粘、岩粘、香稻
糯稻	香水糯、麻糯、矮脚糯、粘禾糯、猪油糯、白壳糯、响壳糯、竹叶糯、长壳糯、高脚糯、冷浸糯、安江糯、大颗糯、桂阳糯、添脚糯、茶田糯、扫把糯

引进推广的水稻品种(表二)

年代	品种名称
50 年代	南特号、雷大粘、红脚早、西湖早、莲塘早、陆财号、元子 2 号、二九南、青松 3 号、万利籼、胜利籼、满地红、解放号、云南籼、华东 399、八百粘、老来青、1050、香子、853、太湖青、412、红米冬粘、浙场 9 号、白米冬粘、红须粳、松场 261、蓉怕白、蓉怕黑、蓉干
60 年代	二九青、2200-22、60-44、台北 8 号、备珠矮、农垦 58
70 年代	元丰早、湘糯、湘贺 8 号、528-4、7055、湘矮早 4 号、湘矮早 9 号、7133、68166、红 410、广陆矮 4 号、先丰 1 号、风选 4 号、珍籼 97、赣南早、日本稻、科印 6、广二 104、7613、余赤 231-8、76-3、闽晚 2 号、余晚 2 号、南优 1 号、南优 2 号、献党 1 号、汕优 5 号、V 优 6 号、69280
80 年代	2319-3、怀早 2 号、竹系 26、78-1000、桂阳 2 号、败广稻、丁田、珍红 13、V20A 制 3-1-6、V 优 49

杂交水稻种子生产情况表（表三）

年份	繁殖（原种）			制种（大田种子）		
	面积/亩	亩产/公斤	总产/公斤	面积/亩	亩产/公斤	总产/公斤
1975	66	25.7	1695	484	35.6	17253
1976	436.3	23.5	10254	5685.3	22.5	127919
1977	267	17.2	4592	5830	27.4	159490
1978	734.5	39.3	28900	6805.7	46.6	317456
1979	238	64.1	15260	5199.2	46.9	244102
1980	106	50.0	5300	5089.7	29.8	151667
1981	145	82.9	12020	4464.4	62.4	278459
1982	124.3	77.9	9683	4831.4	90.5	437483
1983	134.1	146.8	19685	6716.5	139.7	938631
1984				3762.7	164.5	619250
1985				4144	153.3	635069

（卷九《农业》，第二章《种植业》，第275—277页）

第二节 民间口述资料

安江神农御米的诞生[①]

胡双辉口述，粟桐整理

胡双辉是安江附近有名的种粮大户，他的品牌"安江神农御米"是袁隆平院士亲题的。院士已经离去，但这段鲜为人知的故事却留在了人间。

——整理人笔记

[①] 选摘自怀化市雪峰文化研究会编《雪峰文化（2021增刊）·袁隆平与雪峰山专辑》，第101—102页，内容略有修改。

安江神农御米

袁隆平题

2０-八.元旦

　　胡双辉的老家，在距离安江仅 20 公里的沙湾乡月亮村的石修，是有名的"柑柚之乡"。月亮村处于沅江冲积平原与安洪公路两旁喀斯特地貌的过渡带，人多地少的矛盾比较突出，以个人名义大面积种植水稻，存在不少困难。经过慎重考虑，胡双辉把目光放在了高山峡谷地带的罗翁、花园两村的盆地。2013 年，以土地流转的方式租得稻田 500 亩，开始试种优质水稻。

　　位于雪峰山最高峰苏宝顶脚下的罗翁、花园两村，溪水穿流而过，河谷两边地势平坦，昼夜温差大。在这样的山区，水稻生育期比平原地带要长一些，水稻的生长环境可以与东北媲美，稻米的产量与口感兼而有之。胡双辉看准了这一点，准备放手一搏。

　　2014 年，胡双辉试种了 11 个水稻品种，其中的玉针香（俗称"三颗寸"）丰产性好，米质优，米饭好吃，深受群众喜爱。然而因为没有自己的品牌，当年生产的几十万斤粮食销路不畅，出现了"卖粮难"的尴尬局面，只好按照较低价格贱卖，当年亏损 40 万元。

　　八月中秋，桂花飘香。这天，胡双辉独自一人前往省农科院，拜访袁隆平院士。

　　在袁院士的办公室里，胡双辉毛遂自荐："我是种粮农民，来自安江附近的沙湾乡月亮村。承包了罗翁、花园两个村的几百亩稻田，生产优质稻米……"

听说是种植水稻的农民，又来自杂交水稻的发源地安江，袁院士十分热情地接待了胡双辉，并回忆说："当年我二十七八岁的时候，在你们石修劳动，扛着锄头当扁担，在那里挑过塘泥。队长见我吃力，于是安排我去烧草木灰。现在想起来，挺好笑的。"

袁隆平院士最先试种杂交水稻的地方就是罗翁和花园两个村，对那里的环境非常熟悉，听说胡双辉在那里种水稻，蛮高兴的。

种粮农民与院士唠嗑，气氛亲切随和。院士笑眯眯地说："你这个米这么好，我给你取个名字。"于是，袁院士提笔写下"安江神农御米"六个字。胡双辉禁不住啧啧称赞，如获至宝。此后，胡双辉连续两年将最好吃的稻米邮寄给袁院士品尝。

2015 年，胡双辉带着自己种的稻米，前往东北三省跑了一遍。其间，参加了在长春市举办的一个食品饮食比赛。在东北考察期间，来自湖南的"安江神农御米"得到了长春、黑龙江、哈尔滨同行的肯定。胡双辉创办的"洪江市丰源农业开发有限责任公司"因此加入了中国特产大米产业协会。

2018 年"安江神农御米"参加湖南"美味大米"品牌评选，荣获金奖。

2018 年洪江市举办第一届"农民丰收节"，胡双辉出资 6 万余元在大崇乡盘龙村具体操办。祭祀"神农"仪式的田野上空，先后惊现三道彩虹，人们惊呼："神农显灵了！"

2021 年 5 月 22 日，袁隆平院士因病于当天 13 时 07 分在长沙湘雅医院与世长辞。噩耗传来，杂交水稻发源地的安江人民悲痛万分。

闻讯后，胡双辉与周宪良、屈禹甜等几位热心公益的人士当即策划在安江稻都广场，举行民间吊唁与万人签名活动。签名当天，来自安江及周边乡镇的数万人冒雨聚集在安江农校纪念园签下自己的名字，恳请隆平院士魂归雪峰山。

当天下午，胡双辉等人带着万人签名的条幅赶到长沙。并于当天在高铁站，次日在袁院士工作过的省水稻研究所、吊唁袁院士的阳明山灵堂门口等几个地方，展开长长的签名横幅，表达雪峰山区人民的无尽哀思。

见有来自袁院士工作过的地方的农民自发前来悼念，工作人员破例允许胡双辉一行人进入阳明山殡仪馆内，参加了悼念活动，见院士最后一面，送袁院士最后一程。

从长沙返回安江后，胡双辉手捧折叠后的签字条幅，迈着沉重的步履前往安江农校纪念园，在袁隆平住过的房子门前，那一刻，胡双辉双膝不由自主地跪了下去，悲从中来。

胡双辉深信，院士在天有灵，英魂一定会听得见万人呼唤，最终回到雪峰山，回到安江农校，回到他曾经工作、生活了 37 年的田园青山。

他的亲笔题字，是对种田农民的亲切关怀与极大鼓舞。这份温馨的情感，将永远留存种田农民的心里。

（2021 年 6 月采访整理）

附录二　安江农校杂交水稻科研人物名录①

袁隆平

　　袁隆平（1930—2021），江西德安人，杂交水稻创始人，中国工程院院士，美国科学院外籍院士，"共和国勋章"获得者，被誉为"杂交水稻之父"，享誉海内外。

　　1953年毕业于西南农学院农学系，毕业后分配至湖南省安江农业学校，一直从事教育教学及杂交水稻研究。在国内率先开展水稻杂种优势利用研究，1966年发表第一篇论文《水稻的雄性不孕性》。他的理论与研究实践否定了"水稻等自花授粉作物没有杂种优势"的传统观点，把水稻杂种优势成功地应用于生产，为中国乃至世界粮食安全做出巨大贡献。极大地丰富了作物遗传育种学科的理论和技术，建立了一门新学科——杂交水稻学。解决了三系法杂交水稻中三大难题：利用"野生稻与栽培稻进行远缘杂交"技术，找到了培育雄性不育系的有效途径，并于1973年实现了不育系、保持系和恢复系的"三系"配套；育成强优势的杂交水稻"南优2号"等一批组合，并在生产上大面积应用；带领研究团队成功突破制种关，使制种产量逐渐提高，亩产达150公斤以上。解决了两系法杂交水稻研究中的关键技术难题；提出了杂交水稻育种战略，创立了光温敏不育系育性转换的光温作用模式，阐明了育性转换与光温变化的关系；提出选育实用光温敏核不育系不育起点温度低于23.5 ℃关键技术指标，研究并提出核心种子生产程序和冷水串灌繁殖等

重大技术，使两系法杂交水稻研究取得成功并推广应用。设计了以"高冠层、矮穗层、中大穗和高度抗倒"为特征的超高产株型模式，建立了形态改良，亚种间杂种优势及远缘有利基因利用相结合的超级杂交稻育种技术路线，于 2000 年、2004 年和 2012 年先后实现中国超级稻第一期亩产 700 公斤、第二期亩产 800 公斤和第三期亩产 900 公斤的目标。多次去美国、菲律宾、印度、越南和缅甸等国讲学和传授杂交水稻技术，促进了杂交水稻的国际发展。

1981 年荣获国家发明特等奖（排名第一），1995 年当选中国工程院院士，2001 年获首届国家最高科学技术奖，2006 年当选美国国家科学院外籍院士，2010 年获澳门科技大学荣誉博士学位，2013 年获第四届中国消除贫困奖终身成就奖，2014 年获国家科技进步特等奖（排名第一），2018 年获"未来科学大奖"生命科学奖。2018 年 12 月 18 日，党中央、国务院授予袁隆平"改革先锋"称号，颁授"改革先锋"奖章。2019 年 9 月 17 日，国家主席习近平签署主席令，授予袁隆平"共和国勋章"。先后获联合国教科文组织科学奖、沃尔夫奖、世界粮食奖等多项国际奖励。用奖金的一部分设立了湖南省袁隆平农业科技奖励基金会，以奖励农业领域做出杰出贡献的优秀人才。先后出版了《袁隆平论文集》《杂交水稻育种栽培学》和《杂交水稻学》等专著 7 部，发表学术论文 60 多篇。

李必湖

李必湖，1946 年出生，湖南沅陵人，怀化职业技术学院（原湖南省安江农业学校）原院长、研究员。担任过怀化市人大常委会副主任、怀化市科协主席等职。先后当选党的十一大、十二大代表，第九届、十届全国人大代表，中国科协四大、五大代表。

1966 年毕业于湖南省安江农业学校，毕业后留校给袁隆平老师当助手研究杂交水稻。1970 年冬，按照袁隆平制定的技术路线，在海南省三亚市南红农场发现雄花败育的野生稻"野败"，为攻克中国籼型三系杂交水稻保持系难关打开了突破口，促成了杂交水稻三系配套的成功，对杂交水稻的发展做出了历史性的重大贡献。1988 年以来，指导助手育成国内第一个光温敏核不育系"安农 S-1"及一系列高产优质杂交稻新组合金优 402、威优 402、八两优 100 等 12 个杂交稻新组合，取得显著的经济和社会效益。

先后荣获国家特等发明奖 1 项（排名第二），国家发明三等奖 1 项（排名第二），湖南省科技进步一等奖、二等奖、三等奖各 1 项（均排名第二），全国科学大会奖，中华农业英才奖，中华农业科教奖，湖南省政府工作奖，湖南省重大成果奖，第三届袁隆平科技奖，湖南光召科技奖，等等。被授予全国先进工作者、国家级有突出贡献的中青年专家、全国优秀科技工作者和省劳动模范等荣誉称号，是第一批享受国务院政府特殊津贴的科技专家。撰写了《杂交水稻发源地——怀化职业技术学院发展史》，公开发表论文 50 多篇。

尹华奇

尹华奇，1943 年出生，湖南洞口人，湖南杂交水稻研究中心研究员，享受国务院政府特殊津贴。

1966 年开始作为袁隆平的安江农校学生和最早的助手之一从事杂交水稻研究工作，参与袁院士主持的三系、两系杂交稻育种攻关，取得了丰硕成果。培育出两用核不育系香 125S 和两系优质杂交早稻香两优 68，先后在湖南、安徽、广西等省（区）通过审定并推广应用，取得显著经济效益与社会效益。1985 年至 2000 年多次作为联合国粮农组织杂交水稻专家顾问赴美国、越南、印度等国从事杂交水稻技术教学、推广工作，为杂交水稻走向世界做出了重要贡献。

先后获国家特等发明奖 1 项（湖南排名第七），国家科学技术进步特等奖 1 项（排名第四十一），国家技术发明三等奖 1 项（排名第六），湖南科技进步二等奖 1 项（排名第一），第四届袁隆平农业科技奖，美国西方圆环种子公司金奖。1988 年为农业部全国杂交水稻专家顾问成员并获农业部荣誉证书。此外，还是国内开办杂交水稻国际培训班的最早筹办及主要授课专家之一。

邓小林

邓小林，1952年出生，湖南洪江人，湖南省杂交水稻研究中心研究员，著名杂交水稻育种专家。

自1980年起一直师从袁隆平院士从事杂交水稻研究工作。育成了长江流域种植的双季杂交早稻组合威优49，创造了696.2公斤的高产纪录，填补了国内该项研究的空白，结束了长江流域一直没有大面积种植杂交早稻组合的历史。尔后相继又选育出威优647、T优207、两优1128等16个杂交水稻组合并通过省级以上审定，选育的三系不育系T98A为我国三系骨干不育系，育成通过省级以上审定的组合45个，并大面积推广应用，为全国的粮食增产、国家的粮食安全做出了重大贡献。1992年至今，被联合国粮农组织聘为发展杂交水稻技术顾问，先后多次去美国、印度和菲律宾等国传授杂交水稻技术，为杂交水稻走向世界做出了重大贡献。

曾获湖南省科技进步二等奖3项（均排名第一），获湖南省农业科学院记二等功1次、三等功3次。先后在《杂交水稻》和《湖南农业科学》发表论文10多篇。

邓华凤

邓华凤，1963年出生，湖南沅陵人，1984年8月—1998年10月任湖南省安江农业学校水稻所副所长，1998年11月调入湖南杂交水稻研究中心，长期从事杂交水稻理论与育种研究，担任湖南省农业科学院副院长兼湖南杂交水稻研究中心常务副主任、研究员，享受国务院政府特殊津贴，首批"新世纪百千万人才工程"国家级人选，国家重点领域创新团队"强优势水稻杂交种创新团队"首席专家。

从1984年起，一直师从袁隆平从事杂交水稻研究工作。1987年，首次在籼稻中发现温敏核不育现象，并育成世界上第一个籼型水稻温敏核不育系安农 S-1，使两系法杂交稻由设想变为现实。以安农 S-1 为供体育成的不育系及其系列组合已累计推广近 1400 万平方米，增产稻谷 100 多亿公斤。1995 年，选育出我国第一个实用型早籼温敏核不育系 810S，1996 年选配出长江流域第一个两系法双季稻杂交早籼组合八两优 100，填补了我国两系杂交早稻研究空白。育成 T 优 640 等 12 个组合和 3 个两用核不育系通过审定并大面积推广应用，为我国超级稻第一、第二、第三期目标的实现和大面积推广应用做出了重要贡献。

先后获国家科技进步特等奖 1 项（排名第三），国家技术发明三等奖 1 项（排名第一），省科技进步一等奖 2 项（均排名第一）、二等奖 1 项（排名第一）、三等奖 2 项（排名第一和第二）；被授予中国青年科技奖、全国先进工作者和全国优秀科技工作者等荣誉称号。获国家授权发明专利 2 项，植物新品种保护权 8 项。主编著作《杂交粳稻理论与实践》《中国杂交粳稻》《杂交水稻知识大全》，合编著作《水稻叶鞘的光合作用》《长江流域广适型超级杂交稻株型模式研究》，发表论文 80 多篇。

孙梅元

孙梅元，1954 年出生，湖南新晃人，曾长期在湖南省安江农校工作，曾任湖南省研究中心副研究员、湖南科裕隆种业有限公司董事长，现任湖南科裕隆种业有限公司首席育种专家，享受国务院政府特殊津贴。

1987 年受农业部委托前往菲律宾卡捷尔公司传授杂交水稻技术。1995—1997 年受湖南杂交水稻研究中心委派到美国水稻技术公司工作，主要传授杂交水稻育种技术，在短短的 3 年中，解决了杂交水稻产量高整精米率低的问题，得到了高度的评价。先后培育出威优 64、湘优 8118、科优 21、Y 两优 3218、Y 两优 3399 等 10 多个杂交稻组合，以及湘 8A、湘菲 A、科香 A、科 S 等不育系。其中威优 64 从 1981—1998 年全国累计推广达 1333 万平方千米，成为自我国杂交水稻培育成功以来累计推广面积第二大组合，为我国增产粮食 60 多亿公斤，新增产值 30 多亿元。

获国家科技进步三等奖 1 项（排名第二），被授予湖南省首届青年科技奖和省优秀中青年专家荣誉称号。获得植物新品种权 5 项。

张振华

张振华，1959 年出生，湖南溆浦人，全国劳动模范，湖南奥谱隆科技股份有限公司董事长兼总经理、湖南怀化奥谱隆作物育种工程研究所所长、研究员，长期立足安江、怀化从事杂交水稻育种研究、科研管理和种业开发工作。

先后主持国家农业科技成果转化、湖南省战略新兴产业科技攻关、湖南省农业科技攻关等项目 20 余项，主持育成奥龙 1S、奥富 A、六福 A 等 4 个不育系通过省级审定，有成 T 优 15、奥两优 28、奥龙优 282、Y 两优 696、Y 两优 8188 等 22 个优质高产新品种通过国家和省级审定、其中 Y 两优 8188 为 2012 年全国唯一通过农业部第三期超级稻百亩攻关专家现场验收新品种，平均亩产 917.72 公斤。育成的新品种累计推广面积 190.2 万平方米，增产粮食 13.35 亿公斤，为农民新增产值 28.46 亿元。

先后获湖南省科技进步三等奖 2 项（均排名第一），福建省科技进步二等奖 1 项（排名第二），怀化市科技进步一等奖 4 项、二等奖 1 项，及第七届袁隆平农业科技奖。先后被授予全国粮食生产突出贡献农业科技人员、全国优秀科技工作者、全国科技创新创业人才、怀化市学术带头人和怀化市科技创新发展标兵等荣誉称号。在各级各类刊物上发表专业研究论文 30 余篇。

附录三 作者简介

朱明霞 女，湖南省洪江市人（祖籍双峰县），中共洪江市委党校高级讲师，湖南省科学社会主义学会理事，湖南省西部综合开发研究会会员。主要从事社会学与文化学研究，发表论文 10 余篇，主持完成省级社科课题 6 项，荣获湖南省党校系统优秀科研成果奖 3 项。

杨理桃 男，湖南省洪江市人，中共洪江市委党校高级讲师，曾被评为湖南省党校系统优秀教师。主要从事地域文化与党史党建理论教学工作，发表论文 10 余篇。重点课题成果有《洪江市稻作文化研究》等。

邬国盛 男，湖南省邵东市人，湘潭大学经济学硕士，怀化职业技术学院原党委副书记，中南林业科技大学博士研究生及商学院硕士研究生导师，教授。主要从事袁隆平精神、区域经济、高校管理研究，参编教材 8 部，出版专著 2 部，合著 1 部，发表论文 30 多篇。承担过多项省级课题研究，曾获湖南省职业教育成果一等奖等 10 多次省级奖励。

胡继承 男，湖南省洪江市人，中共洪江市委党校高级讲师。湖南省哲学研究会会员，湖南省校园文联会员，湖南省西部综合开发研究会会员。主要研究方向为哲学和地方区域经济，参与出版著作 1 部，在省级以上刊物发表学术论文、调研报告 30 余篇，主持和参与湖南省、怀化市社会科学多项研究课题。

梁晓云　男，湖南省绥宁县人，历史学硕士。曾在中学任教近十年；在县级政府多个部门工作近十年；现任教于中共洪江市委党校。在学术刊物上发表学术论文 5 篇，参与学术课题 2 项。重点课题成果有《论共进社的社会改造思想》。

龙志明　男，湖南省凤凰县人，西南民族大学民族学硕士，2020 年任教于中共洪江市委党校。主要研究方向为民族地区民族文化认同。重点课题成果有《提高文化自信促进乡村振兴》。

后　记

本书是中共洪江市委党校课题组立项省、市"稻作文化"相关课题项目的结题成果集成。成书在即，我们备感欣慰。

诚然，洪江市安江盆地有"上下七千年，古今两神农"之美誉，至今仍然保存着品类丰富的农业文化遗产，"稻作文化"是其最靓丽的文化名片，但这张文化名片的丰富内涵还有待深入解析。安江盆地作为一个自然地理实体，它的深远影响力不仅来自"杂交水稻从安江走向世界"，也来自稻作文明上下数千年的变迁与传承。中国以农立国，水稻是中华民族的主要粮食作物，但传统农耕文化的多元价值并不容易被大众认知，这或许能解释，为何当"杂交水稻之父"袁隆平被世人誉为"当代神农"之后的数十年中，我们仍然对安江这片神奇土地上蕴含着的深层次"文化密码"难以完整解答。"安江稻作文化"，赋予我们的究竟是一项什么样的文化遗产？它有何独具魅力的品类和特色？如何能有效开发和利用好这项文化遗产呢？我们相信，对这些问题的准确认识和解答，将有效助力新时期推进沅江流域生态文化旅游与乡村振兴战略。

近年来，怀化市、洪江市的党委和政府高度重视地方文化品牌的塑造，并在全市上下掀起了文化旅游开发与文化遗产保护热潮。2021年7月，洪江市在第六次党代会报告中提出"着力打造杂交水稻特色小镇"，并将推动安江"稻作文化旅游"作为擦亮全域旅游名片的重要举措，融入洪江市"两城三区、融合发展"战略。同年9月，怀化市召开第六次党代会，会议报告提出"加强文物和文化遗产保护传承，积极挖掘高庙文化、稻作文化"等资源，"推进安江杂交水稻公园"等项目建设。这些发展战略、思路与举措，将对"稻作文化"文旅品牌塑造带来深远影响。市委市政府高度重视使我们备受鼓舞，也唤起了我们的责任感和使命感，撰文研究并深度解析"安江稻作文化"，这将有利于更好助推地方特色文化品牌的塑造。

2020年课题组申报的"安江稻作文化"被立为怀化学院民族民间文化艺术协同创新中心招标课题。与此相关联课题"洪江市稻作文化旅游开发研究""洪江市稻作文化遗产保护与发展研究""洪江市稻作传统村落文化遗产保护研究""高庙遗址史前农业遗存及文化遗产价值研究"连续四年被立为湖南省党校系统及怀化市社科规划课题。而且，为了顺利完成课题研究，学校专门成立了由党校常务副校长向波负责的课题项目指导组，积极支持并全力推动，使这本书能够正式出版面世。

能够完成这样一部学术专著，首先要感谢丛书主编吴波及编委会，将《安江稻作文化》纳入该丛书的"地方文化系列"之中，原定于一两年内成书，但由于各种原因一直延迟至2022年初才完成初稿，此时吴波主编已经被调往湖南农业大学任职，但仍然给丛书写作者以积极鼓励；在写稿及审稿期间，我们还数度得到怀化学院民族研究院院长曹端波教授与姜莉芳老师的帮助和支持，在此深表感谢！还要特别致谢湖南省文物考古研究所贺刚教授、怀化学院王文明教授、三明学院廖开顺教授的学术指导，感谢中共中央党校刘忱教授，中央民族大学张海洋教授，厦门理工学院刘芝凤教授，中共湖南省委党校朱雄君教授、唐月娥教授、邓建华教授，湖南农业大学向平安教授、张振华教授、傅志强教授，吉首大学姜又春教授、罗康隆教授、瞿州莲教授、邵侃教授、何治民博士、陈茜博士、吴晓美博士，怀化学院李晓明教授、文斌教授、陈灵曦老师，文化学者李怀荪老师，以及中共湖南省委党校、中共怀化市委党校领导和专家学者等不吝赐教。正是在众多专家学者的指导和教诲下，这本书的写作变得更规范与严谨。

无须讳言，写作这本书是一个艰难求索的过程。一是相关研究屈指可数，可供参考的研究文章太过匮乏，不得不阅读大量介绍安江盆地稻作农业历史演变的方志古籍和族谱资料，并对此进行整理和研究。二是跨学科研究的困难，为了写清楚高庙文化与稻作文化的渊源，要数度翻阅十数本考古学专著，并从中抽丝引线，寻觅各种线索。三是实地调研多有不便，当地稻作传统保存较好的乡村大多偏远，要实地详细考察这些村落的水稻种植过程及稻作文化遗存状况面临诸多不便。尽管面临困难，当初在策划本书内容的时候，我们仍然希望它能够成为一本系统介绍安江稻作文化的科普性与乡土性教材。因此，在写作上，我们力求做到整合汇总安江稻作文化的研究文献，让读者全面了解安江稻作农业文化的方方面面，对所介绍、转述或引用的主要观点，尽可能注明其出处。这种写作方式，既体现了对相关学者所作学术贡献的认可和敬意，也是丛书和教材的学术规范和要求。

本书作为课题研究成果集成，由课题负责人朱明霞负责课题设计、论证和写作提纲。本书课题组的写作团队，以中共洪江市委党校教师为主体，并邀请怀化职业技术学院资深专家参与写作，在资料的收集整理上也得到了怀化职业技术学院领导的鼎力支持。在写作期间，每位作者都非常投入，全力克服困难完成写作任务，实属不易。

历时三年多，2022 年 4 月中旬初稿完成。为确保书稿质量，将书稿分别送洪江市社科联党组书记易晗、史志研究室专家王松平、文旅部门专家杨顺辉、作家协会主席曾庆平、古城文化研究会粟昌德等同志审稿。史志研究室王松平不仅参与了审稿，还承担了送审稿的编排校订工作。5 月上旬，怀化学院丛书编委会组织了丛书书稿评审会，与会专家曹端波教授、王文明教授、肖新华教授、雷霖教授等对书稿提出了诸多宝贵建议。在此，对各位审稿专家深表感谢！

2022 年 9 月中旬，书稿的送审稿第二版刚修订完，恰逢湖南省社科联开展"社科专家服务团洪江行"活动，课题项目组领导听闻贺刚教授随团来洪江，即率课题组人员集体前往拜会，诚邀贺教授审读书稿并拨冗写序。贺刚教授治学尤为严谨，多次对书稿提出修改建议，鼓励书稿作者努力求实与创新，以地域文化研究助力乡村振兴与文旅产业发展。拳拳之心，殷殷之情，自当铭记。

书稿终审已是年末岁尾，未待交稿，又获悉地方有关部门正拟为"稻作文化"申报中国重要农业文化遗产项目，并与吉首大学专家团队座谈会晤，田野考察，收获良多。这恰恰是"稻作文化"理论研究与实践应用的巧妙结合。一切都来得刚刚好！我们相信，研究的团队还会越来越壮大，成果也会越来越丰硕。

此外，还要特别感谢湖南大学出版社祝世英编辑，自2019年课题组接受此书稿写作任务后，我们便建立起良好的合作关系。为高质量地出版此书，祝女士不辞辛苦，几度奔波往返于长沙、怀化乃至洪江，为此书出版付出了大量辛勤劳动。在此，我们表示深切的谢意！同时，对参与书稿调研访谈的人员也深表感谢！

最后，在此书出版之际，谨向关心支持"安江稻作文化"研究的各位领导、专家及社会各界人士表示衷心感谢及崇高敬意！由于书稿出自多位作者之手，而且文献资料有限，其中不当和疏漏之处在所难免，恳请诸位批评和指正。

"安江稻作文化"课题组

2023 年 1 月 31 日